U0740705

人工智能导论

主　编：黄思行

副主编：韦鹏程　张霖　张艳霞　段昂

中国纺织出版社有限公司

内 容 提 要

本教材系统介绍人工智能的基本概念、发展历程及研究内容，涵盖知识表示、搜索策略、机器推理等基础理论，并深入探讨机器学习、深度神经网络、自然语言处理及智能机器人等关键技术。全书共八章，从基础理论到前沿应用，结合最新研究成果与案例，帮助读者全面掌握人工智能的核心知识。本书结构清晰，内容深入浅出，兼具学术性与实用性，适合相关领域的研究者、从业者及高校师生参考使用，旨在为人工智能的发展与应用提供理论支持和实践指导。

图书在版编目（CIP）数据

人工智能导论 / 黄思行主编 . -- 北京 ： 中国纺织出版社有限公司，2025. 8. -- ISBN 978 - 7 - 5229 - 3057 - 2

Ⅰ. TP18

中国国家版本馆 CIP 数据核字第 202549K3Z3 号

责任编辑：顾文卓　向连英　责任校对：王蕙莹　责任印制：储志伟

中国纺织出版社有限公司出版发行

地址：北京市朝阳区百子湾东里A407号楼　邮政编码：100124

销售电话：010—67004422　传真：010—87155801

http://www.c-textilep.com

中国纺织出版社天猫旗舰店

官方微博 http://weibo.com/2119887771

三河市宏盛印务有限公司印刷　各地新华书店经销

2025年8月第1版第1次印刷

开本：787×1092　1/16　印张：15

字数：240 千字　定价：59.80元

前言

人工智能技术的快速发展，使得这一技术的应用越发广泛，并掀起了一股热潮。现代的科技发展越来越重视跨学科的整合，人工智能不再仅仅以技术发展为要求，还必须要有一定的社会责任感和伦理考量。当下社会人民对智能化解决方案的需求逐渐提高，人工智能产业的发展也有利于增强国家竞争力，提高生活质量和工作效率。

人工智能是指以模拟、扩展和增强人类智能为核心，用计算机科学的方式对其进行提取与重构的过程以及生成的产物，简称 AI，主要用于推动科技进步和产业升级。2021 年 3 月，十三届全国人大四次会议表决通过了关于"十四五"规划和 2035 年远景目标纲要的决议，规划中提及人工智能技术及其相关内容超 50 次，这充分体现了人工智能作为新一代信息技术，在推动中国经济高质量发展中的关键角色和重要性，显示了我国政府对于人工智能技术发展的高度重视和大力支持。2023 年 7 月，国家互联网信息办公室联合中华人民共和国国家发展和改革委员会、中华人民共和国教育部、中华人民共和国科学技术部、中华人民共和国工业和信息化部、中华人民共和国公安部、国家广播电视总局发布《生成式人工智能服务管理暂行办法》，旨在规范和管理生成式人工智能服务，确保这一新兴技术的健康发展和安全应用。因此，我们组织编写了《人工智能导论》这本教材，以期在这一专业领域的发展与建设中有所贡献。

全教材共分为八章。第一章重点介绍了人工智能的基本概念、发展及研究内容，为后文内容的阐述奠定基础。第二章讲的是赋予机器知识的方法。第三章介绍了赋予机器搜索的策略。第四章详细分析了赋予机器推理的策略。第五章聚焦于机器学习，对机器学习进行了概述，并阐述了其基本方法及常用算法。第六章则专注于深度神经网络，对人工神经网络、深度学习进行了概述，并讨论了其核心问题及其典型模型。第七章探讨了自然语言处理的基本内容和应用技术，帮助读者理解如何让机器理解和生成人类语言。第八章讨论了智能机器人，包括其智能技术及应用与发展。

本教材在内容上紧跟时代潮流，密切关注人工智能学科的前沿动态，将最新的理论研究成果与实际案例相结合，使得读者能够清晰地了解到人工智能开发的前沿动态。在结构上进行了精心的设计，既有理论的阐述，又有案例的分析，使得读者在阅读过程中能够循序渐进，系统地掌握人工智能的知识。另外，本教材从多个角度对人工智能进行了探讨，包括其基本概念、发展历程、关键技术以及在各行各业的应用，使得读者能够全面、立体地了解人工智能的各个方面。这种综合性和前瞻性的内容布局，不仅有助于学术研究者和专业人士深化理解，也便于普通读者和学生快速掌握人工智能的核心知识和应用实践。

本书可作为各类院校有关专业师生的教学用书，也可供从事科研、设计、生产和应用等领域人员使用。本书观点客观、剖析全面、通俗易懂，既适合专业人士阅读，也适合对人工智能感兴趣的普通读者阅读。总的来说，是一部兼具理论深度和实践价值的著作，无论是在机器学习、深度神经网络、自然语言处理还是智能机器人领域的专家学者，或是正在接受相关教育的学生，都能从本书中获得宝贵的知识和启发。

尽管我们已尽力覆盖人工智能领域的各个方面，从基础概念到前沿技术，从理论到应用，但在如此广泛和迅速发展的领域中，总会有新的发现和不断更新的知识。而且由于时间、水平有限，书中难免存在疏漏，恳请广大读者批评指正，以便我们在未来的研究中不断完善和提高。最后，我们相信，这本书将为您带来新的思考和启示，为您的事业和生活带来更多的帮助和指导。

著者

2024 年 7 月

课件　　　　　　　　　重点内容视频

目 录

第一章

人工智能初识

第一节　人工智能的基本概念

一、人工智能的提出

近年来，随着物联网、云计算、大数据等新型信息技术的迅猛发展，人工智能技术也迎来了前所未有的发展机遇，特别是深度学习技术的应用，不仅推动了人工智能技术的突破性进展，也促使其在多个领域中发挥越来越重要的作用。人机协同、跨界融合的趋势，使得人工智能技术能够更好地与人类活动和其他技术领域结合，开创出新的应用场景和商业模式。人工智能技术的进步不仅推动了经济的增长，还在重塑劳动市场和产业结构，对收入分配和社会发展产生了深远影响。❶例如，在企业管理层面，人工智能的应用帮助企业优化决策过程、提升运营效率，并通过智能化的数据分析支持精细化管理。在宏观经济层面，人工智能技术通过提高生产效率和创新速度，助力传统产业升级和新

---

❶ 顾国达，马文景．人工智能综合发展指数的构建及应用［J］．数量经济技术经济研究，2021，38（1）：117-134．

兴产业的快速发展，同时也带来了就业结构和职业技能需求的变化。因此可以说，人工智能技术正逐渐渗透到社会经济发展的各个层面，深刻影响和塑造着未来的社会面貌。

既然人工智能这一概念有如此大的作用，那它是何时提出的呢？闫坤如[1]认为人工智能的理念可以追溯至古希腊哲学家毕达哥拉斯提出的"万物皆数"理论，以及亚里士多德的逻辑思想等，强调人工智能研究方法与哲学核心问题密切相关。但大部分专家认为此观念太过久远，主张以艾伦·图灵（Alan Turing）在1950年提出的图灵测试（The Turing Test）作为人工智能的起源，因为它揭示了计算机拥有"智能"的可行性。也有专家认为人工智能理念的探讨应以人工智能这一完整词汇为溯源根本，以麻省理工学院的麦卡锡（J.McCarthy）、明斯基（M.L.Minsky）联合贝尔实验室的香农（C.E.Shannon）以及IBM公司信息研究中心的罗彻斯特（N.Rochester）等人在1955年8月提交的关于人工智能的提案为起源，因为这是人工智能这一概念第一次出现在正式的文章中。面对如此多的回答，大部分专家逐渐达成一致，将麦卡锡、明斯基等人发起的，邀请普林斯顿大学的莫尔（T.Moore）和IBM公司的塞缪尔（A.L.Samuel）、麻省理工学院的塞尔夫里奇（O.Selfridge）和索罗莫夫（R.Solomonff）以及兰德（RAND）公司和卡内基梅隆大学的纽厄尔（A.Newell）、西蒙（H.A.Simon）等人参加的，1956年夏季在美国达特茅斯学院召开的学术研讨会作为人工智能的起源。因为正是在这一学术会议上，众人深入探讨了关于机器智能的相关问题，并正式采用"人工智能"这一术语来表示机器智能，所以这被视作一次具有深厚历史意义的会议，标志着人工智能作为一门新兴学科正式诞生，麦卡锡、明斯基、图灵、派普特（S.Papert）也因此被称为"人工智能之父"。

二、人工智能的含义

1."人工"与"智能"

理解人工智能，可以从字面意思开始，即人工智能可以视作"人工"与"智能"的有机融合。

---

[1] 闫坤如.人工智能的哲学思想探源［J］.理论探索，2020（2）：5-10.

　　"人工"，英文翻译为"artificial"，通常理解为人造的或仿制的，是模拟自然现象或自然物品特性创造的物品或实物。一般而言，仿制品在某些方面可能具备优势，如成本较低和特定功能性较强，但本身性能很难与天然物品相媲美。例如，在我们日常穿着的皮鞋中，既有使用人造材料制成的仿皮鞋，也有使用动物皮革制成的皮鞋，其中仿皮鞋价格更加亲民且可能具有更好的防水性能，但它们的舒适度和耐用性往往不如真皮鞋。

　　"智能"，英文翻译为"intelligence"，在生物学意义上，智能是生命体特有的一种与生俱来的环境适应能力和生存能力，也正是因为这种能力的存在才使得具有生命的物种能够在多变的环境中生存和繁衍，所以这一术语在这里指的是人类特有的思维和情感活动，包括人类的认知、推理、判断、预见性、想象力等高级心理活动，以及提出问题、分析问题和解决问题的能力。人类，作为地球上最智能的生物，其智能不仅限于基本的生存和适应能力，更扩展至使用语言进行复杂的沟通交流，发明并使用各种工具来改造周围环境，以及创造丰富多彩的文化形式。因此，人类智能的研究是一个跨学科的领域，涉及认知科学、神经科学、心理学、社会学、哲学等多个学科。同时，"智能"的现代研究和观察显示出，动物界也存在着不同程度的智能表现。例如，某些动物能通过复杂的社交互动和环境适应性显示出类似人类的认知能力和情感表达，这挑战了人类在智能方面的独特性。动物的这些智能行为，如使用工具、社交策略和情感表达，不仅丰富了我们对智能的理解，也强化了跨物种间情感与智能的共通性。因此，对于"智能"的深入认识，需要以生物体为根本出发点，以其思维能力的分析为核心路径，生物特性、行为模式、神经结构功能、个体与环境的相互作用，以及个体与社会的关系等多个维度进行全面考察。这种多元化的研究视角不仅丰富了我们对人类智能的理解，也为人工智能的发展提供了理论基础和实践指导。基于此，可以将人工智能视为一种融合自然科学和哲学特性的特殊科学领域，其核心在于模拟和延伸人类的智能特性，旨在创造能够执行复杂任务、进行学习和自我改进的智能系统。

2."人工"赋予"智能"

　　人工智能学科是一个立足于计算机科学，与心理学、哲学等多个学科交叉融合的新兴学科，这意味它与许多新兴学科一样，没有一个统一的定义，但可以简单地理解为赋予计算机类似人类的智能，使其可以完成只有人类才能完成的工作。被誉为"人工智能先驱"的 Newell 和 Simon❶对此表示认同，指出人工智能与人脑都属于信息处理工具，具有功能相似性。这一种"智能"的诞生来源于其跨学科的特性以及涉及领域的多样性，这也意味着不同的科学领域和学术背景下的学者对人工智能有着各异的解读和期望。例如，计算机科学家可能关注算法的效率和系统的技术实现，而心理学家则可能研究人工智能如何模拟人类的认知过程，哲学家则探讨这些技术对人类本质和道德伦理的影响。这些不同的视角为人工智能的发展提供了丰富的理论基础和实践方向，推动了该领域的快速进步和广泛应用。

这种定义可能与传统的"人工智能"理解有所不同，更侧重于机器行为的最终结果是否近似于人类行为，而非关注达到这一结果的具体手段，属于一种实用主义的思想，旨在用机器实现人类的部分智能功能，使机器能够独立完成通常需要人类智能才能处理的复杂任务。这种方法的核心目标是评估和验证机器的行为是否能在没有外界提示的情况下，与人类行为无法区分，从而在实际应用中替代人类执行特定的功能和任务。著名的图灵测试就是这种思想的先驱之一，通过判断机器是否能在对话中让人误以为自己是与另一人类交流，从而评估机器的智能程度。

在 1950 年 10 月，英国数学家艾伦·图灵发表了具有里程碑意义的论文《计算机器和智能》（*Computing Machinery and Intelligence*），❷深入探索了人工智能的概念。在论文中，图灵提出了一个著名的实验，即后来被称为"图灵测试"的思想实验。实验的设定是这样的：一台声称能够"思考"的计算机与一个人类测试者分别置于两个隔离的房间内，他们之间只能通过键盘和屏幕进行交流。如果在一系列对话后，测试者无法判断出对话者是人还是机器，那么可以认为这台计算机具备了人类的思考能力。图灵测试的提出，不仅是对"思考"的一种科学探索，也是对人工智能实用性的一种强调，它反映了一种实用主义的哲学思想，即重结果而非过程。在当今的科技应用中，这种思想依然具有强烈的现实意义。例如，在深度学习技术的发展中，这种以结果为导向

❶ NEWELL A, SIMON H A. Computer simulation of human thinking[J]. Science, 1961(3495): 2011-2017.

❷ TURING A M. Computing machinery and intelligence[J]. Mind, 1950, 59(236): 433-460.

的策略表现尤为明显，尤其是在处理自然语言、机器翻译、语音识别和主题抽取等问题时，通常会将输入的语句视为由音素、音节、字或词组成的序列，然后送入复杂的深度神经网络中进行处理和学习。在深度神经网络的内部，每一层的神经元都会输出信号，这些信号在过程中可能变得极为复杂，以至于即使是编程者本人，也可能不完全明白这些中间信号在处理自然语言的哪些具体方面。但这一点从实用主义的角度来看并不重要，只要整个模型的最终输出达到了预期的效果，即能准确地翻译文本、识别语音或提取相关主题，这种模型就被认为是成功的。这种方法虽然可能忽视了算法内部的透明性或可解释性，但它有效地推动了技术的应用和发展，使得人工智能技术在实际应用中取得突破，从而在多个领域实现自动化和智能化的飞跃。可以说，这种以实用为核心的方法论，引领着人工智能的研究和应用向更高的水平发展。

3. 多角度诠释人工智能

关于人工智能的本质，学界至今未形成统一的观点，而是围绕多种理论展开了激烈的讨论，包括认为人工智能是一种科学技术、一个复杂系统、一门交叉学科、具备思维能力的实体，以及依赖大数据和深度学习的技术等。在这些多样的理解中，Minsky[1]认为人工智能是让机器做需要人的智慧才能做的事情的一门科学；Dreyfus[2]认为人工智能就是试图找到主体（人或计算机）中的哲学本原元素和逻辑关系；Min[3]认为人工智能是能够模拟、学习和替代人类智能的"思维机器"；乔晓楠和郗艳萍[4]认为人工智能是模仿人类智能的方式做出相关反应的机器和技术，即"拥有智能的机器"；Acemoglu 和 Restrepo[5]认

[1] MINSKY M L . Steps toward artificial intelligence[J]. Proceedings of the IRE，1961，49（1）：8-30.

[2] DREYFUS H L. Why Heideggerian AI failed and how fixing it would require making it more Heideggerian[J]. Philosophical Psychology，2007（2）：247-268.

[3] MIN H. Artificial intelligence in supply chain management：theory and applications[J]. International Journal of Logistics：Research and Applications，2010，13（1）：13-39.

[4] 乔晓楠，郗艳萍．人工智能与现代化经济体系建设［J］．经济纵横，2018，391（6）：81-91.

[5] ACEMOGLU D，RESTREPO P. The wrong kind of AI? Artificial intelligence and the future of labour demand[J]. Cambridge Journal of Regions，Economy and Society，2020，13（1）：25-35.

为人工智能技术是一种能够发展为商业或生产技术的技术平台；张龙鹏和张双志❶认为人工智能是互联网、大数据、云计算等信息技术的集成和延伸；肖峰❷指出人工智能是一个哲学命题，是一种全新的认识论；束超慧等❸认为人工智能是指数字计算机或计算机控制的机器人执行与智能操作相关任务的能力，能够通过使用复杂技术代替人脑进行识别、预计或决策；惠炜❹认为人工智能是能够模拟人的思维过程与智能行为的战略性新兴技术，其以深度学习为核心、以机器学习为技术手段。

根据上述观点可知，尽管当前学术界对人工智能的具体定义存在一定的分歧，各种观点之间的差异显著，但普遍认同人工智能必须具备"智能"的核心属性，强调了人工智能在系统思维和自主决策方面的能力。基于此，我们可以将人工智能定义为让机器或系统变得智能化的技术总称。无论是通过模拟人类的理性思维，还是依赖于深度学习和大数据技术，学者们都期望人工智能能够展现出超越传统机械操作的复杂性和自适应性，以便于在解析复杂问题、作出独立判断及执行决策时，表现出类似人类的高级智能行为，从而在各个领域中发挥重要作用。

三、人工智能的技术要素

人工智能作为一门新兴学科，通常执行与人类智能相关的各种复杂功能，如判断、推理、证明、识别、感知、理解、设计、思考、规划、学习和问题求解等，这些功能不仅模仿人类的智能行为，还试图解释和揭示这些行为背后的规律。因此，人工智能的研究内容广泛，包括知识表示、知识处理、自动推理、搜索方法、机器学习、自然语言理解和智能机器人等多个领域。随着专家系统、知识工程和人工神经网络等概念的提出和不断实践，人工智能学科已经

---

❶ 张龙鹏，张双志. 技术赋能：人工智能与产业融合发展的技术创新效应［J］. 财经科学，2020，387（6）：74-88.

❷ 肖峰. 人工智能就是认识论［J］. 云南社会科学，2021（5）：12-20.

❸ 束超慧，王海军，金姝彤，等. 人工智能赋能企业颠覆性创新的路径分析［J］. 科学学研究，2022，40（10）：1884-1894.

❹ 惠炜. 人工智能与劳动收入份额——来自中国城市数据的经验证据［J］. 北京工业大学学报（社会科学版），2022，22（6）：99-112.

趋于成熟，但一切功能的实现都离不开其关键的技术要素，这些技术要素主要包括大数据、算法和算力。

1. 大数据

在数字时代，数据已成为至关重要的战略资源，它不仅是对现实世界事物的记录和符号表示，也是信息的基本表现形式和载体，其重要性可与史前时代的石器、农业文明的粮食以及工业文明的能源相提并论。在人工智能领域中，大数据的作用尤为突出，它为机器学习、模式识别、机器视觉等技术提供了必要的基础，换言之，人工智能系统通过分析和处理海量数据可以学习到复杂的模式和行为，从而提高其预测和决策的能力。

大数据的有效应用依赖于其质量和处理方式，如机器学习需要大量的标注数据来训练模型，这些数据的数量、多样性、广泛性和准确性都直接影响到模型训练的效果。不仅如此，数据的收集和标注过程也是人工智能产品开发中最具挑战性的部分，只有收集大量的数据才有可能实现产品的创新开发，只有进行数据标注才能确保算法正确运行，当前这一过程主要依赖人工操作，辅以机器自动化技术。数据标注的类型繁多，包括属性标注、轮廓标注、描点标注、框架标注等，每一种类型都承担着为算法模型提供准确信息的责任。

在处理和使用数据时，由于数据本身具有固有的局限性，如不全面性和不完整性，使得人们常常需要对数据进行智能化处理，如去噪、锐化和转换等，以提高数据的质量和适用性。如果不进行处理直接将这些数据用于算法的训练，可能会导致算法带有一定的偏见，而这种偏见通常反映了数据标注者和算法设计师的价值观和主观偏好，可能在未来的应用中造成不公或误解。因此，大数据未来的发展方向需要涉及更先进的数据处理技术、更公正的算法设计和更全面的数据伦理标准，以确保人工智能技术能够在提高效率和便利性的同时，也增进社会的整体公正与福祉。

2. 算法

算法在人工智能系统中扮演着核心的框架角色，它是一种基于信息论、系统论和控制论得出的解决各种问题的策略性机制，换言之，算法可以通过分析、描述和呈现各种数学符号和工具将复杂的现实世界问题简化并加速其解决过程。在当前的人工智能领域，算法尤为重要，其质量很大程度上取决于它们对时间、空间以及对象复杂度的适应能力。机器学习算法和神经网络算法是当前人工智能常用的两种算法，其中神经网络算法中的循环神经网络算法、卷积神经网络算法和深度神经网络算法因深度学习的飞速发展而快速进化，成为当前人工智能算法中的典型代表。

深度学习的核心是深度神经网络，这种网络结构通常包括输入层、隐藏层和输出层。其中，隐藏层通常具有多层结构，使得整个网络成为一个高度复杂的系统，这种复杂性的存在使得深度学习模型需要依赖大量数据和强大的算法支持来进行有效训练。隐藏层这种多层结构也导致研究人员往往难以透彻解释模型处理数据的内部逻辑关系，进而导致了所谓的"技术黑箱"现象，即使用者能看到模型的输入和输出，却无法明确了解其内部运作逻辑。

智能算法具有极为强大的功能，这种功能的实现离不开算法的自适应性和自我学习能力，但这些能力也会带来一定的风险，它可能会在没有明确指示的情况下，自我调整和优化，从而偏离原初设定的目标。这种偏离不仅可能导致未预料的结果，也可能引发安全和伦理问题。因此，开发和使用这些高级智能算法时，需要对其进行仔细监控和管理，确保它们在安全和预期的轨道上运行。尽管存在挑战，但算法的发展和应用仍是人工智能技术进步的关键驱动力，它能够扩展人类的感知界限，展示出传统感官无法捕捉的细节，如通过数据分析揭示隐藏的模式和趋势，加强了数据的价值，为多个领域的研究和应用开辟了新的可能性。

3. 算力

算力，是人工智能技术发展的基础支撑，指的是 CPU、GPU、TPU 和 FPGA 等计算设备的处理器的数据运算能力，即设备每秒钟能执行的运算次数，这种计算能力的强弱是评估数据处理能力和整体人工智能发展水平的关键指标，其速度和能耗决定了人工智能应用的效率和可能性。算力不仅仅涉及计算能力，也包括存储能力。以 ChatGPT 这样的大型模型为例，其成功运行离不开庞大的算力支持，它需要约 2.5 万个 GPU 和数万颗高端 CPU 持续进行数据输入和运算以训练模型，这种算力要求间接证明了当前人工智能技术对算力的巨大需求。

随着人工智能和云计算技术的迅速发展，算力已经成为新时代的关键基础设施，类似于水、电和气的设施一样重要，这种重要性体现在多个层面，它不仅支撑着日益增长的计算需求，也是推动科技创新和经济发展的动力。目前，算力的主要来源是各种高性能芯片，但芯片技术需要面对存储速度与计算速度发展不同步的核心挑战，科学家们为了解决这一问题进行了大量的研究，逐渐探索出一种包括存算一体、类脑计算和 DNA 计算等多种新型计算技术。随着科技的发展，算力形式的多样化发展也正在加速，常见的类型包括云计算算力、智能计算算力、高性能计算算力、混合计算算力以及算力网络等。这些算力类型各有特点和应用领域，它们共同构成了支撑现代数字社会运转的基础。特别是在数据密集型的应用场景中，如大数据分析、复杂科学计算和深度学习训练等，高效的算力显得尤为关键。随着算力成为影响力和控制力的新源泉，如何管理和分配这一资源已成为必须面对的重要社会问题。确保算力的公平分配和高效利用，将是未来社会发展的关键任务之一，也是实现全球数字平等的基础条件。

四、人工智能的分类

人工智能的分类问题较为复杂，这主要是因为人工智能作为一个领域，涉及的基础知识极其广泛，研究的内容和技术方向涵盖了社会生活的众多方面。而且，人工智能先后经历了几次发展高潮和衰退期，即俗称的"三次浪潮"和"两次严冬"，这表明了其发展的不稳定性和挑战性。尽管如此，人工智能仍未形成一个完整的理论体系，依然在不断的探索和创新中前进，并且迫切希望被应用于实际问题的解决中。在对人工智能进行分类时，可以从几个有代表性的观点入手，如基于能力区分，人工智能通常被分为强人工智能和弱人工智能；从理论学派的角度区分，人工智能可以分为符号主义、联结主义和行为主义。

1. 基于能力区分

基于能力区分，人工智能通常被分为强人工智能和弱人工智能。

强人工智能的核心关注点是系统的生物可行性，即人工智能系统应该在结构和功能上模仿人类智能。换言之，这种观点认为真正的智能机器不仅要表现出智能行为，更应当通过与人类类似的方式来执行这些行为。这些算法的设计初衷与传统的基于规则的处理方式有着本质的区别，它们追求的是使机器在处理问题时不仅高效，而且能够在某种程度上"理解"和"感知"信息，所以强人工智能的研究者致力于开发与人类智能结构相似的复杂系统，强调系统的思维、学习和决策过程应该模拟人的大脑。支持强人工智能的研究者认为，通过更深层次地模仿人类大脑的结构和功能，人工智能可以更好地理解复杂的人类行为和自然语言，提高决策的质量，甚至在未来具备真正的自我意识，这种研究不仅需要生物学、心理学和神经科学的输入，也依赖于计算模型和硬件的进步。当前，神经网络和深度学习算法是实现强人工智能目标的重要步骤，这些技术通过模仿人类神经系统的工作原理来处理和分析大量数据，从而实现学习和推理。例如，深度学习算法能够通过多层次的网络结构学习复杂的模式和关系，类似于人类大脑在处理信息时的层次性和深度。虽然这样的系统还未完全实现，但随着技术的进步和对人脑更深入的理解，强人工智能的潜力正在逐步显现，未来可能会更加接近真正模拟人类智能的目标。

弱人工智能并不要求智能系统必须通过模拟人类的思维过程来实现任务，即不在乎这些任务是如何完成的，只注重于系统执行任务的结果，这种类型的人工智能主要被应用于需要特定功能或处理特定问题的场景中，如电子工程、机器人技术和其他相关技术领域。例如，在日本，许多高级服务机器人虽然看起来行为逼真，但它们仍然属于弱人工智能范畴，因为这些机器人的智能行为是为了执行特定任务而设计，而非全面模拟人类的智能。在麻省理工学院等研究机构也有许多研究者不断探索如何利用弱人工智能来解决具体而复杂的问题，即不追求创建具有自我意识或完全模仿人类所有认知功能的系统而实现复杂问题的解决。弱人工智能的支持者认为，人工智能的研究和开发应当集中于提高系统在特定任务中的表现，如数据处理、模式识别和自动控制等，从而在实际应用中提供有效的技术解决方案，更加高效地服务于人类，解决一些传统方法难以应对的问题，而无须模拟人类的所有思维过程。这种实用主义的观点强调人工智能作为一种工具或助手的角色，应专注于优化和自动化特定的功能，而不是追求创建一个全面的、具有普遍智能的实体。通过这种方法，弱人工智能不仅可以大幅提升工作效率，还可以在资源有限的情况下，快速实现技术的应用和普及，进一步推动科技和社会的进步。

2. 从理论学派的角度区分

从理论学派的角度区分，人工智能可以分为符号主义、联结主义和行为主义。

符号主义，也称为逻辑主义、心理学派或计算机学派，是人工智能领域内一种传统且重要的方法论，这一学派是基于人类的认知和思维过程可以被视为符号的操作和转换这种核心假设形成的。根据符号主义的观点，认知过程本质上是符号之间的逻辑运算，这些符号代表了外部世界的各种概念和属性，因此，通过编程使计算机模拟这些逻辑和符号操作，就可以重现人类的智能行为。符号主义的理论基础在早期人工智能的发展中占据了主导地位，其影响深远，代表性人物有艾伦·纽厄尔（Allen Newell）、赫伯特·西蒙（Herbert Simon）等，他们通过开发复杂的符号处理系统来探索人工智能的可能性。这些系统被设计用来执行诸如问题解决、决策制定和语言理解等复杂的认知任务，通过明确定义的规则和算法来操作符号，从而在一定程度上模拟人类的思考过程。符号主义也对认知科学和心理学的研究提供了一种工具和框架，帮助研究者理解和模拟人类智力活动的结构和功能。通过构建符号处理模型，研究者能够在计算机上测试关于人类思维的理论假设，从而更深入地探索认知过程的机制。尽管随着时间的推移，其他如联结主义等新兴方法论逐渐兴起，符号主义依然是人工智能领域中一个重要的理论基石，对于发展高级认知模型和智能系统仍具有重要价值。

联结主义，同样是源自心理学的一个研究流派，从 20 世纪 80 年代初的认知心理学中兴起，并迅速扩展到人工智能研究领域。这个理论流派视认知过程为大脑或神经系统网络中的整体活动，其核心在于网络模型的应用，所以联结主义将注意力集中在如何利用神经网络的并行分布处理能力上，特别强调网络处理活动的数学基础和计算模型。通过模仿大脑神经元之间的连接方式和它们的动态交互，联结主义旨在捕捉人类思维的复杂性和动态性。自 20 世纪 80 年代以来，联结主义逐渐取代符号主义，成为现代认知心理学的理论基础之一，在人工智能领域，这种主导思想促使专家学者开始对人工神经网络进行大量研究，应用仿生学模仿人脑的处理方式构建人工神经网络，以实现复杂的信息处理任务。人工神经网络的研究不断进步，推动了深度学习技术的发展，这些技术现在是人工智能研究的前沿，并广泛应用于图像识别、语音处理、自然语言理解等多个人工智能应用领域。联结主义的兴起标志着人工智能研究方法的一次重大转变，从单一的、线性的符号处理，转向模拟大脑的复杂网络结构和功能，这种转变不仅深化了我们对人类认知过程的理解，也极大地拓展了人工智能技术的应用范围和深度，使其能更加有效地处理和解析大量的数据，展现出前所未有的学习和适应能力。

行为主义，又称为进化主义或控制论学派，是一种基于"感知—行动"模式的行为智能模拟方法，该方法强调智能主要取决于对外界环境的感知和相应的行为反应。这种思想认为，智能的实现并不依赖于复杂的符号表示和逻辑推理，而是通过适应外部环境并直接与其互动的方式来展现。行为主义的根基同样可追溯到20世纪初的心理学，后来随着诺伯特·维纳和罗斯·麦洛克等人在控制论领域研究工作的推进逐步成型，强调系统的反馈机制和自我调节能力。直到20世纪末，行为主义作为一种新的人工智能流派重新得到关注。在这一框架下，智能被看作是通过感知环境生成适应性行为的能力，如装备传感器和执行器的机器人能够感知周围环境并作出相应的移动或操作，从而完成任务如导航或避障。这种方法的优势在于其对环境的动态适应性，使得行为主义系统能够在没有人为预设规则的情况下，通过持续的试错和调整，学习如何最有效地完成目标。行为主义强调的简化认知模型也使得相关系统更加鲁棒和高效，适合应对那些需要快速反应和实时决策的应用场景。

第二节　人工智能的发展

一、黄金时代

人工智能概念自从1956年在达特茅斯会议上首次被提出后，在随后的几十年里相继取得了一系列令人瞩目的研究成果，标志着这一领域的快速发展与技术革新。

1957年，纽厄尔和西蒙等人开发了一种名为GPS（General Problem Solver）的通用问题求解器，这是一种不依赖于具体领域的软件，能够模拟人类解决问题的方式。1958年，麦卡锡发明了LISP语言，这是一种专为人工智能研究设计的计算机程序语言，凭借其强大的数据处理能力，至今仍在人工智能的许多领域中被广泛使用。1962年，世界上首款工业机器人"尤尼梅特"被引入通用汽车的生产线，标志着机器人技术在工业生产中的实际应用。1968

年，道格拉斯·恩格尔巴特（Douglas Engelbart）的计算机鼠标的发明，虽然不直接属于人工智能，但极大地改进了人机交互方式，为后续人工智能的发展提供了更为便捷的操作界面。1972 年，维诺格拉德在麻省理工学院建立了 SHRDLU 系统，该系统能够理解并执行基于自然语言的命令，能与人用普通英语进行交流，并在此基础上做出决策和执行操作，这一项目带着极强的革命性意蕴，极大地推动了自然语言处理和机器理解的发展。除此之外，人工智能在机器定理证明和计算机游戏等领域也取得了显著成就，特别是在跳棋和象棋等棋类游戏中能够与人类对弈并取得优胜，充分展示了其在策略和决策制定方面的潜力。这些成果不仅证明了人工智能的实用性，也为未来的研究和应用提供了坚实的基础，掀起了人工智能发展的第一个高潮，预示着这一领域未来更加广泛的应用前景，更重要的是，这些里程碑事件共同铺垫了人工智能从理论到实践的转变，为后续更多突破性技术的诞生和应用奠定了基础。

二、第一次寒冬期

20 世纪 70 年代初，人工智能领域在蓬勃发展之际遭遇了前所未有的重大瓶颈，面临着极其艰难的挑战，导致该领域发展进入到一段低潮期。

1969 年，著名科学家明斯基和派珀特经过研究后发现了"感知器"存在一个较为致命的缺陷，并在专著 *Perceptrons* 中进行了详细的阐述。他们指出，"感知器"这类早期的神经网络模型仅能解决一阶谓词逻辑问题，并不能处理如异或（XOR）这样的高阶谓词逻辑问题。这一论点严重打击了学术界对人工神经网络未来发展的信心，许多研究人员因此对继续探索神经网络的研究前景感到悲观，从而使得整个 70 年代初人工神经网络的研究进入了一段漫长的低潮期。

与此同时，由于当时的计算机技术尚处于发展阶段，内存容量有限，处理速度不足，使得计算机在处理复杂问题时经常遇到困难。再加上当时的公众和资助机构对人工智能的期望过高，往往提出许多技术难以实现的挑战性问题。由于人工智能未能如约有效解决这些问题，外界对其能力产生怀疑，进而大幅削减研究经费，导致当时的学术环境和研究环境都受到严重影响。资金的减少直接导致研究活动的减缓，许多有前景的研究项目不得不延迟或取消，人工智能的发展因此陷入了一个漫长的低谷期。

虽然人工智能的发展在这一时期面临众多挑战和困难，但仍有一些坚持不懈的研究者在暗中努力，试图寻找突破，他们在算法、理论及其应用方面进行了深入探索，为后来的人工智能复兴奠定了基础。这段时间虽然困难重重，但也是人工智能发展过程中不可或缺的一部分，它反映了科技进步不是一帆风顺的旅程，而是充满了起伏和挑战的探索。

三、第一次回暖期

20 世纪 80 年代，人工智能领域迎来了新的复兴期，这一复兴期主要得益于两个重大突破。第一个重大突破是专家系统的研究取得了显著成就。自 1965 年斯坦福大学开发出第一个专家系统 DENDRAL 以来，经过十多年的不懈努力，到了 80 年代中期，各种专家系统已经广泛应用于多个专业领域，并取得了巨大的成功。这些系统能够模拟人类专家的知识和经验，解决特定的实际问题，如在医疗、化工、地质等领域的应用不仅展示了其高效解决专业问题的能力，也标志着人工智能技术的实际应用和产业化取得了重大进展。专家系统的成功应用极大提高了人工智能的社会认可度，并推动了其在更广泛领域的应用和发展。第二个促进人工智能发展的重大事件是第五代计算机的研制计划的提出。1981 年，日本经济产业省投入了 8.5 亿美元资金支持第五代计算机项目，其宏伟的目标是开发出能够与人类对话、翻译语言、解释图像及进行逻辑推理的智能计算机。这一项目的启动引起了全球范围内的广泛关注，欧美等几个国家纷纷响应，加大了在智能计算机研发上的投资和研究。第五代计算机项目不仅推动了人工智能技术的突破，也为智能系统的集成和应用提供了新的理论和技术基础，极大促进了人工智能从理论研究向实际应用的转变。以上两件重大事件的发生，推动了全球人工智能技术的研究热潮和创新高潮，加速了人工智能技术在各行各业中的渗透和革新，对社会的经济结构和人们的日常生活产生了深远的影响，更重要的是，这些事件标志着人工智能技术发展取得巨大进步，为后续更为复杂的人工智能系统的研发和应用奠定了坚实的基础，预示着人工智能将在接下来的几十年里，继续以更加强大和普遍的影响力，深入人类生活的各个方面。

20 世纪 80 年代，人工智能技术的发展还取得了一个难以想象的巨大成就，那就是人工神经网络算法的进步。1982 年，霍普菲尔德（Hopfield）提出了具有里程碑意义的离散型神经网络模型，这一模型通过引入李雅普诺夫（Lyapunov）函数——通常被称为"计算能量函数"——为神经网络的稳定性提供了判定标准。这种能量函数的使用，使得神经网络的状态能够朝着能量最低点稳定下来，为解决优化问题提供了一种全新的方法。1984年，霍普菲尔德又进一步发布了连续型神经网络模型，其中神经元的动态工作方程能够通过运算放大器实现，这一创新不仅使神经网络的电子线路仿真成为可能，而且大大推动了硬件实现的前景。霍普菲尔德网络的另一重大应用是解决了旅行商问题（Travelling Salesman Problem, TSP），这是一个典型的优化问题，数字计算机在处理此类问题时通常效率不高，而霍普菲尔德网络通过其独特的能量最小化特性，能够有效地寻找到近似最优解，展示了人工神经网络在处理复杂优化问题上的潜力。1986年，鲁梅哈特（Rumelhart）和麦克雷伦德（McClleland）经过深入研究人工神经网络后提出了多层神经网络中的反向传播（Back Propagation）学习算法，简称BP算法。这一算法的提出，能够解决之前单层感知器无法解决的问题，并实践证明了人工神经网络在进行复杂非线性映射和功能逼近方面的强大运算能力，标志着神经网络研究获得了重要进展。而且BP算法不仅在学术上引起了广泛关注，更成为后来深度学习技术的理论基础，其应用领域涵盖了图像识别、语音处理、自然语言处理等多个人工智能的核心领域，极大地推动了人工智能技术的实际应用和商业化进程。这些成就一起构成了人工智能领域在20世纪80年代的重要发展里程碑，不仅增强了人工神经网络技术的理论基础，也为未来人工智能应用的实用化和普及化打下了坚实的基础，人工智能也通过这些技术进步和创新开始逐步从理论研究走向实际应用，显著扩展其在社会各领域的影响力。

四、第二次寒冬期

20世纪80年代末期，人工智能应用规模迅速扩大，专家系统作为当时人工智能研究和应用的主流形式更是大行其道，但随着专家系统的广泛应用，其局限性逐渐显现并成为发展瓶颈。这种瓶颈主要表现在以下几方面：第一，专家系统虽在特定领域表现出色，但其应用范围相对狭窄，难以泛化至更广泛的领域；第二，这些系统大多缺乏常识性知识的处理能力，使得它们在面对日常知识推理时显得力不从心；第三，构建专家系统需要大量的领域专家知识，而这些知识的获取是一大难题，导致系统往往难以编码和更新；第四，系统推理方法存在单一性，无法适应情况的变化，而且系统缺乏分布式功能，极大限制了其效率和扩展性；最后，专家系统通常难以与现有的数据库系统兼容，这在数据驱动的应用场景中成了一个明显的技术障碍。这些技术限制不仅影响了专家系统的实际应用效果，也逐步减弱了政府和资助机构对人工智能研究的信心，特别是美国，国防高级研究计划局（DARPA）的新任领导对人工智能的未来持悲观态度，认为人工智能并非"下一个浪潮"，主动削减人工智能研究资助经费。在这一时期，许多研究项目都因资金短缺而停滞不前，人工智能的研究进展受到了严重阻碍，最终推动人工智能领域进入了所谓的第二次寒冬期。

面对这种资金削减和研究停滞，不仅学术界受到了严重影响，人工智能其背后的工业界和应用领域同样面临发展难关，许多初创公司和已有企业也因为缺乏投资和市场信心而减少了对人工智能的投入，这进一步加剧了行业的萎缩。尽管如此，许多研究者和机构仍然在这一寒冬期寻求突破，以求脱离传统专家系统的限制，探索更加灵活、普适的人工智能技术路径，这为人工智能的再次崛起和后来的技术革新奠定了基础，尤其是在机器学习和深度学习领域的飞速发展。从这一层面上讲，这一寒冬期虽然阻碍了人工智能的短期发展，但也为人工智能领域自我反思和技术深化提供时间，促使企业开始探索如何在面临困难时对人工智能技术和理论进行了必要的调整和升级，实现未来的复苏和繁荣。

五、第二次回暖期

随着时代发展，科技日新月异，20世纪90年代末期互联网技术的迅速发展为人工智能领域发展提供了帮助，尤其是数据传输和处理能力的提升，为人工智能技术提供了前所未有的信息获取和计算资源，从而极大地加速了人工智能的研究与开发，促使人工智能迎来了创新研究和实用化应用的新阶段。

1997年，国际商业机器公司（IBM）研发的超级计算机"深蓝"在国际象棋比赛中战胜了当时的世界冠军加里·卡斯帕罗夫（Garry Kasparov），这一事件立刻在全球范围内引起了轰动，这一胜利展示了机器智能在处理复杂策略和决策问题上取得的显著成就，也揭示了人工智能在特定领域超越人类智能的潜力，更重要的是极大地提升了公众和科技界对人工智能未来发展的期待和信心。进入 21 世纪，人工智能的发展继续加速。2006 年，杰弗里·辛顿（Geoffrey Hinton）和他的学生通过研发深度学习技术，成功解决了之前人工神经网络中存在的多层次训练问题，这一突破不仅使得深度学习成为人工智能领域内最为热门和有效的研究方向之一，也为图像识别、语音识别等多种应用提供了强大的技术支持。2008 年，IBM 公司提出了"智慧地球"概念，强调利用先进的信息技术和人工智能来解决城市化进程中的资源、环境和管理等方面的问题，此举进一步扩展了人工智能技术的应用领域和社会影响。这一系列的技术创新和应用成功，标志着人工智能从理论研究向广泛实用化应用的转变，从工业制造到服务业，从日常生活到公共管理，人工智能逐渐渗透到了社会生活的各个层面，人工智能的应用正带来深远的社会和经济变革。在这种背景下，人工智能迎来了第二次回暖期，其技术不断进步，应用领域的不断拓展，为未来更广泛的技术革新和应用提供了坚实的基础。

六、蓬勃发展期

大数据时代的到来标志着信息技术领域的一个重要转折点，从 2010 年开始，特别是大数据、云计算、互联网和物联网等技术的迅猛发展，对人工智能发展产生深远影响，人工智能技术得到了空前的推动。大数据提供了海量的数据资源，云计算为复杂计算提供了强大的处理能力，而物联网则实现了设备与设备之间的智能连接，这些技术的结合为深度神经网络等人工智能技术的发展提供了必要的技术支撑和数据基础，使得人工智能技术在理论和实践层面上都取得了质的飞跃。在这一技术驱动下，人工智能开始在多个领域实现突破性的应用。例如，图像识别技术通过更深层次的神经网络学习到了更复杂的图像特征，大幅提升了识别的准确性和速度；文本识别和语言翻译技术也通过深度学习模型实现了从基础字符识别到语义理解和生成的转变，使得跨语言交流更加流畅；生物识别技术如人脸、指纹、掌纹识别等也因为人工智能的加入变得更加精准和安全；在智能硬件领域，智能机器人、无人驾驶车辆等的研发利用了先进的感知和决策技术，不仅优化了操作效率，也提高了安全系数；智能制造和智能交通系统则通过整合传感器数据和人工智能分析，提升了资源效率和系统响应速度；智能医疗系统利用人工智能进行疾病诊断和治疗建议，提升了医疗服务的质量和可及性；在金融领域，智能金融技术能够对大量交易数据进行实时分析，辅助决策，减少风险。这些应用不仅推动了经济社会的快速发展，也极大地改善了人们的生活质量和环境条件。

1. 美国人工智能发展

美国作为人工智能技术的发源地，经过六七十年的发展，无论在认知科学、算法理论和技术创新，还是在工业应用方面，均处于领先地位。特别是在近年来，美国政府已经将人工智能的发展上升到了国家战略的高度，体现了对这一技术未来潜力的重视和投资。2016 年 3 月，谷歌开发的人工智能程序"AlphaGo"在围棋比赛中与韩国棋手李世石对决，以 4∶1 的成绩胜出，引发了全球关注。2017 年 5 月，在中国乌镇举行的围棋峰会上，AlphaGo 再次展现了其强大的计算能力和策略理解，以 3∶0 的成绩战胜世界第一的棋手柯洁。这两次比赛不仅证实了人工智能在复杂任务处理上的超凡能力，也标志了人工智能技术在理论和应用上的重大突破。

美国在政策层面对人工智能的支持和推动是全面而持续的。2016 年，奥巴马政府的国家科学技术委员会发布了《国家人工智能研究与发展战略计划》，旨在明确指导国家级的研究方向和优先级，提升美国在全球人工智能领域的竞争力。特朗普政府在 2019 年对此计划进行了战略性的更新，不仅全面更新了包括人工智能研究投资、人机协作开发、人工智能的伦理法律及社会影响、系统安全性、公共数据集、评估标准及研发人员需求等七大领域，还特别增加了强调公私伙伴关系的第八项战略。这一系列举动都显示了美国政府在推动人工智能技术商业化和社会化应用中所看重的合作与创新的重要性，美国更是借助这些战略举措和技术成就成功在全球人工智能科技竞赛中占据领导地位，也成为世界各国在人工智能领域的研究与应用重要的参考和借鉴对象。美国政府的持续投入和政策支持，以及来自硅谷等创新中心的技术革新，共同为人工智能技术的未来发展奠定了坚实的基础，预示着人工智能将在未来社会和经济中扮演更加关键的角色。

2. 欧盟成员国人工智能发展

近年来，人工智能的应用如火如荼，欧盟成员国为了巩固和提升其在全球人工智能技术竞争中的地位，同样在人工智能领域采取了一系列积极的政策和战略措施。在 2018 年 4 月，欧盟委员会发布了重要的政策文件《欧盟人工智能》，在其中强调了人工智能技术发展可能带来的新的伦理和法律挑战，旨在确保人工智能技术在一个合适的框架内发展，在实现科技创新的同时还能坚持欧盟的价值观、基本权利和道德原则。2019年4月，欧盟发布了《可信赖人工智能伦理准则》，这标志着欧盟在基于伦理原则规范人工智能技术方面迈出了重要步伐。2020年2月，欧盟进一步深化其对人工智能的政策框架，发布了《人工智能白皮书》，这份白皮书不仅提出了促进欧洲人工智能研发的具体措施，还强调了在发展过程中需要平衡创新与风险管理，显示了欧盟对于科技发展与伦理、法律相结合的全面考虑，旨在促进人工智能的开发与部署，确保其安全并符合欧盟法规。

2021年4月，欧盟委员会提出了《人工智能法案》，这是全球首个人工智能监管法案，该法案适用于所有使用人工智能系统的产品和服务，并根据风险等级将人工智能系统分类为四个级别。该法案的提出是全球范围内首个对人工智能系统进行全面监管的立法尝试。2023年12月8日，欧盟各成员国就《人工智能法案》达成一致协议，通过全面监管人工智能，为人工智能的开发和使用创造更为有利的条件，而且法案中同意对使用生成式人工智能工具的产品，如OpenAI的ChatGPT和谷歌的Bard，实施一系列控制措施，以确保这些技术的应用不会对社会造成负面影响。2024年2月2日，欧盟27国代表一致通过了《人工智能法案》的最终文本。随后，3月13日，欧洲议会正式批准了该法案。5月21日，欧洲理事会正式批准，《人工智能法案》将在公布后二十天内正式生效。这一系列的立法进程不仅展示了欧盟在全球人工智能政策制定中的领导地位，也反映了国际社会对于人工智能技术潜在影响的关注与应对策略。

德国作为欧盟成员国，高度重视本国的人工智能发展，德国联邦政府在2018年11月15日发布了其人工智能战略，同时发布了"AI Made in Germany"口号，体现了将人工智能提升为国家战略级重点的决心。该战略明确了德国在人工智能领域的发展目标及实施路径，强调了人工智能技术在推动工业现代化和经济发展中的核心作用。政府计划通过大量投资，支持高校和研究机构在人工智能领域的研究，同时促进与工业界的合作，以加速人工智能技术的工业应用。这一战略的发布，不仅展示了德国政府对于人工智能重要性的认识，也表明了德国在全球人工智能竞争中保持领先地位的决心，希望能在智能制造、汽车工业、医疗健康等多个关键领域实现突破，推动整体经济结构的升级和国家竞争力的提升。

除德国外，其他欧盟成员国同样出台了一系列与人工智能发展相关的政策和战略，充分展示了各国对前沿科技重要性的认识，也反映出他们在全球数字经济时代中争取话语权的战略意图，希望通过这样的全方位政策支持和战略布局，在人工智能的全球竞争中发挥更加积极和领导的作用。

3. 中国人工智能发展

近年来，中国在人工智能领域的发展速度令人瞩目，网购、快递、送餐、网约车、智能手机、智能支付、智能交通、智能金融、工业机器人和无人机等众多行业如雨后春笋般在中国崛起，并迅速融入日常生活，极大地推动了中国人工智能技术的发展，同时也深刻改变了中国社会生活的面貌。这些技术的普及不仅提高了效率和便捷性，还促进了相关产业的技术革新和经济模式的转变。

2015 年以来，中国政府就对人工智能发展及其与其他行业的融合给予了高度重视，出台了一系列政策和法规，充分体现了将人工智能发展提升到国家战略层面的决心。2015 年 5 月，国务院发布了《中国制造 2025》，标志着制造强国战略的启动，强调了新一代信息技术与制造业的深度融合。同年 7 月，国务院发布了《关于积极推进"互联网 +"行动的指导意见》，进一步推动了互联网与传统行业的结合，促进了经济的数字化转型。2016 年，中国在人工智能领域又迈出了几大步，包括发布《机器人产业发展规划（2016—2020）》和《"互联网 +"人工智能三年行动实施方案》，这些政策文件集中体现了中国在人工智能领域的投入和布局，旨在推动人工智能技术在各行各业中的广泛应用。2017 年 7 月，国务院发布《新一代人工智能发展规划》，该规划将人工智能的发展定位为国家级的重大战略，明确了未来发展的目标和路径。同年 12 月，工业和信息化部也发布了《促进新一代人工智能产业发展三年行动计划（2018—2020）》，具体落实了《新一代人工智能发展规划》的战略目标，强调了人工智能与工业、信息化的深度融合。

2017 年之后，中国政府不仅将人工智能的发展上升为国家战略层面，还更加注重人工智能技术与社会经济的融合与实际应用，充分利用人工智能作为技术进步的推动力，为经济发展和解决社会问题提供关键工具。2020 年 7 月 27 日，中国国家标准化管理委员会联合其他四个部门共同印发了《国家新一代人工智能标准体系建设指南》的通知，这一举措标志着中国在制定和实施人工智能领域标准化战略方面迈出了关键一步。该指南明确提出了到2023年初步建立完善的人工智能标准体系的目标，强调了数据、算法、系统、服务等关键技术领域中急需制定的标准，旨在为人工智能技术的健康发展提供技术支撑和规范引导，确保技术应用的安全性、可靠性和有效性。

2021年3月11日，十三届全国人大四次会议表决通过了关于"十四五"规划和2035年远景目标纲要的决议，规划中提及人工智能技术及其相关内容超50次，这充分体现了人工智能作为新一代信息技术，在推动中国经济高质量发展中的关键角色和重要性，显示了中国政府对于人工智能技术发展的高度重视和大力支持。2023年7月10日，国家互联网信息办公室联合中华人民共和国国家发展和改革委员会、中华人民共和国教育部、中华人民共和国科学技术部、中华人民共和国工业和信息化部、中华人民共和国公安部以及国家广播电视总局联合发布《生成式人工智能服务管理暂行办法》，该办法将从2023年8月15日起正式施行，旨在规范和管理生成式人工智能服务，确保这一新兴技术的健康发展和安全应用。

通过以上一系列的政策推动，中国的人工智能技术不断突破，应用领域也日益广泛，正在深刻改变社会经济结构和人们的日常生活，更重要的是，人工智能的发展推动了中国科技、经济和社会进步，展现了中国对未来科技发展趋势的前瞻性理解，成为中国在全球科技革命中保持领先和竞争力的核心动力。

第三节　人工智能的研究内容

一、认知科学

认知科学，或称思维科学，是人工智能的重要理论基础，专注于研究人类的感知和思维信息处理过程，试图解析人类在复杂认知活动中的信息加工机制，包括知觉、记忆、思考、学习、语言、想象、创造、注意力以及问题解决等多种心理活动。认知科学的研究不仅限于理解这些基本的功能认知，还涉及环境、社会和文化背景对认知过程的影响，因为人类的思维方式和认知能力是在特定的环境和文化背景中形成和发展的，是一个多变量和多层次互动的复杂系统，以上因素的综合作用影响了个体的认知结构和信息处理方式，进而影响了思维和行为模式。在人工智能领域，认知科学的研究成果被广泛应用于智能系统的设计和开发中，这就要求人工智能研究者不仅需要掌握逻辑思维的模式，更需深入探究形象思维和灵感思维等更为复杂的认知过程，以便于通过模仿和实现这些高级认知功能而更好地模拟人类的思维方式，提高机器的自主决策和创造性问题解决能力。例如，通过研究人类如何在面对新情境时迅速调整思维策略和学习新技能，人工智能可以开发出更灵活、更适应性强的算法和模型。因此，认知科学对于人工智能的发展至关重要。它不仅为人工智能提供了深刻理解人脑信息处理的理论支持，也为智能系统设计提供了新的思路和方法。

二、知识表示

知识表示在人工智能领域中占据着核心地位，是将人类的知识以一种机器能够理解和处理的方式进行概念化、形式化或模型化，这也意味着如何将复杂的现实世界问题转化为计算机程序可以操作的数据结构成为知识表示的关键环节。在人工智能的应用中，知识表示不仅是一个数据结构问题，更是一个关乎如何设计控制结构并实现有效解释的过程，是确保机器能够进行智能推理和决策的核心。常见的知识表示方法包括符号知识表示、算法和状态图等，这些方法各有优势和适用场景。符号知识表示通过逻辑和结构化的语言来描述知识，便于直接应用于逻辑推理；算法则侧重于问题解决步骤的精确描述；而状态图更侧重于描述系统状态的变化过程，适用于需要模拟决策过程的应用。

在人工智能中，知识可以通过多种形式表示，如状态空间表示法将问题定义为状态和操作的集合，每一个操作将一个状态转变为另一个状态，便于搜索和规划算法的应用；问题归约表示法则是将大问题分解为小问题，直至可解；谓词逻辑表示利用形式逻辑来描述事实和推理规则，是最为严格和普遍的知识表示方法之一；语义网络表示通过图结构来描述概念之间的关系，便于处理并继承和关联相关的知识；框架表示法则通过预设的数据结构（框架）来组织知识，每个框架包含若干槽和填充这些槽的特定值，适用于描述那些具有明显结构和属性的实体；过程表示法关注知识的过程性特征，描述在特定情境下如何执行任务。这些方法不仅支撑了人工智能系统中的信息存储和逻辑推理，还确保其在自然语言处理、机器翻译、智能搜索、专家系统等人工智能应用中发挥着至关重要的作用。

三、知识推理

人类智能的核心优势在于复杂的思考、判断和决策能力，这些能力源于人类独特的思维过程，即在感性认识的基础上形成的理性认识。人类的思维不仅包括基本的分析和综合，还发展出了更高级的认知功能，如抽象和概括、比较和分类、系统化和具体化等，这些高级思维过程使得人类能够在心智中运用各种概念进行判断和推理，从而解决复杂的问题和制定策略。为了赋予机器类似的智能，研究者们努力使其具备推理功能。

在人工智能领域，推理是从一个或多个已知的判断中推导出新的判断的过程，它涉及从已有事实中推出新事实的逻辑运算。在形式逻辑中，这种推理过程包括前提（已知的判断）、结论（被推导的新判断）以及推理形式（前提与结论之间的逻辑联系）。人工智能的早期发展主要依靠符号逻辑，特别是演绎推理，这种基于经典谓词逻辑的推理形式广泛应用于问题求解和定理证明。然而，随着人工智能研究的深入，研究者们逐渐发现许多复杂问题无法仅通过严格的演绎推理来解决，这一挑战促使非单调逻辑推理的研究迅速发展，成为人工智能领域的一个重要分支。非单调逻辑推理允许系统在获取新信息后修改之前的结论，使其更符合实际情况中常见的情景，如意见的改变或事实的更新。这种灵活的推理方式为处理不完全、不确定或变化中的信息提供了强有力的工具。例如，在动态环境下，非单调逻辑能够支持更加智能的决策制定，使得人工智能系统能够适应环境变化，调整其行为策略。

四、知识应用

人工智能的广泛应用确实是衡量其生命力的一个关键指标，20世纪70年代专家系统诞生，它能模拟人类专家的决策过程，解决特定领域的问题，使得人工智能技术开始在医疗、金融、工业等多个重要行业中展现出其价值，极大地推动了人工智能领域的复苏和发展。继专家系统之后，机器学习也开始兴起，通过从大量数据中自动学习和提取知识，极大地增强了系统的预测和分析能力，这在图像识别、语音处理等领域表现尤为突出，再次推动了人工智能技术的飞跃。近年来，自然语言理解的应用研究取得了显著进展，不仅改善了用户交互体验，也拓宽了人工智能的应用领域，如聊天机器人、自动翻译和内容推荐系统，使得人工智能能够更深入地理解和生成人类语言，也间接证明了人工智能在实际应用中的强大潜力和逐步成熟的技术。人工智能应用的发展并非孤立发生，它依赖于知识表示和推理等基础理论的不断深化和完善，知识表示为人工智能提供了处理和推理知识的方式，是智能系统能够理解复杂问题并作出有效决策的基石，推理机制的优化使得人工智能系统能够在更广的场景下进行逻辑判断和决策。正是这些基础理论和技术的进步，支撑了人工智能应用的广泛部署，逐渐深入人类生活的每一个角落。

五、机器感知

机器感知是赋予机器类似人类的感觉能力的技术领域，它包括视觉、听觉、触觉、嗅觉、痛觉、接近感和速度感等多种感觉模式，这些感知能力中最为重要和应用最广泛的两种形式是机器视觉（计算机视觉）和机器听觉。机器视觉使机器能够识别和理解文字、图像、场景以及人的身份等，广泛应用于安全监控、工业自动化、自动驾驶汽车、智能手机应用等多个领域；机器听觉则让机器具备了识别和理解声音和语言的能力，这一技术在语音助手、自动翻译、客户服务和辅助听力设备等领域得到了应用。为了实现这些感知功能，机器需要装备各种高级传感器，这些传感器能够捕捉外部世界的信息并将其转化为机器可以处理的数据。

机器视觉和机器听觉的核心在于模式识别和自然语言理解或自然语言处理，这两个领域已经从人工智能的研究分支发展成为相对独立的学科。模式识别涉及从复杂数据中识别出有意义的模式，如图像中的物体识别或音频信号中的语音识别；自然语言处理则是使机器能够理解和生成人类语言，包括语音到文本的转换、情感分析、自动摘要、机器翻译等应用。随着技术的进步，机器感知的应用范围也在不断扩大，同时推动了人工智能的研究前沿，也在实际应用中展现了巨大的商业价值和社会效益。例如，先进的机器视觉系统可以在复杂环境下准确识别多个对象和细节，甚至能在医学诊断中辅助识别疾病。

六、机器思维

机器思维，作为现代人工智能领域的核心组成部分，本质上是在机器的"大脑"即计算机软件系统中，通过算法动态处理信息的过程。换言之，机器思维使得机器能够根据特定场景给出适当的判断，并制订有效的策略，以此应对复杂多变的环境和任务。这种处理不是简单的数据运算，而是利用机器感知获取的外部信息，结合认知模型、知识表示以及推理机制，进行有目的的信息处理和决策制定。例如，在自动驾驶汽车中，机器思维体现在从路况信息感知入手，通过实时的数据分析和处理，预测道路情况，控制车辆行驶路径，从而确保安全高效的导航；在智能制造领域，机器思维则可能涉及基于当前生产线数据的实时优化，通过算法预测并调整生产流程，以提高效率和降低成本；金融领域的股市预测软件，利用历史数据和实时市场信息，通过复杂的计算模型进行股价趋势预测，也是机器思维的一种表现。这些应用中的机器思维都依赖于高度发展的算法和模型，它们能够模拟人类的逻辑思考和决策过程，以更快的速度和更广的数据处理范围执行。为了使机器思维更加高效和智能，研究者们不断探索和发展新的认知模型，寻找更优的知识表示方法，以及更精确的推理技术。这些技术的进步，使得机器思维在处理复杂问题时更加接近人类的思考模式，甚至在某些领域具有超越人类的能力。

七、机器学习

机器学习作为人工智能领域的一个核心分支，已经成为使计算机设备模仿人类学习行为的关键技术，其核心目标是赋予机器类似人类的学习能力，使其能够通过感知、认知和主动改造周边环境来自我完善和适应。这一过程主要是机器通过阅读文献资料、与人交流互动或观察周围环境等各种途径来获取新的知识和技能。在实践中，机器学习的应用表现为机器能够从大量数据中自动识别模式和规律，并使用这些知识来做出决策或预测未来，这一过程不仅限于简单的数据处理或模式识别，更包括复杂的推理和决策制定能力。深度学习，作为机器学习中的一个子领域，通过建立、训练并应用深度神经网络，使得机器在图像识别、语音处理和自然语言理解等方面取得了革命性的进展。强化学习则关注如何让机器在与环境的交互中通过试错来优化其行为，实现目标的最大化，这在游戏、机器人导航和自动驾驶汽车等领域显示了巨大的潜力。通过这种方式，机器不仅学习已知的信息，更能在此基础上创造出新的知识和策略，这种能力的发展极大地拓宽了机器学习的应用范围，使其在医疗诊断、金融分析、工业自动化等多个领域成为不可或缺的技术。

八、机器行为

机器行为学，作为人工智能领域中一个新兴而富有挑战性的分支，重点关注计算机和机器人等智能系统的表达能力和行动能力，即通过对话和描述实现交流的能力，以及执行移动、行走、操作和抓取物体等一系列复杂的物理动作的能力。从本质上讲，机器行为学的研究目标就是通过行为科学的视角，来理解和解释智能代理的这些行为，这就为机器行为提供了一种全新的分析框架，补充了传统的技术和算法分析方法，允许研究者从心理学和社会学的角度考察机器的行为模式。例如，通过研究机器如何在不同环境下作出决策或反应，我们可以更好地理解其决策过程的动态性和适应性，从而优化机器设计，使其更加贴近人类的行为模式。

随着人工智能技术的进步，特别是在机器学习和深度学习的推动下，机器行为正在变得越来越复杂和精细，如今的机器不仅能模仿简单的人类行为，还能在特定情况下展现出高度的自主性和创造性，可以在复杂的交互场景中理解人类的指令并做出合适的反应，或者在紧急情况下采取独立行动以避免危险。而且，随着人类与人工智能之间的互动日益增加，机器行为学的研究可以逐步加深对机器行为模式的理解，不仅有助于提高机器的操作效率和安全性，还能增强用户的信任和接受度，这对于实现下一个层次的混合智能——人类智能与机器智能的无缝结合——将是至关重要的。因此，机器行为学不仅是理解人工智能行为的关键，也是推动未来人工智能发展的一个重要领域。

九、智能机器人

为了实现人工智能的近期和远期目标，需要构建专属的智能系统和智能机器人，而这就需要针对性地开展模型、系统分析的研究，这些研究是推动智能系统和机器人技术进步的基础，也是实现更广泛的人工智能应用的前提。模型和系统分析在智能系统的设计和实现中起着决定性作用，通过系统动态模型的构建，可以预测和模拟智能系统在不同情况下的反应和处理能力，从而在设计阶段预防潜在的问题，优化系统性能。基于智能系统的智能机器人依托专业的软件和硬件等开发工具，以及为智能系统专门开发的编程语言，极大的提升了其自主性和决策能力，增强了其与环境以及人类的交互能力。同时，智能机器人还集成复杂的感知、认知和动作控制模块，具备高效处理传感器数据的能力，能够通过机器学习等方法不断从经验中学习和适应。在未来，随着物联网和其他先进技术的融合，智能机器人将越来越多地被应用于各种复杂和动态的环境中，如智能家居、自动化工厂和城市管理等。因此，开发适用于这些环境的模型和工具，将使得智能系统和机器人能够更好地服务于人类，提高生活和工作效率，同时也促进人工智能技术的整体发展。

第四节 人工智能的应用

一、智慧交通

1. 自主驾驶车辆

国际上，包括英国和美国在内的许多国家通过研究分析均指出，交通事故的发生在很大程度上都与驾驶员有关，其中人为错误是交通事故的主要诱因。我国的道路交通事故统计也显示由驾驶员错误造成的事故比例高达90%，这些错误主要包含酒后驾车、疲劳驾驶和超速驾驶等违章行为、驾驶技巧不足以及驾驶员的心理状态变化。鉴于此，应用自主驾驶技术为车辆提供更完善、更安全的辅助驾驶功能，不仅是提升个别车辆安全性的措施，更是全面提升交通系统安全性和效率的战略选择。

与人类驾驶的车辆相比，自主驾驶车辆在环境反应时间、环境感知精度以及车辆行为的可预测性方面具有显著的优势，这些技术特点使得自主驾驶车辆在处理复杂或危险的交通情况时，能够迅速而准确地作出反应，大大降低了由人为错误导致的交通事故风险。具体体现在以下几方面：第一，自主驾驶车辆的环境反应时间远远短于人类驾驶员，因为这些车辆通过高速计算和先进的算法能够在毫秒级别内分析并响应周围的交通状况，如突然的行人横穿、紧急刹车的前车等情况。第二，自主驾驶技术采用的环境感知系统，如雷达、激光扫描（Lidar）和高精度摄像头，比人眼观察更为精确，能在各种天气和光照条件下有效工作，进一步提高了车辆对环境变化的适应能力。第三，自主驾驶车辆的行为模式高度可预测，不受心理和生理限制的影响，消除了疲劳驾驶、分心或酒驾等导致重大交通事故的常见人为因素。而且它通过严格的编程规则和算法决策能够确保车辆始终保持稳定和一致的驾驶行为，大幅提升道路安全。

自主驾驶车辆并非独立存在，它属于智能交通系统的重要组成，其他重要组成包括地面智能控制中心、地面智能设备。地面智能控制中心作为系统的大脑，负责统筹监管区域内所有自主驾驶车辆的运行状况，不仅提供车辆的全局路径规划和导航信息，还能进行交通流的优化调度，从而减少交通拥堵，提高道路使用效率。控制中心还能实时响应各种突发情况，如交通事故或极端天气条件，迅速调整交通策略，确保交通系统的顺畅运行。地面智能设备则装备于关键的交通节点如十字路口、重要交通枢纽等位置，这些设备提供精确的环境信息，如车道线位置、交通信号灯状态及行人流动情况等，帮助自主驾驶车辆进行高精度定位和安全驾驶。通过高级传感器和通信技术，这些设备能够实时监测并反馈交通环境的变化，为自主驾驶车辆提供必要的数据支持。自主驾驶车辆是实现智能交通系统目标的关键执行者，它们通过集成的传感器和人工智能算法，能够实现对周围环境的快速感知和精确理解，从而做出合理的驾驶决策。这些车辆无须人工干预便可进行路线规划、避障、车速调整和停车等一系列复杂的驾驶任务，极大地提升了行车安全和效率。

2. 智慧交通系统

智慧交通系统代表了现代交通管理和控制技术的最前沿，它是在传统智能交通系统基础上的一种进化，通过集成人工智能、物联网、空间感知技术、先进传感器、云计算以及互联网等多种技术，实现了交通系统的全面感知和深度融合。智慧交通系统不仅涉及交通科学和系统方法，还包括人工智能和知识挖掘等领域的最新理论和工具，目标是通过主动服务和科学决策来优化交通管理、运输和公众出行等多个方面。

在智慧交通系统中，各种高级技术的应用使得交通系统能在更广阔的时空范围内进行实时感知、数据互联、深入分析和精准预测。例如，通过部署覆盖广泛的传感器网络，系统能实时收集交通流量、车辆速度和天气条件等数据，而这些数据经过云计算平台的强大处理能力，可用于即时更新交通状态和预测未来的交通流量变化。人工智能算法能够分析历史和实时数据，自动调整交通信号灯的时序，优化路线规划，从而有效减少拥堵，提高道路使用效率。智慧交通系统还强调主动服务和用户体验的改善，通过移动互联网和应用程序向公众提供定制化的出行建议，如最佳出行时间、推荐路线及公共交通信息等，极大地提升了出行的便捷性和效率。同时，系统的预测能力也为紧急情况下的快速响应提供了支持，如在事故或极端天气条件下迅速制定并执行应急管理措施，确保交通安全和流畅。此外，智慧交通不仅提升了交通系统自身的运行效率，还对城市管理和可持续发展提供了支持，通过精细化的交通数据分析，城市规划者可以更科学地进行交通基础设施的规划和建设，合理配置资源，促进环境友好型和可持续性强的城市交通发展。

二、智慧医疗

自 20 世纪 70 年代起，人工智能在医疗领域的应用已经历了几十年的发展，从最初的医学专家系统到今天的高度复杂的医疗智能系统，其技术的进步和应用范围的扩展都极为显著。早期的医学专家系统能够根据病情和专家规则提供诊断线索或治疗方案，这属于人工智能在提供医学决策支持方面的初步尝试。进入 21 世纪后，随着计算能力的增强和数据科学的发展，人工智能技术的应用在医疗领域实现了质的飞跃，医疗影像分析、辅助手术、医疗机器人等领域的应用研究迅速推进，尤其是在医疗诊断系统中，人工智能在影像、病理和皮肤病诊断等方面取得了显著进展，凭借高级算法能快速完成对复杂医学影像的分析，并识别出病变组织，辅助医生进行更精确的诊断和治疗规划。

2015 年，IBM 成立了 Watson Health，这是一个专注于运用认知计算系统为医疗健康行业提供解决方案的机构，通过与癌症康复中心的合作，Watson Health 能够获得大量的临床知识、基因组数据、病历信息和医学文献，同时利用深度学习技术建立临床辅助决策支持系统，为医生提供基于数据的诊疗建议，大大提高了治疗的个性化和精准性。2016 年，百度推出了百度医疗大脑，该系统通过收集和分析海量的医疗数据和专业文献，模拟医生的诊断流程，给出精确的诊疗建议。这类系统的发展极大地提升了医疗服务的效率和质量，使得个性化医疗和精准医疗成为可能。基于人工智能的医疗机器人的应用也在不断扩展，从手术机器人、康复机器人到行为辅助机器人和仿生假肢，这些技术不仅提高了医疗操作的精度，在复杂的手术中发挥着不可替代的作用，还帮助病人在康复过程中获得更好的物理支持，大大减少了患者的恢复时间。

三、智能家居

当今社会，随着人们生活质量的不断提升和对个人体验的越来越多关注，人工智能技术与家居生活的深度融合已成为家居领域未来发展的重要趋势，蕴藏着巨大的经济效益和社会价值。在这一领域，人工智能的应用主要集中在以下四个方面：第一，智能家电，人工智能技术的加入使家用电器功能更加丰富，能够更好地适应消费者的需求。例如，智能冰箱可以根据存储的食物类型和数量自动调节温度，智能洗衣机能根据衣物的材质和污渍程度选择最合适的洗涤程序。第二，家居智能控制平台，这类系统或控制器的开发使得居住者能够实现对家中门窗、灯光和各种电子设备的智能化控制。通过简单的语音命令或手机应用，用户可以远程控制家中的设备，如调节温度、开关灯光、监控安全系统等，极大地提高了居住的便利性和舒适度。第三，智能家庭安全监测系统也是人工智能的一个重要应用领域。利用智能传感器和摄像头，这类系统可以对家庭成员的安全进行实时监控，包括幼儿和宠物的活动，甚至可以监测家庭成员的健康状况，及时发现异常并报警。第四，家用智能机器人正在快速发展，这些机器人在家庭中承担多种角色，如陪护老人和儿童、进行家庭保洁，甚至参与家庭成员的日常对话。随着人机交互技术的进步，这些智能机器人的功能日益完善，它们的互动能力也在不断增强，逐渐成为家庭生活中的重要组成部分。智能家居技术的发展不仅提高了家庭生活的安全性和舒适性，也为家庭带来了前所未有的智能化体验，极大地丰富了人们的生活方式和居住模式。

四、智慧工厂

制造业作为国家经济的重要支柱，不仅体现了一个国家的综合国力和生产力水平，也是衡量发达国家与发展中国家差异的关键指标。随着科技尤其是人工智能技术的快速发展，制造业正在经历一场深刻的变革，特别是工业机器人和自动化技术的广泛应用，使得传统的制造业模式和产业结构发生了根本性的改变，许多基础生产部门已开始将人力资源替换为智能化机器设备，其中最具代表性的便是智慧工厂的兴起。智慧工厂代表着现代工业信息化的新阶段，它在数字化工厂的基础上进一步融合了物联网技术和先进的设备监控系统。这种工厂模式强调通过高度的信息整合和智能化管理来优化生产流程，其核心目标是提高生产过程的透明度和可控性，减少人工干预，以及实现生产数据的实时准确采集。智慧工厂能够清楚地掌握产销流程，通过智能系统进行合理的生产计划编排，大幅提高生产效率和资源配置的精准度。这种工厂在追求经济效益的同时也兼顾环境保护和工作环境的人性化设计，使工厂不仅是生产效率的集合体，也是环境舒适和可持续发展的典范。

智慧工厂的建设和运营集成了多种新兴技术，如大数据分析、人工智能、机器学习和物联网，这些技术共同工作，不断优化和改进生产过程。通过这种方式，智慧工厂不仅能够应对复杂多变的市场需求，还能快速适应新的生产任务和技术变革，保持企业在激烈的国际竞争中的领先地位。因此，智慧工厂不仅是制造业现代化的标志，也是国家竞争力强化的重要表现，它标志着制造业从劳动密集型向技术密集型的转变，是未来制造业发展的必然趋势。

1. 智能管理

在现代制造企业中，核心的运营管理系统发挥着至关重要的作用，这些系统包括产品生命周期管理（Product Life-cycle Management, PLM）、供应链管理（Supply Chain Management, SCM）、客户关系管理（Customer Relationship Management, CRM）、质量管理体系（Quality Management System, QMS）、企业资源计划（Enterprise Resource Planning, ERP）等。这些系统不仅优化了企业的内部流程，还提高了企业对市场变化的响应速度和资源配置的效率。除了这些传统的管理系统，企业还广泛部署了人力资本管理（Human Capital Management, HCM）、企业资产管理系统（Enterprise Asset Management System, EAMS）、能源管理系统（Energy Management System, EMS）、供应商关系管理系统（Supplier Relationship Management System, SRMS）、企业门户（Enterprise Portal, EP）和业务流程管理系统（Business Process Management System, BPMS）等高级系统，以进一步加强对企业运营的综合管理。国内企业特别重视办公自动化（Office Automation, OA）的应用，将其作为核心信息系统之一，以提高工作效率和协同作业的能力。为了更有效地管理和维护企业的关键数据，主数据管理（Master Data Management，MDM）近年来也在大型企业中开始得到部署和应用。MDM 系统的实施，使得企业能够统一管理核心主数据，确保数据的一致性和准确性，从而支持企业决策的科学性和精准性。这些先进的信息技术和管理系统的融合使用，不仅极大地提升了企业的管理水平和操作效率，还使企业能够更好地应对日益复杂的市场环境和激烈的国际竞争。智能管理与决策工具通过分析大量数据，为企业提供实时的业务洞察，帮助企业制定更有效的业务策略和运营计划。通过这些系统的整合和智能化，制造企业不仅可以优化产品质量和生产效率，还可以在供应链管理和客户服务等多个方面实现自动化和智能化，从而提高整体竞争力和市场份额。

2. 智能物流

对制造企业来讲，传统的自动化技术多停留在简单的信息反馈和数据存储阶段，但现在，基于人工智能技术的智能物流供应链利用工业机器人、光学识别技术、大数据分析和先进的计算机软件技术，实现对整个物流过程的智能化控制，成为制造企业提升效率和响应市场变化的关键驱动力。智能物流供应链不仅包括采购、生产和销售的各个环节，还涵盖了物料的流动和管理。目前，一系列高端自动化和智能化设备已被广泛应用于物流领域，如自动化立体仓库、无人引导小车（AGV）、智能吊挂系统、智能分拣系统、堆垛机器人以及自动辊道系统等，这些技术的应用极大地提高了物流操作的速度和精确性，同时减少了人力成本和操作错误。例如，自动化立体仓库能够在极小的空间内实现高效的存储管理，而智能分拣系统可以根据实时数据快速准确地处理大量订单，满足个性化的客户需求。智能仓储管理系统（Intelligent Warehouse Management System，IWMS）和智能追溯系统（Intelligent Traceability System，ITS）也越来越受到制造企业和物流企业的青睐。IWMS 不仅能够实时监控库存状态，还可以优化库存布局和物流路径，提高仓库操作的效率和准确性。智能追溯系统则通过高级数据分析确保供应链的透明性，增强了对产品来源和流通过程的控制，从而在确保产品质量和安全方面发挥着重要作用。这些智能系统的集成应用，为制造企业带来了从原材料采购到成品销售的全链条优化，不仅提升了操作效率，还增强了市场的快速响应能力。随着技术的进一步发展，智能物流供应链有望在提高企业竞争力、减少资源浪费和实现可持续发展方面发挥更大的作用。

3. 智能产品

智能产品的发展代表了现代技术革新的一个重要方向，这些产品通常整合了机械设备、电气设备和嵌入式软件，具备记忆、感知、计算和传输的功能。智能产品的例子遍及日常生活的各个方面，包括智能手机、智能可穿戴设备、无人机、智能汽车、智能家电和智能售货机等，这些产品不仅为用户提供了前所未有的便捷性，还通过其高度的互联性和智能化功能，极大地改善了用户的生活质量，提高了工作效率。智能装备则是智能产品的一个特殊类别，这类装备具有高度的自动检测和自我调节功能，能够在生产过程中进行实时监测和分析，自动补偿加工误差，提高加工精度。例如，在高精度的机械加工中，智能装备能够通过内置的传感器和控制系统，对机器的热变形和其他潜在误差进行实时监测和补偿，从而保证加工质量。这种闭环的检测与补偿机制大大减少了对精密加工环境的要求，降低了生产成本，同时提高了生产的灵活性和设备的使用效率。随着物联网技术的普及，智能装备还可以实现设备间的互联互通，通过云平台收集和分析大量数据，从而优化整个生产线的运作，这不仅提高了单个设备的性能，还促进了整个生产系统的优化升级。智能装备的应用已经从传统的重工业扩展到高科技制造、精密仪器和日常消费品等多个领域，显示了其广泛的应用前景和深远的影响力。

4. 智能制造

智能制造（Intelligent Manufacturing，IM）代表了制造业技术发展的前沿，它通过人机一体化的智能系统，将智能机器与人类专家的协同作用发挥到极致。在这种模式下，智能化的感知、人机交互、决策和执行技术在设计过程、制造过程及制造装备的每一个环节中得到应用，从而实现整个制造流程的智能化。智能制造不仅仅是机器的自动操作，它更强调信息技术、智能技术与传统装备制造技术的深度融合与集成。通过这种融合，制造过程中的信息化与工业化实现深度融合，推动了制造业向更高效率、更高质量和更高自动化水平的转变。智能制造系统能够实时收集和分析来自生产线的数据，通过先进的算法对生产流程进行优化调整，提高生产效率，同时降低能耗和成本。智能制造还能通过精确控制生产过程，提升产品质量，减少生产过程中的缺陷和浪费。

随着技术的不断进步，智能制造还出现了更广泛的技术应用，如利用人工智能进行复杂的设计和测试，使用机器学习优化生产策略，以及通过物联网技术实现设备的远程监控和维护。这些技术的应用不仅提升了制造业的智能水平，也极大地改变了制造业的运作模式，使得制造业能够更灵活地应对市场需求的快速变化。因此可以说，智能制造的发展是制造业未来发展的必然趋势，它标志着制造业从劳动密集型向技术密集型、从单一自动化向系统智能化的战略转型，这一转型不仅会提升企业的核心竞争力，还将推动整个社会的生产力水平，促进工业可持续发展，并将在全球范围内继续引领制造业的创新和变革。

第二章

赋予机器知识的方法

第一节　知识概述

一、知识的基本概念

1. 何为知识

何为知识？知识是人类在长期的生活和社会实践，以及在科学研究与实验中逐渐累积起来的对客观世界的认识与经验。从本质上讲，这种认知和经验只能视作知识的雏形，因为其不存在内在逻辑。而当人们将其按照逻辑或因果关系连接起来时，就形成了结构化的信息，这种信息就是现代的知识。信息间的这种结构关联，常常采用"如果 ... 则 ..."的形式来表达，这是一种常用的表达方式。例如，我们说"如果存在安全隐患，则有可能造成灾害"，这句话说明了安全隐患与潜在灾害之间的因果联系。又如，"天问一号是中国首个火星探测器"，这条信息说明了"天问一号"与"中国首个火星探测器"的身份关系。而在人工智能领域，后者这种直接陈述事实的知识被简称为"事实"，前者则是通过条件和结果关联起来的知识，被称为"规则"，这些规则反映了事物间的内在逻辑关系，是智能系统决策和推理的基础。

事实上，知识的构成和功能不仅限于表述事物间的静态关系，更涉及动态的变化与发展过程，人类正是通过不断地积累、验证和更新知识，才能够更好地理解复杂的世界，有效预测和控制各种现象。因此，知识不仅是个体或社会行动的指导，也是文明进步的重要驱动力。

2. 数据、信息、知识、智慧的关系

数据、信息、知识、智慧是社会生产活动中的基础性资源，它们对于推动科技进步和社会发展具有不可或缺的作用。数据是对事物、概念或指令的形式化表达，主要用于通过人工或自然的方式进行通信、解释或处理；信息则是数据所表达的客观事实，是数据的具体内容，依赖于特定的介质和编码方法来进行传递；而知识，则是基于实践活动中的经验和实验所产生的，它是对客观实际的可靠反映，经过人们的实践检验，形成了对世界规律性的理解和认识；智慧是在知识的基础上产生的高级认知能力和判断力，帮助我们做出明智、有效的决策。与数据和信息相比，知识的表达形式多样，可以通过数字、文字、符号、图形、声音、影视等多媒体方式来进行展示，这些表达方式不仅提高了知识的传递效率，也丰富了人们的认知途径。随着信息技术的快速发展，知识的获取、整合和应用变得更加便捷，人们能够更快地吸收和创新知识，加速了知识更新的速度，这对于社会的快速发展和人类福祉的提高具有深远的意义。

在知识经济时代，知识的价值更是被无限放大，成为生产力中最核心的要素，人们通过实践活动，不断地认识客观世界，挑选、整理、加工和改造信息，将其转化为有价值的知识，然后在知识的基础上生成智慧。知识是创新的产物，是人类文明进步的关键；智慧是人类文明的源泉，是推动历史发展的永恒动力。数据、信息、知识、智慧的关系如图 2-1 所示。

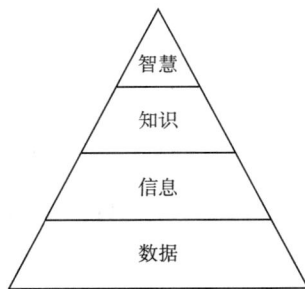

图 2-1 数据、信息、知识、智慧的关系图

（1）数据。数据的组织阶段是信息管理流程中至关重要的一环，在这一阶段，数据作为客观事物被按照特定测度感知并获取的原始记录，成为后续处理与分析的基础。数据的获取可以直接源自各类测量仪器的实时记录，如温度传感器记录的温度变化、GPS 设备记录的地理位置等；数据也可以源于人的认识和观察，如通过调查问卷收集的社会科学数据。随着技术的进步，大量的数据采集和组织工作越来越依赖于自动化的数据处理系统，这些系统能够从各种数据源中自动捕捉数据，而数据源本质上是客观事物发生变化时产生的实时数据流。例如，一个在线购物网站可能会实时收集用户的点击流数据，以分析消费者行为；或者一个环境监测站点可能会持续收集空气质量和水质变化的数据。有效的数据组织不仅包括数据的采集，还包括数据的预处理、存储和初步分类，以便为后续的数据分析和决策提供准确和有序的信息资源。

（2）信息。信息是一个涉及定制加工以满足特定需求的关键过程，在这个阶段，信息不再是简单的数据集合，而是通过加工和细化转变为有实际应用价值的产品。信息产品的创造涉及多个层次，这些层次依据对象、目的和加工深度的不同进行分类。一次信息可能仅涉及数据的基本整理和简单分析，这类信息通常直接反映原始数据但进行了基本的处理，如数据汇总或简单分类。而二次信息则进一步深化，可能涉及复杂的数据关联分析、趋势预测或模式识别，这类信息更具解释性和指导性。至于更高次的信息，如三次或四次信息，它们可能涉及跨领域的综合分析，或是利用高级算法和模型进行深度挖掘和预测，以产生高度定制化的洞察，用于支持复杂的决策过程。信息的创造不仅仅是技术操作的集合，更是一个涉及创意和策略考虑的过程，有效的信息产品能够为决策者提供强有力的支持，帮助企业或组织在竞争激烈的环境中获得优势。

（3）知识。知识的产生是一个高度智力化的过程，通常需要知识工作者对大量信息进行筛选、对比和合成，以及系统化的提炼、研究和分析。换言之，知识工作者运用自己的专业技能和丰富的经验，深入探索信息背后的深层含义和内在联系，从而发现或创造出能够精确反映事物本质的知识，这些知识不仅帮助人们理解复杂的现象，还能指导实际的操作和决策。通过这种深入的分析，知识工作者能够识别出关键变量和潜在的模式，进而形成有系统的理论和模型。这些理论和模型是对现实世界的抽象表示，帮助我们从繁杂的现象中抽象出本质规律。例如，在医学研究中，通过对临床数据的深入分析，研究人员可能会发现新的疾病治疗方法或药物作用机理，这些都是知识发现的成果。

（4）智慧。智慧是人类特有的一种综合能力，它使得人们能够基于现有的知识和经验，进行前瞻性的思考和判断，预测可能发生的事件和趋势。这种预测并不仅仅是对即将发生事务的简单猜测，而是一种深入的、系统的分析过程，涉及对过去和现在数据的归纳、总结及逻辑推理。具备智慧的个体或集体，通常对未来持有积极的态度，能够识别潜在的机遇与挑战，并制定相应的策略来应对。智慧的运用使我们不仅能应对现实中的问题，还能预防未来可能出现的问题，优化决策过程，提高效率和效果。这种能力在科技发展、经济投资、教育规划和环境保护等领域都发挥着极为重要的作用。智慧还表现在对不确定性的管理和容忍度上，特别是在面对复杂多变的未来时，智慧使人们能够接受并适应不确定性，并通过不断学习和适应，增强对未来变化的应对能力。

二、知识的特性

1. 客观性

知识的客观性是其基本特征之一，强调知识应当反映事物的本质和内在规律，而不受个人主观意愿的影响。知识是通过人脑对信息的加工和抽象得到的成果，这一过程涉及个人的理解和解释，但知识本身的价值在于其能够客观地表达自然、社会和思维规律，这些规律的存在和运作是独立于人的意志之外的，它们是普遍适用且能被重复验证的。以现代汉字的发展为例，虽然它们是经过数千年的演变和加工而形成的，但汉字演变过程中遵循的语言学和书写规律仍然是可以被客观分析和研究的。从最早的象形文字到今天的标准汉字，每一个阶段的变迁都反映了人类对符号表达和语言沟通需求的深入理解。古人在创造文字时，无意中遵循了这些客观的语言演化规律，使得汉字不仅承载了丰富的文化信息，也体现了语言发展的自然规律。科学知识的发展同样体现了知识的客观性，物理学的牛顿定律、生物学的进化论等科学理论和法则，都是通过严格的观察、实验和验证得到的，它们解释了自然界的运作方式，这些方式是不会因人的希望或信仰而改变的。因此，尽管知识的产生过程中不可避免地涉及人的主观活动，但最终形成的科学知识必须具备客观验证的能力，这样才能确保其普适性和应用的有效性。

2. 相对性

知识的相对性是指人类对自然、社会和思维规律的认识并非一成不变，而是一个不断进化和调整的过程。换言之，随着时间的推移和认识水平的提高，原本被认为是正确的知识可能会因新的发现和理解而发生改变。历史上，许多科学理论和观点都经历了从被广泛接受到被挑战和替代的过程，这是科学发展的一个重要特征。例如，古代的地心说曾被认为是描述宇宙结构的正确模型，直到日心说出现并最终被科学界接受才得以完全更改，这种理论的变革不仅推动了天文学的巨大进步，也深刻影响了人类对宇宙和自身位置的认识。同样，在生物学领域，达尔文的进化论替代了更早的种类固定观念，重新定义了人们对生物多样性和生命起源的理解。这种知识的相对性要求科学家和研究者保持开放的态度，不断地审视和评估现有的理论与假设。只有通过不断的质疑和验证，科学知识才能不断前进，更加接近真实的自然和社会规律。因此，知识的相对性并不意味着知识没有价值，而是强调知识是人类认识世界过程中的一个动态的、不断发展的产物，鼓励人们进行持续的探索和创新，是科学进步和文明发展的驱动力。

3. 进化性

知识的进化性是指在人类认识客观世界和主观世界的过程中，知识体系会不断地更新和扩展，无论是新技术的发展、新数据的获取以及新理论的提出，都会融入知识体系中，不断加深我们对世界的理解。这种知识的进化不仅涉及对已有知识的修正，也包括全新知识的创造，从而使知识体系更加完善和精确。例如，在物理学领域，对原子结构的认识从最初汤姆森的"葡萄干布丁模型"，发展到卢瑟福的行星模型，再到现在的量子力学描述，每一次的理论更新都极大地推动了科学技术的进步。同样，生物学中对基因的理解也经历了从孟德尔的遗传定律到现代的基因编辑技术的巨大飞跃，这些进展不仅提高了我们对生命科学的理解，也带来了如基因治疗等新的医疗可能。知识的这种进化性意味着学术界和研究领域必须持续地保持好奇心和探索精神，以适应不断变化的知识前沿。同时，这也要求教育体系和学术交流平台能够快速响应这些变化，通过教育和培训帮助人们理解和应用最新的知识。在这个过程中，旧的理论和观点可能会被新证据所取代，但这种更替是科学进步的必然结果，是人类逐步逼近真理的标志。

4. 依附性

知识的依附性表明知识必须依赖于某种载体才能存在和传播，这些载体可以是书籍、文档、数据库、多媒体资料等，它们保存和承载着人类的知识成果。载体的存在不仅使知识得以保存，还使知识的检索和利用成为可能，当载体遭到破坏或失效时，依附于其上的知识也可能随之消失，这一现象在历史上不乏例证，如古代图书馆的焚毁导致大量珍贵知识的永久丧失。因此，知识的保存和传承与其载体的保护密切相关，强调了对载体进行管理和更新的重要性。随着技术的发展，知识的载体也在不断演化，从传统的纸质文档到电子数据存储，每一种进步都极大增强了知识的保存能力和访问的便捷性。这些不同的载体也间接反映了知识的不同层次和形式，如书籍可能包含从基础到深入的系统性知识，而网络数据库则可以快速更新并提供大量实时数据和信息。这种载体的发展也带来了新的挑战，如电子数据的脆弱性和对技术依赖性的增加。因此，理解和应对知识依附性的问题，确保知识在各种形式的载体中的安全和持续性，对于知识管理和文化遗产保护至关重要。

5. 可重用性

知识的可重用性指的是知识在不同的情境和领域中可以被多次应用。换言之，无论是科学理论、技术方法还是管理经验，知识一旦被掌握和理解，就可以在类似的或不同的情况下反复使用，帮助解决问题和做出决策，这种特性使得知识具有广泛的应用价值和长久的生命力。在具体应用知识时，不同的问题和环境可能要求对现有知识进行适当的修改和创新，需要根据实际情况进行灵活调整和分析。例如，某些科学原理虽然在一个领域内广泛适用，但在另一个领域可能需要进行调整才能发挥有效作用。同样，管理经验在不同企业或文化背景下应用时，也需要因地制宜地进行调整。知识的可重用性还体现在跨学科和跨领域的应用中，一些基础性的科学知识，如数学和逻辑学原理，不仅在自然科学中发挥重要作用，还能在社会科学和工程技术中提供有力支持，这种跨领域的重用性极大地推动了知识的扩展和创新，促进了各个学科的融合和进步。

6. 共享性

知识的共享性是指在特定的时空范围内，知识可以被多个主体接收、理解和利用，而不是专属于某一个体。共享性使知识能够在群体、组织乃至整个社会中传播和扩散，促进集体智慧的增长和创新能力的提升。例如，科学研究的成果通过发表论文、举办会议等形式进行共享，使全球的科学家能够相互学习和借鉴，共同推动科学前沿的发展。这种共享性不仅体现在科学界，也广泛存在于教育、技术和管理等各个领域。通过教育系统，知识得以传授给下一代学生；通过技术文档和专利，企业间可以学习和借鉴彼此的创新成果；通过管理经验的分享，不同组织可以优化自己的运营和决策过程。知识的共享不仅提高了资源的利用效率，还促进了社会整体的发展和进步，当然实现知识的共享离不开一定的机制和平台支持，如图书馆、数据库、在线教育平台等，这些载体和渠道使知识的传播更加便捷和广泛，降低了信息获取的门槛。

三、知识的分类

1. 按知识作用分

知识按其作用可以分为描述性知识、判断性知识和过程性知识三种类型，这些不同类型的知识在各自的领域中发挥着独特的作用和价值。

（1）描述性知识，也称为事实性知识，是指用于表示对象和概念特征及其相互关系的知识，涵盖了广泛的基本事实和信息，如物理学中的定律、历史事件的时间线、某种生物的分类特征等。描述性知识是所有其他类型知识的基础，因为它提供了理解和分析问题所需的基本信息。例如，医学中的描述性知识包括对人体各部分的结构和功能的详细描述，这些信息对于诊断疾病和制定治疗方案至关重要。

（2）判断性知识，也称为启发性知识，是指与特定领域有关的问题求解知识，如推理规则、决策树等，进而帮助我们在复杂情境中进行有效的决策和推理。判断性知识的应用非常广泛，从科学研究中的假设检验到企业管理中的战略规划，都依赖于这种类型的知识。例如，在法律领域，律师使用判断性知识来分析案例，推断可能的判决结果，并制定辩护策略。

（3）过程性知识，是指表示问题求解的控制策略，即如何应用判断性知识进行推理的知识，描述了完成某项任务或解决某个问题的步骤和方法，是实现有效行动的关键。过程性知识通常体现在工作流程、算法和程序设计中。例如，在软件开发中，过程性知识包括编写代码的具体步骤、测试程序的流程以及调试问题的方法。

以上三种知识类型在知识体系中是互补的关系，描述性知识提供了基本信息，判断性知识则利用这些信息进行推理和决策，而过程性知识则将推理和决策转化为具体的行动步骤，这种分工协作使知识能够在不同的应用场景中发挥最大的作用，从而推动各个领域的进步和发展。例如，在科学研究中，描述性知识帮助科学家了解基本现象，判断性知识使他们能够提出假设和设计实验，而过程性知识则指导他们具体实施实验和分析数据。因此，掌握和灵活运用这三种知识类型，对于解决复杂问题和实现创新至关重要。

2. 按照作用的层次分

按照作用的层次，知识可以分为对象级知识和元级知识，这种分类方法有助于理解和应用知识在不同层次上的功能和价值。

（1）对象级知识是指直接描述有关领域对象的知识，也被称为领域相关的知识，包含具体领域中的基本事实、概念、规则和信息，涵盖了特定学科或专业内的所有内容。对象级知识是我们在某一领域进行工作、学习和研究的基础。例如，在医学领域，对象级知识包括人体解剖结构、生理功能、疾病的症状和诊断标准等，这些知识是医生、护士和医疗研究人员日常工作中必不可少的内容。在工程领域，对象级知识则可能涉及材料的性质、设计原理和操作规范，是工程师进行设计、制造和维护工作的核心。

（2）元级知识是指关于对象级知识的知识，它描述了对象级知识的内容、特征、应用范围、可信程度以及如何运用这些知识的知识，也被称为关于知识的知识。元级知识提供了一个元层次的视角，使我们能够对对象级知识进行评估、管理和优化，帮助我们理解哪些知识在特定情境下是最相关和可靠的，如何有效地组织和应用这些知识。例如，在教育领域，元级知识包括对不同教学方法和学习策略的理解，以及如何根据学生的特点和需求选择合适的教学资源和手段。在信息技术领域，元级知识涉及对数据管理系统的评估、选择和优化，使得信息能够被高效存储、检索和分析。

结合对象级知识和元级知识的层次划分，可以看到它们在知识体系中的互补作用：对象级知识提供了具体领域内的详细信息和操作指南，而元级知识则帮助我们对这些信息进行有效的管理和应用，从而提高整体效率和效果。如，在科学研究中，对象级知识包括具体的实验数据和观察结果，而元级知识则涉及如何设计实验、如何分析数据以及如何确保研究结果的可靠性和有效性。这两类知识相辅相成，共同推动科学的进步和技术的发展。

3. 按照知识的清晰度分

按照知识的事实清晰度，可以将知识分为清晰的知识和模糊的知识两类。

（1）清晰的知识是指那些事实明确、没有不确定性的知识。这类知识通常基于可靠的证据和广泛的验证，具有很高的准确性和可重复性。而且由于这类知识提供了稳定和可靠的参考，所以它们是科学研究和技术应用的基础。例如，数学定理、物理定律和化学方程式等都是清晰的知识，它们在任何情况下都能被精确地应用和验证。

（2）模糊的知识则是指那些事实不清楚、具有不确定性的知识，也被称为模糊性知识。这类知识往往涉及复杂和动态的系统，如社会科学中的人类行为模式、市场经济中的趋势预测等。由于受到多种因素的影响，模糊的知识难以精确描述和预测，具有较高的不确定性。例如，天气预报中的某些预测、经济学中的市场走势分析等，都属于模糊的知识。虽然这些知识不如清晰的知识那样确定，但在应对复杂和变化多端的实际问题时，模糊的知识仍然具有重要价值。它们提供了一种理解和处理不确定性的框架，帮助我们在不完全确定的环境中做出合理的决策。

四、知识的表示

知识表示是指将知识客体中的知识因子与知识关联起来，以便人们能够识别和理解知识的过程，是知识组织的前提和基础，任何知识组织的方法都建立在有效的知识表示之上。通过知识表示，我们能够系统地存储、管理和利用知识，使其在不同的应用场景中发挥作用。一个好的知识表示方法，能够使智能体在复杂环境中进行有效的推理和决策，从而展现出智能行为。

知识表示是数据结构及其处理机制的综合，可以简单的看作是符号（或结构）加上处理机制的结合，其中符号（或结构）用于存储问题的相关信息，包括要解决的问题、可能的中间解答、最终解答以及解决问题所需的知识。这些符号提供了一个框架，使得知识能够被系统地存储和检索。但单有符号（或结构）是不够的，必须配套适当的处理机制，才能使系统展现出真正的智能。处理机制通过对符号进行操作和分析，生成新的知识或解答问题，这种处理机制是知识表示的关键部分，它使知识不仅仅是静态的信息集合，而是能够被动态利用的资源。

从本质上讲，知识表示是一种对知识的描述，或者说是一组约定，使其成为智能机器可以接受和理解的数据结构。通过知识表示，机器能够对复杂的现实世界进行建模，进而在面对各种问题时进行有效的推理和解决。目前，已经提出了许多知识表示方法，这些方法各有特点，适用于不同的应用场景。例如，谓词逻辑是一种用于表示事实和规则的形式化方法，适合需要严谨推理和验证的领域；产生式系统通过"如果 ... 则 ..."的规则形式表示知识，广泛应用于专家系统和规则推理中；语义网络通过节点和边表示概念及其关系，适用于需要表达复杂关系的领域；框架表示法通过结构化的数据表示对象及其属性，适合面向对象的应用；状态空间方法则用于表示问题的不同状态及其转换路径，常用于搜索和规划问题中。每种知识表示方法都有其优点和局限性，通常是在进行某项具体研究时提出的，具有一定的针对性。因此，在实际应用中，需要根据具体情况选择合适的表示方法，有时甚至需要将几种方法结合起来，以充分发挥各自的优势。随着人工智能和机器学习技术的发展，新的知识表示方法不断涌现，这些新方法进一步拓展了知识表示的能力和应用范围。未来，随着技术的不断进步，我们有望看到更加高效和通用的知识表示方法出现，进一步推动智能系统的发展和应用。

第二节　知识的表示方法

一、逻辑表示法

1. 逻辑表示法初识

逻辑表示法是一种用于表达和推理知识的有效工具，复杂的实际问题可以通过逻辑表示法被转化为一系列逻辑表达式，这对于设计和故障诊断都是极其有用的。

为了更好地理解逻辑表示，我们需要引入两个基本的逻辑概念，分别是逻辑常量和逻辑变量，这两个概念在形式上与普通代数中的常数和变量相似，只是在逻辑代数中承载的含义和功能与普通代数有着根本的区别。逻辑常量只有两个可能的值：0 和 1，这两个值代表了两个完全对立的逻辑状态——通常解释为"假"和"真"，这种二值性是逻辑代数的核心特征，使其在处理二元决策和二值逻辑问题时表现出独特的效率和简洁性。逻辑变量在表示上可以使用字母、符号、数字及其组合，与传统代数中的变量类似，用以代表具体的逻辑值。然而，与传统代数变量可以在一个较大数域内取任意值不同，逻辑变量的取值同样仅限于 0 和 1，这种限制使得逻辑变量在表达和计算上远比普通代数变量简洁，逻辑操作也因此变得更为直观和易于实现。

在电子计算和数字电路设计中，逻辑变量的这种二值性极大简化了电路的设计与实现，如计算机内部的逻辑门（如与门、或门、非门等）就是基于这些逻辑变量进行操作，处理信息的传递和变换。基于这种特性，逻辑代数的应用也极其广泛，它不仅用于计算机科学，在人工智能、自动控制理论、决策支持系统等领域都有重要的应用，逻辑常量和变量的简明特性使得这些领域中的复杂决策和分析过程能够被高效且准确地模拟和执行。

基于上述概念，我们可以用照明灯的控制电路来详细地描述逻辑的工作原理。现假设有一间房子，房中有一盏灯 L，这盏灯的亮灭由 K_1 和 K_2 两个单刀双掷开关控制，两个开关的分布有串联和并联两种方式，它们共同决定照明灯的开关状态。

当开关 K_1、K_2 串联时，灯 L 的电路图如图 2-2 所示。

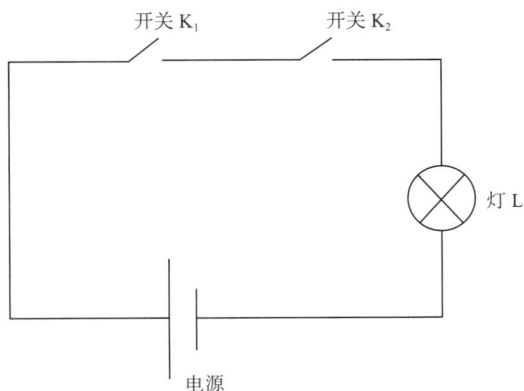

图 2-2 K_1、K_2 串联时灯 L 的电路图

根据图 2-2 可知，当开关 K_1、K_2 都打开时，灯 L 不亮；当开关 K_1、K_2 有一个打开时，灯 L 依然不亮；当开关 K_1、K_2 都关闭时，灯 L 亮。为了全面表示这一系统的工作状态，我们可以将图 2-2 中开关 K_1、K_2 的状态定义为输入变量 A、B，用 "0" 和 "1" 分别表示开关的方向，向上打开为 "0"，向下关闭为 "1"，照明灯的状态可以用输出变量 Y 来表示。基于此我们可以构建一个真值表，如表 2-1 所示。

表2-1　K_1、K_2串联时灯L亮灭真值表

A	B	Y
0	0	0
1	0	0
0	1	0
1	1	1

根据图 2-2 和表 2-1 我们可以得出一个逻辑关系：当决定一事件的所有条件属于串联关系，即只有所有条件都具备时，事件才发生。

当开关 K_1、K_2 并联时，灯 L 的电路图如图 2-3 所示。

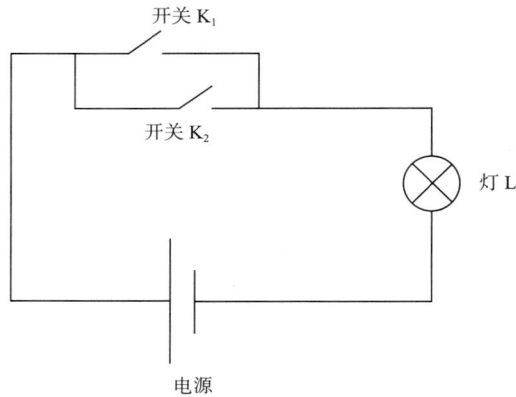

图 2-3　K_1、K_2 并联时灯 L 的电路图

根据图 2-3 可知，当开关 K_1、K_2 都打开时，灯 L 不亮；当开关 K_1、K_2 有一个打开时，灯 L 亮；当开关 K_1、K_2 都关闭时，灯 L 亮。为了全面表示这一系统的工作状态，我们可以将图 2-3 中开关 K_1、K_2 的状态定义为输入变量 A、B，用 "0" 和 "1" 分别表示开关的方向，向上打开为 "0"，向下关闭为

"1"，照明灯的状态可以用输出变量 Y 来表示。基于此我们可以构建一个真值表，如表 2-2 所示。

表2-2　K_1、K_2并联时灯L亮灭真值表

A	B	Y
0	0	0
1	0	1
0	1	1
1	1	1

根据图 2-3 和表 2-2 我们可以得出一个逻辑关系：当决定一事件存在诸多并列条件时，只要有一个条件具备事件就会发生。

当房间灯的亮灭只由一个开关控制时，除了最基本的开关闭合灯亮、开关打开灯灭外还存在一种特殊的逻辑关系，这种关系恰恰与正常逻辑相反。开关闭合灯灭、开关打开灯亮，如图 2-4 所示（为防止电路干烧，图 2-4 中添加额外电阻 R）。

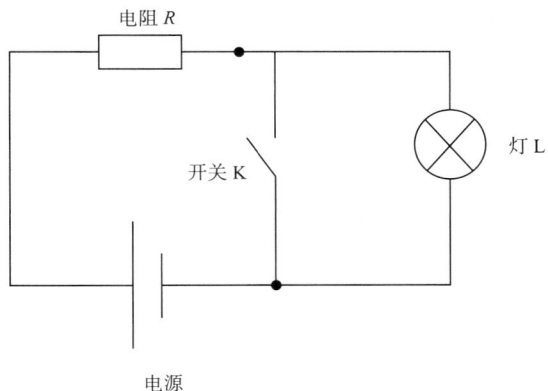

图 2-4　开关 K 特殊控制灯 L 电路图

根据图 2-4 可知，当开关 K 打开时，灯 L 亮；当开关 K 关闭时，灯 L 不亮。为了全面表示这一系统的工作状态，我们可以将图 2-4 中开关 K 的状态定义为输入变量 A，用 "0" 和 "1" 分别表示开关的方向，向上打开为 "0"，向下关闭为 "1"，照明灯的状态可以用输出变量 Y 来表示。基于此我们可以构建一个真值表，如表 2-3 所示。

表2-3　开关K特殊控制灯L亮灭真值表

A	Y
0	1
1	0

根据图 2-4 和表 2-3 我们可以得出一个逻辑关系：当决定一事件存在特殊条件时，只要条件具备，事件就不会发生，条件不具备，事件就一定会发生。

2. 常见逻辑表示法

为了进一步了解逻辑，我们可以从逻辑所包含的类型着手，逻辑主要包含经典逻辑和非经典逻辑两大类，经典逻辑又可以分为命题逻辑和谓词逻辑。此处针对这两种逻辑进行详细阐述。

（1）命题逻辑。命题指的是具有真假意义的陈述句，当这种陈述句已经足够精简且无法进一步分解时，这种语句形成的命题就是原子命题。命题逻辑就是指使用逻辑联结词将原子命题结合起来形成可以表达明确真假的命题公式，是一种形式逻辑系统。命题逻辑与谓词逻辑和模态逻辑有明显区别，谓词逻辑涉及对命题内部结构的量化分析，如存在量词（存在）和全称量词（所有），使得它能处理更加复杂的逻辑关系和更深层次的语义；模态逻辑则引入了可能性和必然性的模态概念，从而在命题逻辑的基础上增添了表示多种真值状态的能力。而在命题逻辑中，每个命题要么为真，记为 T（True），要么为假，记为 F（False），这种明确的二元真值特性使得命题逻辑成为理解和设计逻辑证明以及计算机算法的重要基础。命题逻辑的系统还包括一套形式证明规则，这些规则定义了从一组命题公式出发，如何逻辑地推导出新的命题公式，即定理。通过应用这些证明规则，可以从已知的前提推导出结论，这是数学、计算机科学、哲学和逻辑学研究中的基本方法。

语法在逻辑语言中起着至关重要的作用，它规定了构成合法语句的规则和结构，这些合法语句可以细分为原子语句和复合句两大类。原子语句是逻辑结构中最简单的形式，由单个命题词组成，不含有任何更复杂的逻辑运算或结构，直接表达了一个具体的、不可进一步分解的事实或状态，如命题"天空是蓝色的"就是一个典型的原子语句。复合句则由两个或更多的简单语句通过逻辑联结词（如"和""或""非"等）连接而成，用以表达更复杂的逻辑关系或条件，这种结构允许我们构建更为复杂的逻辑表达和推理，增加了语言的表达力和灵活性。例如，复合句"天空是蓝色的并且今天是星期天"就是通过逻辑联结词"并且"连接了两个原子语句，形成了一个新的语义整体。通过定义和使用恰当的语法规则，我们能够确保逻辑表达的正确性和有效性，从而在数学证明、程序设计、人工智能等领域中实现精确的逻辑推导和信息处理。

逻辑联结词是构成复杂逻辑表达式的基础，它们允许我们将简单的命题连接成表达更丰富逻辑关系的复合句，在逻辑学中常用的逻辑联结词有以下五种，分别具有不同的含义和功能：

①非（否定式）：用符号"¬"表示，是一种一元运算符，作用于单个命题，用来表示该命题的否定。例如，如果 P 表示"今天是晴天"，那么 $\neg P$ 表示"今天不是晴天"。

②与（合取式）：用符号"∧"表示，是一种二元运算符，用来表达两个命题同时为真的情况。例如，$P \wedge Q$ 表示"命题 P 为真且命题 Q 也为真"。

③或（析取式）：用符号"∨"表示，它也是一种二元运算符，用来表达至少一个命题为真的情况。例如，$P \vee Q$ 表示"命题 P 为真或命题 Q 为真"。

④蕴含（蕴含式）：用符号"→"表示，表达一种条件关系，即如果前项为真，则后项也必须为真。例如，$P \rightarrow Q$ 可以解释为"如果 P 为真，则 Q 也为真"。

⑤当且仅当（双向蕴含式）：用符号"↔"表示，表明两个命题的真值状态完全相同，即两者要么同时为真，要么同时为假。例如，$P \leftrightarrow Q$ 表示"P 为真当且仅当 Q 为真"。

这些逻辑联结词不仅在形式上不同，它们在逻辑表达式中的优先级也有所区别，这一点在复杂逻辑表达式的解析过程中尤为重要，因为优先级规定了在没有括号明确指示的情况下，哪些运算应该先进行。按照逻辑运算的优先级，"非"具有最高的优先级，其次是"与"，然后是"或"，接着是"蕴含"，最后是"当且仅当"。这些规则确保了逻辑表达式的清晰性和计算的一致性，使逻辑推理和决策过程更加准确和高效，理解这些优先级对于正确解析和理解复杂的逻辑表达式至关重要。

以上五种逻辑联结词的真值表见表 2-4。

表2-4　五种逻辑联结词的真值表

P	Q	$\neg P$	$P \wedge Q$	$P \vee Q$	$P \rightarrow Q$	$P \leftrightarrow Q$
F	F	T	F	F	T	T
F	T	T	F	T	T	F
T	F	F	F	T	F	F
T	T	F	T	T	T	T

注：$P \rightarrow Q$ 中，P 和 Q 的关系是"如果 ... 那么 ..."的关系，并不是"因为 ... 所以 ..."的关系，所以，$P \rightarrow Q$ 的真假需要根据 P 和 Q 的真假进行认真判断。

在逻辑学中，确定一个句子是否为命题是理解和运用逻辑的基础，命题是可以明确判定为真或假的陈述句，而每个命题的真值是唯一确定的。因此，判断一个给定句子是否为命题可以通过两个基本步骤实现：第一步，判断句子是否为陈述句。陈述句是描述事物状态的句子，能够被清晰地判断为真或假，这也变相排除了诸如疑问句、命令句或感叹句等其他形式的语句，因为这些句型不表达可以验证真假的内容。例如，"今天是星期五。"是一个陈述句，因为它描述了一个可以验证的事实；而"你好吗"则不是陈述句，因为它是一个问题，不具备真假可判的属性。第二步，判断是否有唯一的真值。即使是陈述句，也必须具有明确且不可更改的真值才能构成命题，这意味着句子必须在任何情况下都能被确定为真或假。对于含糊或条件性的陈述，如"可能会下雨"或"如果明天下雨，我就不去公园了"，虽然它们描述了某种情况，但它们的真值不是唯一确定的，因此不构成严格意义上的命题。

确定一个句子是否为命题的这一过程对于逻辑推理、编程语言设计、法律条文解释等多个领域都极为重要，它帮助我们清晰地界定讨论的范围，确保逻辑分析的准确性和有效性。通过这种方式，命题逻辑不仅强化了我们对语言和思维结构的理解，也提高了我们处理复杂问题和制定决策的能力。

（2）谓词逻辑。在谓词逻辑中，原子命题的结构更为细分和灵活，不再是整个句子作为基本单位，而是通过谓词来描述个体或个体之间的关系，从而允许对命题的各个部分进行更详细的判断和断言，这种逻辑结构的精细化使谓词逻辑在表达和处理复杂关系时具有更高的表现力和适应性。谓词在谓词逻辑中起到了核心作用，它主要用于刻画个体的性质、状态或者是多个个体之间的相互关系。谓词的表示方法具有特定的结构和规则，它是形式逻辑的一个重要组成部分，通常用一个符号或者名称来表示，这个名称被称为谓词名。为了保持表达的清晰和一致性，谓词名通常使用英文字母及以字母开头的字母数字串表示，而且通常不包括除下划线以外的特殊字符。个体在这里指的是可以独立存在的实体，它们可以是具体的，如"人""桌子"等，也可以是抽象的概念，如"数字""理论"等。谓词逻辑表达中的个体可以是常量，也可以是变量或者是函数，这样的多样性极大地增强了谓词逻辑在建立通用断言和表达复杂逻辑关系时的灵活性和效力。

我们可以用几个例子来详细剖析这种逻辑关系。假设我们身处一个关于大学课程的简单场景中，我们想要表达以下信息：

① Alice 是一个学生；

②数学是一门课程。

在这个场景中，个体包含"Alice"和"数学"，它们是具体的对象，谓词逻辑中的命题围绕这些个体进行表达和推理。谓词包含学生（描述某个个体是学生，赋予 Alice 是"学生"的属性）和课程（描述某个个体是课程，赋予数学是"一门课程"的属性）。通过这个例子，我们可以清楚地看到如何使用谓词逻辑来分析和表达涉及个体和它们属性或关系的复杂语句，这种分析提供了一种结构化和精确的方式来处理信息，对于编程、数据库查询、智能系统设计等领域具有重要的应用价值。

在谓词逻辑中通常用公式 $P(x)$ 描述逻辑关系，P 代表谓词，x 代表个体变量。个体变量在谓词逻辑中的取值范围称为个体域，这个概念是谓词逻辑的一个基本组成部分，个体域定义了变量可能代表的具体对象集合。例如，如果我们声明变量 x 代表某一周的一天，那么这个变量的个体域就是这周内的所有日子，通过对个体变量的个体域的定义和操作，谓词逻辑能够精确地描述和推理出涉及这些个体的各种逻辑关系和结论。

谓词中包含的个体数量称为谓词的元数，如果 x 为一元则表示 $P(x)$ 为一个一元谓词，$P(x,y)$ 则为二元谓词，表示这个谓词涉及 x、y 两个个体。谓词表达式中的个体可以是常量、变量或其他函数的返回结果，当谓词表达式中的所有个体都是确定的常量时，这样的表达式构成了一个原子语句，其真值是可以直接判定的。例如，表达式 EQUAL（PLUS (2,3), 5）是一个原子语句，它使用了内置的数学函数"PLUS"和比较函数"EQUAL"来判断"2+3"是否等于"5"，显然这个语句的值为真。通过这样的表示方法，谓词逻辑为描述复杂的数据结构、设计算法和实现程序提供了一种强大的工具，允许开发者和研究者以一种精确和系统的方式来表达和操作数据及其关系，极大地增强了信息处理和逻辑推理的能力。

谓词公式是谓词逻辑中表达更复杂命题的方式，它利用连接词、量词以及圆括号将一个或多个原子谓词组合成复杂的逻辑表达式，这些公式可以描述个体的属性、个体之间的关系以及这些属性或关系的普遍性或特定情况。

①连接词。谓词公式中使用的连接词与命题逻辑中的连接词相同，包括逻辑与（∧）、逻辑或（∨）、逻辑非（¬）、蕴含（→）和双向蕴含（↔），这些连接词用于构建原子谓词之间的逻辑关系，使得从简单的事实关系中可以推导出更广泛或更具体的逻辑结论。在表示事实性知识时，如描述事物的特定状态或属性，谓词公式往往采用合取（∧）和析取（∨）符号来表达，合取符号用于表示需要同时满足的多个条件，强调了条件的全面性和紧密联系；析取符号则用于表达几种可能性中至少一种成立的情况，增加了表达的灵活性。例如，一个表示"苹果是红色或绿色"的公式可以写作：RED（apple）∨GREEN（apple），表明苹果可以是红色或者绿色中的一种。谓词公式还能用于表达具有确定因果关系的规则性知识，如科学定律或逻辑规则，在这种情况下经常使用蕴含符号（→），指出某个条件或状态导致另一个条件或状态的发生。例如，公式 HEAT（water, 100℃）→ BOIL（water）表示"当水加热到100℃时，水会沸腾"的规律。通过这样的谓词逻辑表示，复杂的知识和信息可以被精确地捕捉和形式化，这对于科学研究、计算机科学、人工智能开发以及日常决策制定都是极其有价值的。

②量词。量词在谓词逻辑中扮演着核心角色，包括全称量词（∀）和存在量词（∃）。全称量词用于声明一个条件对于个体域中的所有个体都成立，个体域中"所有的个体 x"都满足规定的谓词逻辑关系；而存在量词用于表示在个体域中至少有一个个体满足所述条件，即个体域中的"某些个体 x"或"某个个体 x"满足规定的谓词逻辑关系。量词的辖域定义了量词影响的范围，通常是紧随量词后的单个谓词或一个用括号括起来的复杂谓词公式，在这个辖域

内，与量词关联的变量称为约束变量，而辖域外的同名变量或不在任何量词影响下的变量称为自由变量。例如，$(\forall x)(\forall y)$ FRIEND(x, y)，这个公式表达的是对于个体域中的任意两个个体 x 和 y，它们之间存在朋友关系，强调朋友属性的普遍性。

在逻辑和知识表示领域中，使用谓词公式来表达知识是一个详尽且系统的过程，它涉及明确定义和结构化连接不同的逻辑元素，这一过程分为以下几个关键步骤：

第一步，定义谓词及个体。这一步是整个过程的基础，要求准确定义每个谓词和个体的含义。谓词通常描述个体的属性、状态或个体间的关系，而个体则是谓词作用的对象，明确这些定义有助于确保后续步骤中的逻辑表达准确无误。第二步，为谓词中的变元赋值。根据需要表达的具体事物或概念，为每个谓词的变元指定具体的个体，这一步骤是将抽象的谓词与具体实例连接起来的桥梁。第三步，构建谓词公式。利用适当的逻辑联结符号（如合取、析取、蕴含等），将各个谓词根据所要表达的知识的语义连接起来，这一步是形成完整谓词公式的关键，它反映了不同谓词之间的逻辑关系。通过这三个步骤，可以将复杂的现实世界信息转化为结构化和标准化的谓词公式，这对于逻辑推理、计算机编程、人工智能算法开发等领域至关重要。

例如，表达如果星期一不下雨，则小王会去登山。

第一步，定义谓词和个体，WEATHER(x, y)；GO(x, y)；个体有"Monday""rain""Xiaowang""mountains"。

第二步，赋值，WEATHER$($rain, monday$)$；GO$($Xiaowang, mountains$)$。

第三步，构建公式，这里使用了蕴含连接词和逻辑非，展示了条件和结果的关系。所以该表达的谓词公式为"$\neg$WEATHER$($rain, Monday$) \rightarrow$ GO$($Xiaowang, mountains$)$"。

二、语义网络表示法

1. 语义网络初识

语义网络是一种复杂且功能丰富的知识表示框架，起源于奎林（J. R. Quillian）在 1968 年对人类联想记忆的研究，当时的 Quillian 指出人类的记忆是通过概念之间的相互联系实现的，后来他又将这一理论引入到他开发的

"可教的语言理解者"（Teachable Language Comprehender）系统中，作为一种有效的知识表示方法。此后，语义网络的概念逐渐被更多的研究者和系统采纳，到 1972 年时，赫伯特·西蒙（Herbert Simon）在他的自然语言理解系统中进一步推广了语义网络。1975 年，亨德里克（G. G. Hendrix）针对如何在网络中表示全称量词提出了分区技术，进一步推动了语义网络的发展。如今，语义网络已经成为人工智能领域，尤其是在自然语言处理方面，广泛使用的一种知识表示方法。

语义网络本质上是一种有向图，它通过节点和带有标注的弧来表示概念及其间的语义关系。节点在网络中代表各种实体，如事物、概念、属性、状态、事件或动作等，而节点上的标注则用于区分这些节点所代表的不同对象。每个节点可以拥有多个属性，这些属性描述了该节点所代表的对象的具体特性。例如，一个表示"苹果"概念的节点，可能会有"颜色""形状"和"味道"等属性标注。语义网络中的弧则表示节点之间的语义关系，这些关系通过弧上的标注来具体说明，而且弧是有方向的，这个方向可以表示概念之间的从属或归属关系，如从一个普遍类别到一个特定实例。弧的方向是固定的，不能随意改变。例如，从"水果"节点指向"苹果"节点的弧，可能会被标注为"是一种"，明确表示"苹果是一种水果"的语义关系。此外，语义网络的灵活性也表现在节点可以是一个更小的语义子网络的事实，这意味着整个网络可以通过层次化的方式进行复杂度管理，允许较大的概念通过内部的子网络来详细描述其下属的具体概念或属性。这种层次化的结构使得语义网络非常适合表达复杂的知识体系和进行深入的语义分析。

语义网络的核心结构是由最基本的构件，即语义基元组成的，这些语义基元在结构上可以被表示为一个三元组，其中包括两个节点和一个标注了具体语义关系的弧。这种形式的表示非常直观，因为它明确描绘了概念或实体之间的关系，如图 2-5 所示。

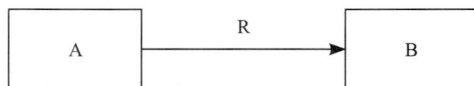

图 2-5　语义基元结构

图 2-5 中的 "A" "B" 通常代表具体的概念或实体，如 "苹果" "动物" 等，而 "R" 代表这些概念或实体之间的语义关系，如 "属于" "是一种" 等，所以这个结构图可以表述为 "A" "是一种" "B"，或 "A" "属于" "B"。例如，"A" 表示 "苹果"，"B" 表示 "水果"，"R" 表示 "属于"，这个结构可以表述为苹果属于水果的语义关系。

将多个这样的语义基元连接起来，就可以构建出一个复杂的语义网络，在这个网络中，多个节点通过各种语义关系互相连接，形成一个庞大的有向图，每个节点和弧都承载着丰富的信息和内涵。如图 2-6 所示。

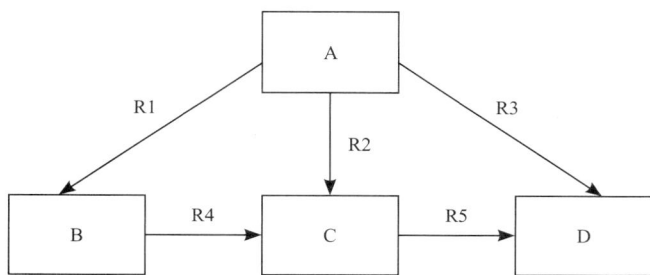

图 2-6　语义网络结构

语义网络的这种结构使得其非常适用于表示和处理复杂的知识体系，特别是在需要描绘大量相互关联的概念和关系时，广泛应用于自然语言处理、智能信息检索、知识管理和人工智能等领域，有效地支持了信息的组织、理解和检索。例如，一个涵盖生态系统的语义网络包含多个生物种类的节点，它们通过 "捕食" "共生" 等生态关系连接起来，这样不仅展示了单个生物的属性，还能表达整个生态系统的复杂动态。

2. 语义网络中存在的语义关系

（1）类属关系。类属关系是逻辑和知识组织中的一种基本关系类型，它描述了不同事物间的分类和成员关系，通常表达为一个具体实体是一个更抽象类别的成员或实例。这种关系在知识表示、分类学、信息科学以及人工智能等多个领域中都非常重要，因为它帮助构建了结构化的知识体系，使得信息的处理和检索变得更加系统化和有效。在类属关系中，较抽象的节点表示一类事物的通用属性和特征，而较具体的节点则表示属于这个类别的具体实例或成员。例如，在生物分类学中，"哺乳动物"是一个抽象的类别，具有哺乳、生活多样化等共同属性，而"狗""猫"则是这一类别下的具体实例，这种层级关系不仅有助于理解各实体之间的联系，还便于在抽象级别进行逻辑推理和信息推导。如图 2-7 所示。常用的类属关系有以下三种，第一种是表示一个事物是另一个事物类型之一的"A-Kind-Of"，简写为"AKO"；第二种是表示一个事物是另一个事物成员之一的"A-Member-Of"，简写为"AMO"；第三种是表示一个事物是另一个事物实例之一的"Is-A"，简写为"ISA"。

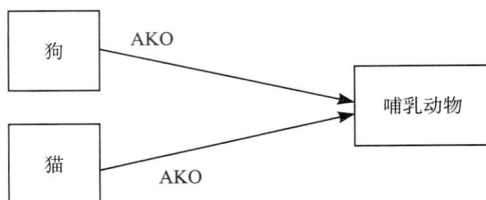

图 2-7　类属关系实例

（2）包含关系。包含关系，亦称为聚集关系，是描述事物之间"部分与整体"关系的一种重要方式，这种关系在信息组织、系统设计，以及知识管理领域中具有广泛的应用，特别是在表达复杂对象或系统的内部结构时非常有效。与类属关系不同，包含关系的关键特性在于它通常不涉及属性的继承性，这意味着尽管一个实体（部分）属于另一个更大的实体（整体），它们的属性可能完全不同。例如，"轮胎"和"汽车"之间的关系就是典型的包含关系，如图 2-8 所示。轮胎作为汽车的组成部分具备其独特的属性如尺寸、材料和用途，这些属性并不直接继承于汽车；而汽车作为整体，具有不同的功能和属性。两者的关系可以用"Part-Of"来表示，即轮胎是汽车的一部分，这种表述清晰地指出了轮胎与汽车之间的结构依赖性，但不暗示属性的共享或传递。

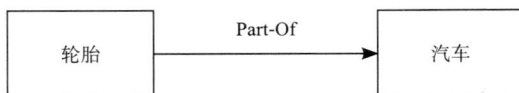

图 2-8　包含关系实例

（3）因果关系是描述事件和情况之间相互影响的一种基本关系，它表明一个事件（原因）直接导致另一个事件（结果）的发生。在知识表示和人工智能领域中，因果关系通常用以表达规则性知识，这种知识揭示了条件与结果之间的逻辑必然性。典型的因果关系在语义网络中常常使用"If-Then"这种格式来表示，这不仅揭示了条件和结果之间的直接联系，还能够指导决策制定和推理过程。例如，句子"如果天晴，那么小明就去爬山"通过"If-Then"结构清晰地表达了天气状况与小明游玩方式之间的因果逻辑。如图 2-9 所示。

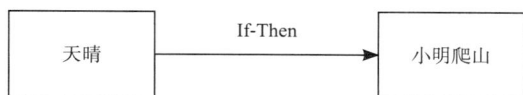

图 2-9 因果关系实例

（4）组成关系，通常标记为"Composed-Of"，是描述一种一对多的联系，用于表示一个更大的整体是由多个小的部分所构成，这种关系能够帮助我们理解复杂系统或实体的内部结构和组成，广泛应用在系统分析、生物学、工程设计等多个领域中。与类属关系和包含关系不同，组成关系的特点在于连接的节点间通常不具备属性继承性，即整体的属性不必是由其组成部分的属性简单叠加或直接继承而来。例如，"电脑由显示器、主机、键盘和鼠标组成"这一知识可以通过组成关系来表达，如图 2-10 所示。

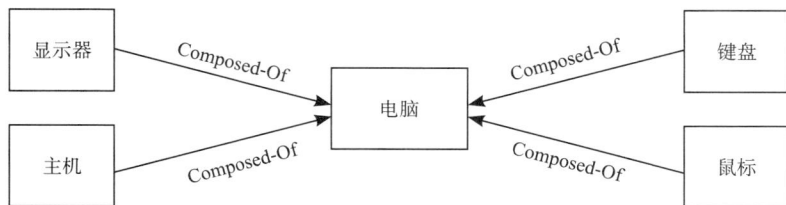

图 2-10 组成关系实例

3. 语义网络表示知识

语义网络是一种用于表示和推理知识的图形化工具，通过节点和连接线来表示事物之间的关系。对于简单的事实，如"鸟有翅膀"或"轮胎是汽车的一部分"，通常只需两个节点来表达：一个代表主体（如"鸟"或"汽车"），另一个代表属性或部分（如"翅膀"或"轮胎"），通过一个连接线标注关系（如"具有"或"是…的一部分"）即可清晰地描绘这些事实。然而，对于更复杂的情景，一个事实中涉及多个实体和关系，单一的语义网络可能显得不够用。在这种情况下，就需要构建一个更为复杂的语义网络，其中包括多个节点和多种类型的连接线来表达不同的动作和关系。当涉及更多实例和更广泛的概念时，单一的语义网络可能需要拓展为多个相互关联的网络，每个网络专注于表示特定的事物或概念集，这种方式虽然能详细描述复杂的知识结构，但也使得整个模型的构建和理解变得更加复杂。因此，在设计语义网络时，需要仔细考虑如何平衡详细程度和可管理性，以适应不同的知识表示需求。

使用语义网络表述一个相对复杂的过程或事件时，可以遵循以下步骤：

第一步，明确语义网络中涉及的各个对象及其属性。

第二步，对这些对象及属性进行深入分析，确定它们之间的关系，如类属关系、因果关系和动作关系等。

第三步，对这些关系进行处理，注意节点和弧的整理和优化。当存在类属关系时，下层节点会继承上层节点的属性，为避免属性信息的冗余，应将同层节点的共同属性提取并合并到上层节点中。对于表示商务知识中的因果关系，可以设置一个专门的情况节点，通过多条弧连接起因节点和果节点，从而清晰地展示因果逻辑。类似地，表示动作关系时，应设立一个动作节点，并详细分析动作的主体与客体，通过从动作节点引出的多条弧来连接主体和客体，确保动作关系的明确性和逻辑性。在表示事件性知识时，建议设置一个事件节点，分析事件中涉及的动作及其主体与客体，然后从事件节点引出的弧线连接涉及的动作、事件的主体和客体，以形成完整的事件描述。通过这样的整理和连接，语义网络不仅可以更加清晰地表示知识结构，还能有效地支持知识的查询和推理，增强知识系统的实用性和准确性。

第四步，分析并检查当前网络是否包含了所有需要表示的知识对象，如果发现有遗漏的对象，必须及时将这些对象补充到网络中，并确保它们通过有向弧正确地与其他节点连接，形成完整的网络结构。这些有向弧代表了对象间的各种逻辑和语义关系，是理解和应用知识的关键。

最后一步，根据第一步的分析结果，为网络中的每一个对象明确表示其属性，这包括对象的基本属性、继承属性以及特有属性等，这些属性的定义和赋值应精确无误，以保证语义网络的信息准确性和实用性。通过对对象属性的详细描述，可以增强语义网络的表达能力，使其更能准确地反映复杂的知识体系和逻辑关系，从而更有效地支持知识管理和应用。

例如，构建"司机驾驶汽车经过桥梁"这一复杂过程的语义网络。

"司机驾驶汽车经过桥梁"这一复杂过程涉及实体和动作，需遵循以下步骤：

第一步，定义节点。实体节点：司机、汽车、桥梁；动作节点：驾驶、经过。

第二步，定义关系，即确定节点之间的连接线。驾驶关系：连接"司机"和"汽车"，表示司机是驾驶汽车的行为者。经过关系：连接"汽车"和"桥梁"，表示汽车是通过桥梁的物体。

第三步，连接节点和关系，使用箭头来明确指示动作的方向或关系的归属。

"司机驾驶汽车经过桥梁"语义网络结构如图 2-11 所示。

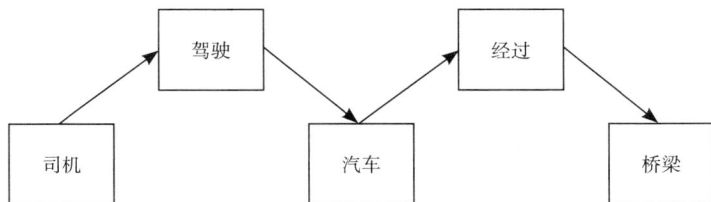

图 2-11 "司机驾驶汽车经过桥梁"语义网络结构

三、框架表示法

1. 框架结构初识

框架表示法理论最早出现在 1975 年，由美国的马文·明斯基提出，该理论基于一种普遍的思维方式，即人们对现实世界的各种事物的理解和记忆是通过一种结构化的方式进行的，类似于框架。简言之，当人们面对新事物时，会根据新事物的具体情况主动调用记忆中的一个相应的框架，然后对这个框架进行调整、修改和补充，从而迅速形成对新事物的认识。正因如此，这种表示法最显著的特点就是它非常擅长处理和表示结构性知识，不仅能够清晰地显示知识内部的结构关系，还能展示不同知识间的特殊联系。框架表示法还能够将与某一实体或一组实体相关的所有特性集中在一起，这使得信息的检索和应用变得更为高效和系统。因此，框架表示法在人工智能、知识管理，以及信息处理等领域中被广泛应用，它提供了一种强有力的工具，用于模拟人类的认知过程并处理复杂的数据结构。

框架是一种复杂的数据结构，用于描述和组织关于事物、事件或概念的属性，由于这种结构允许我们以非常细致和有组织的方式对信息进行分类和存储，所以非常适合于表示复杂的知识体系。每个框架都由许多称为"槽"的部分构成，每个槽都进一步细分为多个"侧面"，使得信息的细分和归类更加精确。在框架中，一个槽代表了所讨论对象的一个特定方面，而一个侧面则描述了该方面的某个具体细节。例如，如果框架用来描述一辆汽车，那么可能有一个槽是"引擎"，而这个槽的侧面可能包括"型号""功率"和"燃料类型"。框架中的每个槽和侧面都有其对应的值，这些值被称为槽值和侧面值，它们具体记录了关于槽和侧面的具体信息。在使用框架表示知识的系统中，通常包含多个框架，每个框架都包含多个不同的槽和侧面，这些框架、槽和侧面分别通过不同的框架名、槽名及侧面名来识别和引用。而且，为了确保数据的准确性和一致性，通常会为框架、槽或侧面附加一些说明性的信息，这些信息通常是一些约束条件，用以指示可以填入槽和侧面中的值的类型和范围，这种方法不仅增加了系统的灵活性，还提高了信息的可用性和准确性，使得框架成为一种非常强大的工具，用于复杂知识的表示和管理。框架结构如图 2-12 所示。

框架表示法的灵活性在于其结构的可扩展性和多样性，每个框架都可以包含任意有限数量的槽，每个槽又可以细分为多个侧面，每个侧面可以持有多种侧面值，这种层次化和模块化的设计允许框架非常灵活地描述复杂的数据和关系。槽值和侧面值的类型同样多样，它们可以是简单的数据类型如数值、字符串或布尔值，也可以是更复杂的元素，如执行特定条件时触发的动作或过程，甚至是另一个框架的名称。通过这种方式，一个框架不仅能够存储具体的属性值，还能够实现对其他框架的引用，从而展示框架间的横向联系，形成一个相互关联的知识网络。框架表示法中的约束条件为可选项，在不设置具体约束的情况下，框架可以接受任何类型的槽值和侧面值，使得框架能够在不同情况下灵活应用。这种无约束和有约束的选择性，让框架表示法不仅能够适应严格定义的环境，也能适应更开放和动态变化的情境。因此，框架表示法不仅是一种用于模拟和处理复杂的知识结构的强大工具，也是一个高度适应性的系统，能够应对各种数据和操作的需要。

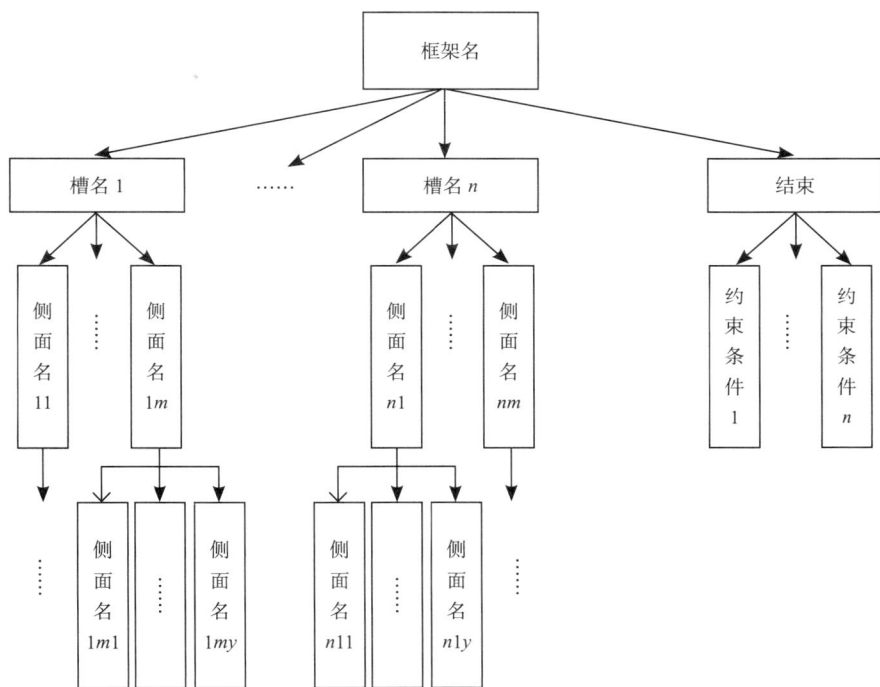

图 2-12 框架结构图

2. 框架表示知识

在设计框架系统时会涉及多个对象，这些对象之间存在各种关系，通过将这些相关对象的框架相连就可以构建出一个全面的框架系统，这样的系统不仅反映单个对象的属性，还能展现对象间的相互作用和联系。

具体实现框架表示知识的步骤包括几个关键步骤：

（1）对代表的知识对象及其属性进行深入分析，这一步骤是设置框架中各槽的基础。在设计槽和侧面时，必须考虑到两个主要因素：一是槽的设置必须符合系统的设计目标，确保所有系统目标中所需的属性或在问题解决过程中可能使用到的属性都被包含；二是要避免盲目地表示所有属性，尤其是那些无关紧要或无用的属性，以免造成信息的冗余和处理的低效。

（2）对各对象间的联系进行详细考察，这通常涉及使用一些常见的或根据具体需求定义的槽名来描述框架间的联系，特别是上下层框架间的逻辑和结构关系。这种联系的表达不仅有助于清晰地描述知识结构，也使得知识体系的扩展和修改变得更为容易。

通过这样的系统化方法，框架不仅能有效地存储和表示结构化的知识，还能通过相互连接的框架系统详细地展现复杂的知识关系网，为知识管理和人工智能提供了一个非常重要的工具。特别是在需要处理和分析大量信息和数据时，框架表示法提供了一种非常高效和系统的解决方案。

以"清华大学框架"的构建为例。

"大学"框架包罗万象，此处主要设定了七个关键槽，尽可能地概括大学的不同方面，这些槽包括大学的中文名、英文名、创办时间、办学性质、学校类别以及地址，每个槽都针对其代表的属性提供了详细的描述和某些约束条件，以确保框架的准确性和实用性。例如，办学性质这一槽包括了一个范围限制，指定其槽值必须是"公办"或"民办"中的一个；学校类别槽进一步细分为多个选项，如综合类、理工类、师范类等，允许用户根据具体学校的教育特点选择合适的类别。地址槽涉及大学的地址，可以链接到另一个"地址框架"，这个子框架详细地描述了大学的具体地理位置信息，如街道名、城市、省份以及国家等。

"清华大学框架"如表 2-5 所示。

表2-5　"清华大学框架"表示

中文名：	清华大学
英文名：	Tsinghua University
创办时间：	1911 年 4 月
办学性质：	公办
学校类别：	综合类
地址：	"地址框架"

四、状态空间表示法

1. 状态空间表示法初识

状态空间技术是现代控制理论中的一种关键方法，它是基于状态变量描述来分析控制系统的方法。状态变量是一组能够全面描述系统动态的变量，通过这些变量，在已知系统的外部输入，我们就可以从变量的当前值预测出系统在未来任何时刻的状态。在工程和科学研究中，状态空间方法提供了一个强大的框架，用于设计和分析各种控制系统，如机械系统、电子系统、交通控制系统等。而且这种方法能够清晰地描绘出系统状态随时间演变的全貌，帮助工程师和研究人员通过精确控制输入，有效地控制系统的行为。状态空间技术还具有普遍适用性和灵活性，无论是线性系统还是非线性系统，状态空间方法都能够提供一种统一的处理方式，这使得它成为现代控制理论中不可或缺的工具之一。

状态空间表示法可以简化为"状态"和"操作"两个部分，其中"状态"描述问题求解过程中的各种情况，"操作"实现不同"状态"之间的转换。

（1）状态。"状态"这一概念是用来描述某一类事物在不同时间点所处的信息状态，通常由一组变量或数值数组来表示，这些变量或数组捕捉了事物的关键特性和当前条件。因此，"状态"可以用一个集合来表示，为 $Q = \{q_1, q_2, \ldots, q_n\}$，集合中的每一个元素 q_i 都是一个特定的数值，代表系统或事物的某个具体方面。当这组变量中的每个分量被赋予一个确定的值时，我们便得到了一个具体的状态，这种状态就是这一事物在某一特定时刻的完整描述。从宏观的角度看，每一个具体的状态都可以视为事物发展轨迹上的一个节点，这些节点串联起来，就形成了对事物动态演变的连续观察。状态的概念不仅限于静态的或瞬时的描述，它也涉及状态之间的转换和演变过程，特别是在工程学、计算机科学、物理学等领域中，状态转换涉及状态之间的因果关系、动态变化及其对系统行为的影响，理解和描述状态及其变化，不仅帮助我们深入理解系统的内部机制和运行规律，而且还是设计和实施有效干预措施的基础。

（2）操作。"操作"是将问题从一种状态转变为另一种状态的手段或方法。换言之，当某个操作应用于事物的当前状态时，它会引发状态中的一个或多个分量发生变化，从而导致事物从一个具体的状态转移到另一个具体的状态。操作的表现并不固定，可能表现为机械步骤、计算过程、规则执行或其他一系列过程，具体形式依赖于其应用的领域和目的。例如，在计算机算法中，操作可能指的是对数据结构进行修改，如插入、删除或更新元素；在自动化控制系统中，操作可能是调节传感器或驱动器的设置；在业务流程中，则可能涉及执行一系列规定的程序或步骤以达到预定的业务目标。为了更好的理解操作，可以从形式上将其理解为定义在状态集合上的函数，这个函数用 F 表示，描述了状态之间的映射关系。函数 F 可以表示为一组功能元素，即 $F = \{f_1, f_2, ..., f_m\}$，其中每个元素 f_i 代表一种特定的操作或转换方式。这种映射不仅反映了从当前状态到目标状态的转变，还揭示了可能的中间状态，为理解整个系统的动态提供了框架。操作的设计和实现是系统分析和工程设计中的核心部分，它要求精确理解系统的工作原理和状态的内部结构，通过优化操作，可以提高系统的效率，减少资源消耗，增强系统对外部干扰的韧性。

状态空间由事物的全部状态和所有可用操作构成，通常用一个三元组来表示，即 $(\{Q_s\}, \{F\}, \{Q_g\})$，其中 $\{Q_s\}$ 表示系统的初始状态集合，描述了系统开始时的各种可能状态，每个状态包含了系统在起点时的所有相关信息；$\{F\}$ 表示可应用于这些状态的操作集合，包括了所有可能的行动或命令，这些操作定义了从一个状态到另一个状态的转换规则；$\{Q_g\}$ 表示目标状态集合，即系统设计的终点或目标，定义了系统所希望达到的一个或多个状态，这些状态通常符合特定的性能指标或满足某些条件。在这个框架下，状态空间不仅适用于机械和电子系统，还广泛应用于经济学、生物学、计算机科学等领域，其中系统的行为需要通过一系列的决策和操作来控制。例如，在自动控制系统中，状态空间帮助工程师预测系统响应于不同输入或扰动的方式；在计算机算法设计中，状态空间用于评估算法在不同输入集上的表现。通过分析状态空间，可以识别和利用系统的动态特性，制订出最优或近似最优的控制策略，这种策略不仅需要考虑如何从初始状态到达目标状态，还要考虑如何优雅地处理中间可能出现的各种复杂情况。

2. 状态空间表示知识

利用状态空间表示法解决问题涉及一系列结构化和系统化的步骤，这些步骤帮助我们从理论上定义和分析系统的动态，并设计出达到期望目标状态的策略。以下是这一方法的详细步骤：

（1）确定状态变量与值域。这一步是构建状态空间的基础，需要选择合适的状态变量来充分描述系统的每个可能状态。状态变量应准确反映系统的关键属性，其值域则定义了这些变量可能取值的范围。

（2）确定状态组。在这一步骤中，需要明确系统起始的各种状态（初始状态集）和希望系统最终达到的状态（目标状态集），初始状态集描述了问题开始时所有可能的场景，而目标状态集则代表了解决问题后期望达到的各种状态。

（3）确定操作集。操作集包括所有可能的行动或决策，这些操作能够将系统从一个状态转移到另一个状态。每个操作都应明确其对应的状态转移效果，这些操作通常根据实际可行性和系统的物理或逻辑约束来定义。

（4）计算并列举所有状态空间。在这一步骤中，研究人员需要尝试估计或计算整个系统可能存在的全部状态的数量，并根据可能性和必要性尽可能地列出或描述这些状态，以便于帮助其全面理解系统的复杂性和潜在的动态变化。

（5）当状态数量可以进行有效管理时，研究人员可以依据问题的有序元组绘制状态空间图，然后按图索骥求解。状态空间图是一种强大的工具，可以描述一个实体在事件触发下的动态行为，全方位地展示实体如何根据当前所处的状态对不同的事件做出反应，并且清楚地描绘了状态之间的转换。状态空间图中的节点代表状态，边则表示从一个状态到另一个状态的转移，这种图形化表示方式能够直观地显示实体从一个状态到另一个状态的所有可能路径，帮助分析者理解在特定输入或触发条件下实体行为的演变过程。状态空间图尤其适用于设计和分析复杂系统，如自动控制系统、计算机程序和业务流程，其中对不同事件的响应必须精确且预测性强。

为了更好地理解状态空间图，我们假设现有初始状态集 $\{Q_0\}$，目标状态集 $\{Q_{10}\}$，操作集 $\{F_i\}$（$i=1, 2, ..., n$），现求状态空间（$\{Q_0\}, \{F_i\}, \{Q_{10}\}$）的解。

求解过程如图 2-13 所示。

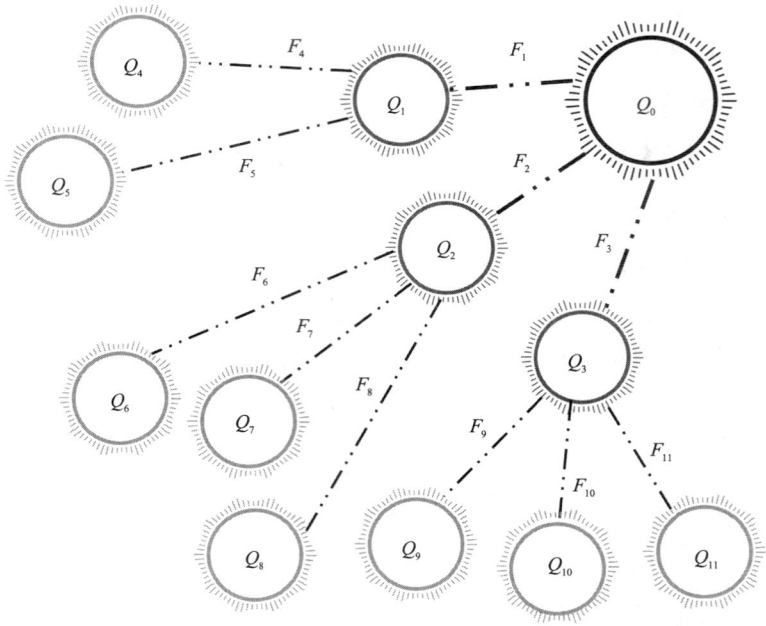

图 2-13　状态空间（$\{Q_0\}$，$\{F_i\}$，$\{Q_{10}\}$）求解过程简图

根据图 2-13 可知，状态空间（$\{Q_0\}$，$\{F_i\}$，$\{Q_{10}\}$）的解为 $\{F_3, F_{10}\}$。

第三章

赋予机器搜索的策略

第一节　搜索概述

一、何为搜索

1. 人类的搜索

搜索是一个我们在日常生活中经常提及的词汇，本意是寻求、搜查、发现，如我们在日常生活中使用的"在房间里搜索了好久，什么也没有发现"，这里的搜索指的就是寻找某些隐藏或不易察觉的物体或信息。我们也可以用"按图索骥"这个成语来解释，它的意思是按照图纸寻找优等马，成语中的"索"字其实就代表搜索，意思是寻找。搜索不仅是我们生活中的常态，更是我们思维方式的一个基本组成部分，从搜索钥匙和手机等日常最简单的物理寻找，到在自己回忆里寻找自己班主任名字、曾经喜欢的电影或熟悉的歌词等心理活动都属于搜索的组成，因此可以说我们经常在不自觉中进行各种搜索，搜索活动贯穿人类的各种学术、科技、业务和日常生活领域，是获取新知、解决问题、实现创新的基本手段。这些搜索活动展现了我们大脑的复杂性和信息处理能力，我们的记忆与思维过程本质上就是一个持续搜索和重组信息的过程。

随着科技的发展，搜索早已脱离物理上的寻找，逐渐衍生到对信息、知识或解决方案的追寻，如在图书馆里搜索一本书、在互联网上搜索信息、在复杂数据中寻找模式，这些都是搜索的具体体现，这种广泛的应用使得搜索成为一个多层次、多维度的概念，它涵盖了从简单的物理查找到复杂的抽象思维过程。在人工智能领域，这种自然的搜索行为启发了各种搜索策略的开发，试图通过更加具体和技术性的搜索策略模仿人类在面对复杂问题时的思考模式。因此人工智能中的"搜索"主要指的是在一个复杂的信息空间中寻找一个称作"目标"或"解"的元素，这个过程往往涉及寻找一系列的操作或步骤，以达到预定的目的或解决特定的问题。

2. 人工智能的搜索

人工智能领域中搜索能力发展面临重重考验，最根本的挑战就是处理非结构化或结构不良的问题。与此相对的是结构化问题，结构化问题可以通过数学公式或算法明确描述和解决，而非结构化问题只能依靠经验和启发式方法来探索可能的解决方案，这是因为非结构化问题往往涉及不完全或不精确的信息，导致问题变的更加复杂，进而无法确定精准的解决算法，围棋游戏就是非结构化问题的一个典型例子，它不仅需要考虑复杂的策略，还要考虑对手不可预测的行为，这些问题的处理对人而言都不容易，更何况是机器。解决这些非结构化问题成为人工智能研究的重要驱动力之一，研究者希望开发出能够在最小代价和最优性能之间取得平衡的智能系统，这些系统通过自动化的决策和学习过程，能够生成解决问题所需的动作序列，从而为人类提供服务。例如，在机器学习和深度学习的帮助下，人工智能可以在大数据环境中识别模式和趋势，预测结果，或者在没有人类直接指导的情况下自我优化。

人工智能在搜索过程中的表现不仅限于找到一个单一的解决方案，更重要的是它能够探索多种可能的解决路径，评估每条路径的效果，最终选择最有可能达到目标的策略。这种能力使得人工智能特别适合处理那些复杂多变的问题场景，无论是在线算法设计、机器人路径规划，还是复杂决策支持系统的开发。因此，人工智能的搜索技术不仅仅是一个技术问题的解决工具，也是理解和模拟人类智能过程的一种手段，旨在通过模拟人类的思考和解决问题的方法，构建更加智能、自适应和有能力自主决策的系统，能够在各种复杂和动态的环境中为人类提供更有效的支持和服务。

二、搜索解决问题的路径

1. 人类解决问题的路径

当人类遇到问题时，想要有效的解决问题通常会遵循以下步骤。

（1）确定问题目标，这一步是整个解决问题过程的基础。在这一阶段，个体需要清楚地界定问题的本质，明确需要解决什么问题，以及想要达到的具体目标，这不仅涉及对问题的深入理解，还包括将目标细化为可实现的子目标，使其更加具体和可操作。

（2）搜索，即探索各种可能的解决方案的过程。这一阶段要求思考多种可能的方法或路径，通过逻辑推理、前人的经验、创新思维或试错的方法来找出最适合当前问题的解决策略。在复杂问题的处理中，可能涉及多个变量的考量和不同策略的平衡，因此，搜索过程往往是时间消耗最大、最需创造性和分析性思维的一环。

（3）实施，即将找到的解决方案付诸实践。这一步骤涉及方案的具体操作，包括资源的配置、步骤的执行、监控进度及调整方向等。实施阶段的成功不仅依赖于前两步的准确性和有效性，也极大地依赖于执行过程中的细节管理和对突发情况的应对能力。

整个问题的解决过程是以线性的方式推进的，并在实施过程中不断回顾，修正目标或搜索的策略，这种动态的调整能够使问题解决过程更加灵活并增强适应性。通过这样的方法论，人类能够系统地应对各种挑战，不断优化解决方案，最终实现目标。

2. 人工智能解决问题的路径

人工智能系统在处理问题时，采用的方法与人类类似，分为目标表示、搜索和执行这三个基本阶段，这种结构化的处理流程不仅清晰地定义了问题解决的步骤，而且为开发有效的人工智能解决方案提供了一种系统的方法。

（1）目标表示。这一阶段主要任务是对问题进行详细理解，确定一些基本的信息和参数，这些信息和参数定义了解决问题的基本框架。这些基本信息通常包括四个核心部分：初始状态集合、操作符集合、目标检测函数以及路径费用函数。

①初始状态集合。这是问题解决过程的起点，定义了问题的初始条件。初

始状态集合包含了所有可能的起始情景，例如，在解决路径规划问题时，初始状态可能是起点的地理位置；在解决棋类游戏问题时，初始状态可能是棋盘的初始布局。从这些状态出发，人工智能系统开始其搜索过程。

②操作符集合。这一集合包括了所有可以执行的操作，每一个操作都能将问题从当前状态转换到另一个状态。这些操作符是解决问题的基本动作单元，它们的设计需要根据问题的具体特性来定。例如，在机器人导航中，操作符可能包括移动、转向或停止；在数独游戏中，操作符则是在特定位置填入数字。

③目标检测函数。这个函数用于判断当前状态是否为目标状态，即是否已解决问题。它是评估解决方案是否成功的标准。在不同的应用中，目标检测函数的形式可能大相径庭，但它们都共同扮演着指示解决方案是否达到预定目标的角色。

④路径费用函数。在搜索过程中，路径费用函数为每条路径赋予一定的费用，帮助系统评估不同方案的成本效益。这个函数对于优化搜索过程至关重要，因为它直接影响到搜索策略的选择，例如寻找最短路径、最低成本或最快完成时间。在许多情况下，这个函数也考虑到了各种资源的消耗，如时间、能量或金钱。

这四个组成部分共同构建了一个问题的"状态空间"，在这个空间中，人工智能系统通过执行操作符，从初始状态出发，通过目标检测函数指示的目标，搜索并尝试各种可能的路径，直到找到一条符合路径费用函数评估标准的最优解。这个过程不仅是计算上的挑战，也是对人工智能设计和实现能力的考验，涉及复杂的决策制订、策略规划和问题解决技巧。通过这种方式，人工智能系统能够以结构化和系统化的方法解决各种问题，无论是简单的查询任务还是复杂的决策和优化问题。

（2）搜索。在人工智能领域，处理搜索问题通常涉及两个关键的问题：搜索什么和在哪里搜索，这两个问题直接定义了搜索任务的本质和范围。"搜索什么"通常指的是目标，即所要达到的特定状态或结果，这些目标可以是具体的数值答案、最优解、策略决策或者任何可以量化的成果，确定目标是引导搜索方向和最终评价解决方案成功与否的基础。"在哪里搜索"定义了搜索空间，也就是可能包含目标的环境或状态集合，通常称为状态空间。在人工智能中，状态空间包括了所有可能达到的状态，每一个状态代表了问题解决过程中的一个具体点。然而，与传统搜索空间不同的是，人工智能面临的问题往往在问题求解前，并不完全知道所有可能的状态，这一特性要求人工智能系统能够在探索过程中动态生成和更新状态空间。

由于问题的整个状态空间可能极为庞大，如果在搜索开始前就试图完全生成整个状态空间，将会导致巨大的存储压力，所以在实际应用中，状态空间一般是逐步扩展的，这种逐步扩展的方法不仅可以节约存储空间，还能提高搜索效率。在每次状态的扩展中，系统都会尝试发现并探索向"目标"状态迈进的可能路径，这种方法允许系统仅在必要时生成新的状态，避免了无效和无目的的搜索，使得处理过程更加高效和具有目标导向。这种逐步扩展的搜索策略还允许人工智能系统在不断变化的环境中灵活调整其策略。例如，在机器学习和自适应系统中，随着新数据的输入，调整其认知的状态空间，以适应新的条件和要求，这种动态调整能力是人工智能区别于静态算法的一个重要特点。

（3）执行。执行阶段，在人工智能系统问题解决过程中的主要动作是将理论上的解决方案转化为具体实际行动的步骤。这个阶段涉及一系列复杂的动作序列，通常由人工智能系统自动执行，涵盖从简单的机械操作到复杂的决策制订和反应调整等多个层面。在执行过程中，系统的反应能力、处理速度和准确性不仅影响任务的完成质量，还直接决定了系统的可靠性和效率。例如，在自动驾驶车辆中，执行阶段会涉及实时的交通数据解析和驾驶决策的执行，这要求系统具备极高的精确性和响应速度。

目标表示、搜索和执行这三个阶段共同构成了一个闭环的反馈系统，在这个系统中，每个阶段的输出都直接作为下一个阶段的输入，这种设计不仅增强了过程的连续性和系统的稳定性，还提供了持续的自我优化机会。通过实时的反馈和持续的性能评估，人工智能系统能够识别和纠正解决方案中的不足，调整其策略以应对复杂多变的问题环境。更进一步，这种结构化的解决方案框架使得人工智能系统能够高效地处理从简单计算任务到复杂决策制定的广泛问题。无论是在医疗诊断、金融分析还是工业自动化领域，人工智能的这种系统化方法都展现出了强大的应用潜力和灵活性。

三、搜索的分类

1. 按照启发性信息的使用进行分类

在人工智能中，搜索算法可以根据是否使用启发性信息来分类，主要分为盲目搜索和启发式搜索两大类。

（1）盲目搜索。又称无信息搜索，是一种不依赖于问题特定信息的搜索策略。换言之，这类搜索方法只依赖于问题本身的结构，不使用任何关于目标位置或路径优化的先验知识，遵循一种固定的控制策略系统地探索问题的状态空间。由此可见，这种搜索策略的实现难度较低，但由于其搜索不区分路径的优劣，导致搜索效率往往较低，特别是在搜索空间较大的情况下，可能需要花费大量时间和资源来达到目标状态。例如，在解决迷宫寻路或解析空间极大的问题时，盲目搜索可能需要遍历大量无关的路径，导致资源和时间的大量消耗。

盲目搜索包括广度优先搜索、深度优先搜索、有界优先搜索以及基于代价树的广度优先搜索和深度优先搜索。

①广度优先搜索。广度优先搜索是一种遍历或搜索树（或图）的算法，它从根节点开始，逐层向下遍历所有节点，直到找到目标为止。在每一层中，节点的子节点在被访问和展开之前，该层的所有节点都会先被访问，保证了最短路径的搜寻，适用于结构层次分明且目标状态明确的搜索场景。

②深度优先搜索。深度优先搜索是一种利用递归或栈实现的搜索技术，它从根节点开始，探索尽可能深的分支，直到找到目标或达到末端节点，然后回溯到上一个节点继续探索未被探索的分支。这种搜索技术不保证能找到最短路径，但其内存消耗较低，适用于有大量节点或路径需要探索的场景。

③有界优先搜索。这种搜索技术是深度优先搜索的变体，它在深度优先搜索的基础上增加了深度限制，该方法通过限制搜索深度，避免了深度优先搜索可能陷入过深或无限循环的问题，有助于在保持深度优先搜索低内存优点的同时，避免其盲目性。

④基于代价树的广度优先搜索。这种搜索方法是广度优先搜索的扩展，但与传统广度优先搜索不同，该方法在扩展节点时考虑各个子节点的代价，优先扩展总代价最低的节点，特别适用于需要找到成本最低路径的问题。

⑤基于代价树的深度优先搜索。这种搜索方法类似于代价树的广度优先搜

索，是在深度优先搜索基础上引入了成本考虑，优先探索总代价较低的路径，这有助于在深度优先搜索中引入更多策略性，减少盲目探索的低效性。

（2）启发式搜索。又称为有信息搜索，相对于盲目搜索，这种搜索方式通过引入与问题密切相关的特定启发性信息来引导搜索过程，指导搜索方向，朝着最有可能达到目标的路径前进。启发式搜索显著提高了搜索的效率和有效性，尤其适用于那些状态空间庞大、解空间复杂的问题。而且，通过智能地规避不必要的路径探索，启发式搜索可以在加快解决问题速度的同时找到更优的解决方案。例如，在搜寻物流运输最短距离时使用启发函数可以估计从当前状态到目标状态的成本，帮助算法优先探索成本更低、更有可能接近最终解的路径。

启发式搜索主要包括局部择优搜索和全局择优搜索两种搜索方式。局部择优搜索是在搜索的每一步都尝试找到局部最优解，这就使得这种搜索很容易找到解，并从中找出最优解，但这个过程很容易陷入局部最优，不能保证找到的解是全局的最优解。因此，局部择优搜索适用于解空间大且复杂度高的问题，其中全局最优解难以直接计算或寻找。全局择优搜索是一种与局部择优搜索相对的搜索方法，旨在找到全局最优解，这通常涉及更复杂的算法和策略，如模拟退火、遗传算法等，这些策略通过各种方法尝试避免陷入局部最优，以期达到全局最佳状态。

2. 根据问题表示方式进行分类

人工智能领域中，根据问题的表示方式不同可以分为状态空间搜索和与或树搜索两种搜索方法。

（1）状态空间搜索。状态空间搜索是一种用状态空间法来表示问题的搜索方式。在这种方法中，问题被定义为一个状态空间，其中每个状态表示问题的一个可能配置，状态之间的转移由操作符定义。这种表示方式非常适合那些可以清晰定义所有可能状态和状态转移的问题。基于状态空间搜索的原理，开发了多种搜索算法，如状态空间广度优先搜索、状态空间深度优先搜索以及状态空间有限代价搜索等，这些方法各自有其优势和应用场景，如广度优先搜索能够保证在最少的步骤数内找到解决方案，而深度优先搜索则在内存使用上更为高效。

（2）与或树搜索。与或树搜索则采用问题规约法表示问题，这种方式特别适用于可以分解为多个子问题的复杂问题。与或树中的节点表示问题的状态，分支表示问题解决过程中的选择，这些分支可能是"与"关系（即需要解决所有子问题）或"或"关系（即选择一个路径解决问题）。基于与或树搜索原理形成了与或树的广度优先搜索和深度优先搜索、博弈树搜索、α-β 剪枝搜索等搜索方法，其中 α-β 剪枝算法高效地减少了搜索空间，通过枝剪不可能提高结果的路径来优化搜索过程，这使得与或树搜索在处理需要同时考虑多种可能性和路径的问题时显示出其强大的效率和灵活性。

第二节　盲目搜索策略

一、广度优先搜索

1. 广度优先搜索含义

广度优先搜索（Breadth-First Search，BFS）是一种以逐层搜索方式进行的搜索算法，即这种搜索算法是从起始节点开始搜索，按照从左到右的顺序搜索起始点的所有邻近节点，遍历起始节点的所有直接后继节点后进入下一层搜索，同样遵循从左到右的顺序搜索上述所有节点的后继节点。然后不断重复进行上述行为，直到所有节点都被探索为止。

为了更好的理解广度优先搜索，可以以图 3-1（搜索树示意图）为例进行详细分析。

根据广度优先搜索从上至下、从左到右的搜索原则，图 3-1 中的搜索顺序就是从起始节点 A 开始搜索，先要搜索的是其与节点 A 连接的处于同层的兄弟节点 B 和 C，然后再搜索下一层由节点 B、C 扩展的节点 D、E、F 和节点 G、H，最后搜索最后一层由节点 E 扩展的节点 I。这种搜索顺序可以用 A→B→C→D→E→F→G→H→I 表示，由于每个节点都在其所有父节点被探索后才被探索，所以这种搜索方式保证了搜索的完整性和系统性。

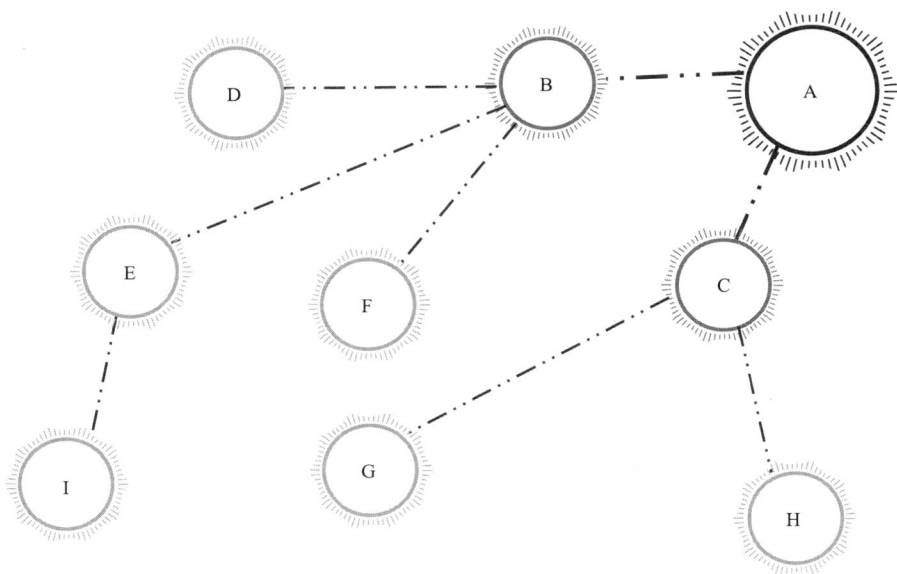

图 3-1 搜索树示意图

在广度优先搜索中，节点的访问顺序是按照它们被添加到队列的顺序来进行的，一般使用了一个先进先出（FIFO）的队列来管理待探索的节点。因此，先被发现的节点将先于后被发现的节点进行扩展，确保搜索按照从起始节点向外逐层扩展。这种层次化的搜索策略非常适合于寻找最短路径或任何需要逐步层次扩展的场景，如网络游戏、社交网络分析、广播网络或任何需要分层逻辑处理的应用中。

2. 广度优先搜索的基本流程

广度优先搜索作为一种在图和树结构中广泛使用的搜索技术，目的是系统地探索所有可能的状态，直到找到问题的解决方案。该算法的执行可以分为以下几个关键步骤。

（1）算法将问题的初始状态视为起始点，并将其设置为当前扩展节点，用作生成一组子节点。这里所说的扩展指的是对被扩展节点进行某一可行的操作，生成的子节点代表从初始状态出发可能达到的所有直接状态。这一步骤是搜索过程的基础，它确保从最开始的可能性出发进行探索。

（2）算法需要检查这些新生成的子节点中是否包含问题的目标状态。如果目标状态在这些子节点中被发现，则表示搜索成功，意味着算法找到了问题的解决方案并终止搜索。如果目标状态未出现，则算法必须从这些新生成的子节点中，根据特定的搜索策略（通常是先进先出的顺序），选择一个节点作为新的当前扩展节点，以此节点为基础继续搜索过程。

（3）不断重复上述（2）过程，不断扩展新的节点并生成更多的子节点，直到目标状态被发现，或者没有更多的节点可以扩展。

在上述搜索过程中，需要用到两个主要的数据结构：OPEN 表和 CLOSED 表，OPEN 表用于存放那些刚生成还未扩展的节点，而 CLOSED 表则记录那些已经被扩展或即将被扩展的节点，以避免重复处理和循环。

广度优先搜索流程如图 3-2 所示。

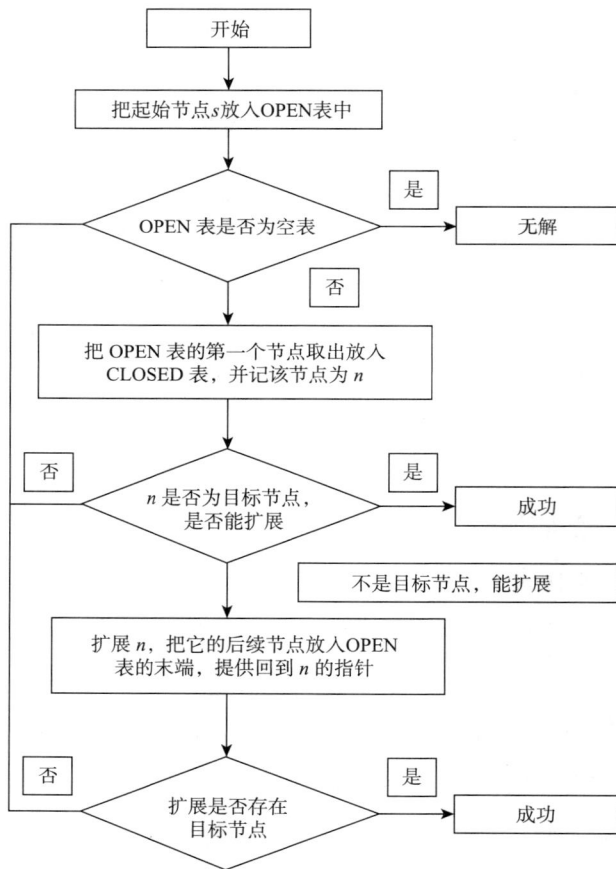

图 3-2　广度优先搜索流程图

二、深度优先搜索

1. 深度优先搜索含义

深度优先搜索（Depth-First Search，DFS）是一种用于遍历搜索树或图结构的算法，它的核心思想是尽可能深地从一个节点向下探索，直到到达一个端节点，然后回溯到前一个分叉点，继续探索未被访问的分支，一直持续到所有可能的路径都被探索完毕。深度优先搜索根据搜索规则不同可以实现几种不同的遍历方法，分别是前序遍历、中序遍历和后序遍历，其中前序遍历在实际应用中最为常见。

在前序遍历中，算法先访问当前的根节点，然后递归地遍历左子树，最后递归地遍历右子树，这种访问顺序使得每个节点的处理都在其子节点之前完成。中序遍历先递归访问左子树，然后处理根节点，最后访问右子树，这在二叉搜索树中特别有用，因为这种遍历顺序会按升序访问所有节点。后序遍历先访问左子树和右子树，最后处理根节点，这种方式在需要先处理所有子节点再处理根节点的应用场景中非常适合，如在某些图形算法和文件系统的操作中。

为了更好地理解深度优先搜索，我们仍然以图 3-1 为例进行阐述，此时选择前序遍历搜索算法。深度优先搜索会从起始节点 A 开始，沿着一条路径深入，每次都选择最新生成的子节点进行进一步的考察，如果遇到的子节点不是目标节点并且可以进一步扩展，搜索就会继续在这个新扩展的子节点上重复之前的步骤，即再选择一个最新生成的子节点继续深入，直到遇到一个既不是目标节点也无法继续扩展的节点。这个过程可以用 A → B → D 表示。由于到达路径尽头，需要回溯到最近的分岔点，即节点 B，需要搜索其兄弟节点，探索其他的未检查路径，即 B → E → I。到达路径尽头后，需要重新回溯和探索，直到找到目标节点或所有可能的路径都被探索完毕，即 B → F。节点 B 的所有路径已经搜索完，需要重新回溯至最近的分岔点，即节点 A，搜索除节点 B 之外的扩展节点，此时的搜索策略仍然需要沿着一条路径深入，直到节点无法扩展，即 A → C → G。由于到达路径尽头，需要回溯到最近的分岔点，即节点 C，需要搜索其兄弟节点，探索其他的未检查路径，即 C → H。此时所有路径都完成搜索。

深度优先搜索的特点包括它不一定总能找到问题的最优解，但它能找到一个或多个解决方案。与广度优先搜索相比，深度优先搜索在搜索深度较深的情况下可能效率较低，因为它可能走入一个深层的路径然后不得不多次回溯，而且在最坏的情况下，其搜索空间可能等同于对所有可能的路径进行穷举，增加了搜索的无用功。但深度优先搜索因为只需跟踪从起点到当前节点的活动路径而不需要存储所有扩展的节点，所以在内存使用上相对较少，特别适合要探索所有可能解的场景，如解决迷宫问题、路径寻找或者在状态空间搜索中寻找解决方案。

2. 深度优先搜索的基本流程

深度优先搜索和广度优先搜索作为两种常用的搜索算法，路径基本相同，最主要的区别在于它们如何管理待探索节点的列表，即 OPEN 表。在广度优先搜索中，当一个节点被扩展，其所有子节点都被添加到 OPEN 表的尾部，这种做法确保了算法按照节点被发现的顺序进行探索，从而逐层遍历整个图。相比之下，深度优先搜索在扩展节点时将每个新发现的子节点添加到 OPEN 表的首部，这种做法使得算法总是先探索最近发现的节点，从而深入到可能的最深层。通过这种方式，深度优先搜索深入探索图的分支，直至到达末端或无法进一步前进，然后通过回溯继续探索其他分支。这种差别对搜索的行为和适用场景产生了重大影响，深度优先搜索由于其回溯特性，适合探索复杂和深层的结构，而广度优先搜索由于其层级探索特性，适用于宽度广和层次分明的结构。

深度优先搜索流程如图 3-3 所示。

3. 有界深度优先搜索

有界深度优先搜索（Bounded Depth-First Search，BDFS）是深度优先搜索的一种变体，旨在通过引入深度限制来避免算法无效地沿着过深或无果的路径扩展。这种方法通过设定一个深度界限，即最大深度（DM），来控制搜索的深入程度，从而提高搜索过程的效率和完备性。在有界深度优先搜索中，算法开始于起始节点，并向下探索，与传统的深度优先搜索类似，每个节点被扩展以探索其所有子节点。然而，关键的不同在于，一旦搜索深度达到设定的深度界限（DM），即使还未找到目标节点，搜索也不会继续在该路径上继续深入。此时，算法将停止当前路径的进一步探索并回溯到上一个分支点，选择另一分支继续搜索。这种策略有效地防止了算法在无结果的深层路径中耗费大量时间和资源。有界深度优先搜索特别适用于那些搜索空间庞大且分布不均的问题，其中某些路径可能异常深入而无实际价值，通过设置深度限制，可以确保搜索过程在达到一定深度后不再盲目地深入，而是更加高效地探索其他可能的路径。有界深度优先搜索也为复杂问题提供了一个实用的解决策略，它通过逐步增加深度界限的方式，结合迭代加深的策略，逐步扩展搜索范围，这不仅保持了深度优先搜索的内存效率，同时也提高了算法的完备性和效率。这种平衡深度和广度的方法，使得有界深度优先搜索在许多需要深入探索但又必须防止过度扩展的应用场景中，成为一种十分有效的搜索技术。

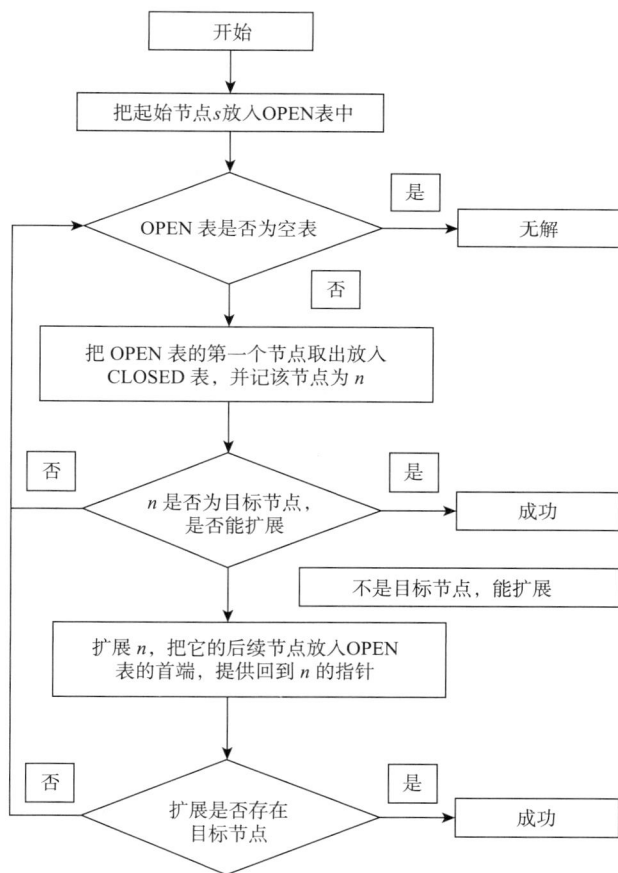

图 3-3 深度优先搜索流程图

第三节　启发式搜索策略

一、启发式搜索基础概念

随着数据量的不断增加，传统的盲目搜索方法在处理大型问题时逐渐显露出其局限性，不仅效率低，还会消耗大量的计算时间和存储空间。为了应对这些挑战，启发式搜索（Heuristic Search，HS）应运而生，它通过利用问题本身的特定特征信息来引导搜索过程，优先扩展那些最有希望导向解决方案的节点。与盲目搜索相比，启发式搜索无须遍历所有可能的路径，而是在对问题领域有深入的了解和直观的判断后采用的一种策略性探索方法。这种搜索策略还有一个显著特征就是必须具备一个启发式函数，即估价函数，这个函数能够为每一个可能的节点赋予一个优先级，指示该节点的有希望程度。这样的策略显著减小了搜索范围，并能更快地指向解决方案，同时在时间和空间的开销上更为经济。基于这些优质特点，启发式搜索算法在解决组合优化问题上尤为有效，它可以在可接受的时间和空间成本内寻找一个足够好的解决方案。例如，在路径搜索问题中，启发式函数可能是节点到目标的欧氏距离，这种距离估计可以有效地指引搜索方向，避免无效探索。

启发式搜索算法最重要的里程碑可以确认为乔治·波利亚（George Polya）发表的著作 *How to Solve It*，该著作在强调启发式思考和学习的过程中为解决问题提供了深刻的方法学见解，更重要的是建立了一个所谓的"启发式字典"，帮助解决者更有效地使用启发式方法来探索问题的可能解决方案。波利亚明确区分了普通搜索算法与启发式搜索算法的区别，算法是一套确定的、明确定义的步骤，用于系统地解决问题。而启发式搜索则依赖于直觉、经验和专业知识等非确定性信息，通过这些信息不断探索以找到最佳解决方案。换言之，在实际应用中，启发式信息充当经验法则的角色，为我们指引方向，引导我们向可能的解决方案前进。这一点在人工智能领域尤为重要，因为这个领域面对的多数问题具有指数级复杂性，解决方案的可能性繁多且多变，想要在这种环境下确定正确的解决方案非常具有挑战性，且完全检查所有潜在的解决方案成本极高，几乎是不可能实现的。因此，启发式信息的运用极大地缩小了搜索范围，并排除了那些不可能的选项，这不仅提高了搜索效率，也加速了问题解决的过程。

在启发式搜索中，主要核心内容包含启发式信息和评估函数两部分。

1. 启发性信息

启发式搜索的有效性在很大程度上依赖于启发性信息的质量，具有强大启发能力的信息可以减少搜索过程中对无用节点的扩展，从而优化搜索过程，提高效率。何为启发性信息？即包含具体问题相关领域特性的信息，启发性信息的强大之处在于其能够减少搜索过程中对无关或无用节点的扩展，从而优化整个搜索路径。具体而言，启发性信息可以根据其功能被归类为三种主要类型。

（1）确定扩展节点的信息，这类信息直接影响节点的选择与扩展。在一个巨大的搜索空间中，哪些节点应当被优先考虑扩展是至关重要的决策，而有效的启发性信息能够指导这一决策过程，确保搜索沿着最有可能达到目标状态的路径前进。例如，在路径规划问题中，启发函数通常评估从当前节点到目标节点的估计成本，以确定下一步的最优节点。

（2）决定后继节点生成的信息，这类信息涉及决策哪些后继节点应当被创建和探索。在节点扩展时，不是所有可能的后继节点都是有价值的，启发性信息可以帮助识别和生成那些最有可能导向解决方案的后继节点，从而有效减少生成不必要或无效节点的数量。例如，对于解决棋类游戏问题，评估哪些走法可能会给对手造成最大困难，从而选择最有战略价值的走法。

（3）决定节点删除的信息。在某些情况下，已经被加入搜索树的节点可能因为新的信息变得不再相关或有益，这类启发性信息允许在搜索过程中动态地从搜索树中删除那些不再有助于找到解决方案的节点，这不仅清理了搜索空间，还可以防止资源浪费在没有潜在价值的路径上。例如，在动态环境下的实时搜索问题中，环境的变化可能使得某些先前的选择不再有效，需从搜索树中剔除。

2. 评估函数

启发式搜索是一种在解决问题时寻求答案的策略，这种搜索策略的独特之处在于它并不直接告诉你完整的解决路径，而是提供一种方式帮助你探索可能的路径，这就意味着它最终的目标可能在开始时并不完全明确。此时就需要依赖评估函数来引导搜索方向的偶然性方法，即使用启发式信息来评估和选择节点，根据节点向目标状态的可能接近程度来优先探索。启发式搜索不保证直接找到最短或最优路径，它的效力在于能够大大减少搜索空间和时间，特别是在面对广阔且复杂的搜索空间时。通过设置评估函数，再结合问题特有的距离、成本、概率或任何相关的领域知识等启发性信息，不断地对搜索过程中遇到的节点进行评估，判断哪些节点更有可能接近目标。启发式搜索通过不断地实践和排除错误，逐步精细化搜索方向，以多次迭代的方式，剔除不成功的路径，优先探索有希望的路径，逐渐提高搜索效率。

评估函数的一般形式如式 3-1 所示。

$$f(n)=g(n)+h(n) \qquad (3-1)$$

式中：$g(n)$ 为从起始节点 S 到当前节点 n 的实际路径代价的估计值，这个值是基于已知的路径长度、所需时间、费用或其他相关的代价指标估计出来的。

$h(n)$ 为从当前节点 n 到目标节点 t 的预期代价，也称为启发函数，这个值通常基于问题特定的启发性信息来预测，如地理距离、剩余资源量或潜在的障碍。$f(n)$ 为从起始节点 S 经过节点 n 到达目标节点 t 的总代价估计。

在实际操作中，评估函数直接影响搜索过程中节点的选择，可以确定哪些节点最有可能处于最优路径上。因此，在每次扩展节点时，选择具有最小 $f(n)$ 值的节点进行扩展是一种常用且有效的策略。此方法的成功与 $h(n)$ 的准确性和实用性息息相关，如果 $h(n)$ 能准确预测实际的剩余代价，那么 $f(n)$ 就能够可靠地指导搜索向最有效的路径前进；如果 $h(n)$ 估计过高或过低，可能导致不必要的探索或遗漏更优路径。因此，设计一个既不过分乐观也不过于悲观的启发函数是实现有效搜索的关键。

二、A*算法

1. A*算法的基本概念

A*算法是一种高效的启发式搜索算法，由斯坦福大学的尼尔斯·约翰·尼尔森（Nils John Nilsson）教授、彼得·E.哈特（Peter E. Hart）和柏特伦·拉斐尔（Bertram Raphael）于 1968 年提出，这种算法的核心优势在于能够在确保找到最优解的前提下进行图搜索。这种算法的成功归功于其特有的评估函数，表示如下：

$$f*(n)=g*(n)+h*(n) \qquad\qquad (3-2)$$

式中：$g*(n)$ 为从初始状态到当前节点 n 的最优路径代价，而 $h*(n)$ 为从当前节点 n 到目标状态的最优路径代价。

这里，$h*(n)$ 是一个启发式的估计，且为了保证算法的效果，$h*(n)$ 必须是问题空间的无过估计，即在任何情况下 $h*(n)$ 的值不会超过从 n 到目标状态的实际最低代价。

A* 算法为了保证获得最优解，始终优先扩展那些拥有最小 $f*(n)$ 值的节点，这意味着该算法不仅要考虑已经走过的路径代价，同时也要预测出到达目标所需的代价，这种结合已知信息和预测信息的方法，使得 A* 算法在众多应用场景中都能有效地找到最短路径或最小代价解，从复杂的路径规划到各种优化问题。例如，在经典的八数码问题中，如果仅仅使用不在位的将牌数目作为启发式函数 $h(n)$，可能存在多个具有相同 $f(n)$ 值的节点，这时候 A* 算法的优势就体现在它能够综合考虑 $g*(n)$ 和 $h*(n)$，优先扩展那些总体代价最低的节点，通过这种方法，A* 算法可以快速找到解决方案，并确保找到的是最优解。

A* 算法作为启发式搜索算法的典型代表，正确设置和维护评估函数中的 $g*(n)$ 和 $h*(n)$ 是算法成功的基础。根据式 3-1 式 3-2 对比可知，$g(n)$ 指代的是从起始节点 S 到当前节点 n 的路径代价估计，反映了到达节点 n 需要付出的代价，而这个代价通常是比较直观和容易计算的。从某种角度讲，$g(n)$ 这个值可以视作对实际最小代价 $g*(n)$ 的估计，所以按照 A* 算法的设计，$g(n)$ 应始终大于或等于 $g*(n)$，以确保估计值不会低于实际的代价，而且 $g(n)$ 应大于等于 0。相对于 $g*(n)$，$h*(n)$ 的设定同样至关重要且更具挑战性，这个函数是当前节点 n 到目标节点 t 的最小代价的估计，所以 $h(n)$ 必须是 $h*(n)$ 的一个保守估计，即 $h(n)$ 应始终小于或等于 $h*(n)$，以保证不会错过潜在的最优路径，进而保证 A* 算法可以找到最优解。如果 $h*(n)$ 的值被设置得过高，可能会导致算法忽视实际的最优路径，从而搜索到次优解；如果设置得太低，则可能增加算法的搜索范围和计算负担，但不会影响找到最优解的能力。但在实际应用中想要设计一个完美的启发函数 $h*(n)$ 并非总是可行的，因为这要求我们要事先准确地知道从任何一个节点到目标节点的确切最低代价，这在许多实际问题中是不现实的，如在复杂的动态环境中预测精确代价可能需要庞大的计算资源或高度复杂的模型，这在实际操作中可能难以实现。高度非线性的问题或者那些包含大量未知变量的问题，可能根本无法定义一个全局有效的 $h*(n)$。因此，A* 算法的应用通常依赖于近似的、无限接近的启发函数 $h*(n)$，但通常会偏保守，以避免过度估计实际的路径代价，但也能够有效地指导 A* 算法沿着可能的最优路径进行搜索。对于某些高度复杂或者数据极为庞大的问题，可能需要探索其他算法或者结合多种策略来解决。

2. A* 算法的流程

A* 算法的流程如图 3-4 所示。

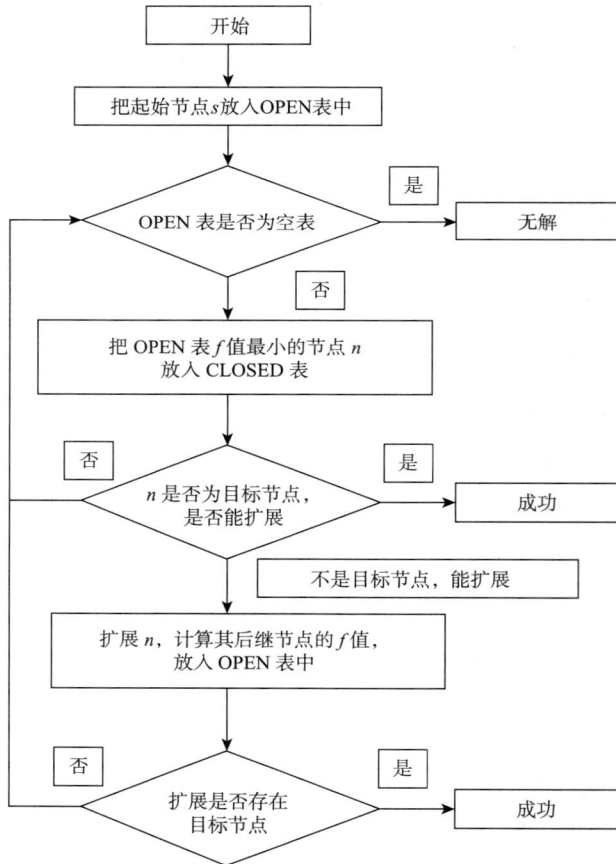

图 3-4 A* 算法流程图

根据图 3-4 可知，A* 算法的执行过程中，需要时刻计算节点的 f 值，并将其放入 OPEN 表中，每次循环开始时需要从 OPEN 表中选择具有最小 f 值的节点进行路径测算，这个过程确保了在 OPEN 表中总是有可能达到最优路径的信息，直至目标节点被找到或 OPEN 表变空。通过这种方式，A* 算法确保以最有效的路径搜索方式来逼近最终的目标，既快速又有效地达到了搜索目标。

第四节　博弈搜索策略

一、博弈搜索基本概念

1. 何为博弈

博弈问题一直是智力活动中最富挑战性的领域之一，不仅涵盖国际象棋和围棋等传统的棋类游戏，还包含现代的战略游戏和数字卡牌游戏等多种形式。田忌赛马是中国历史上著名的智力博弈案例，在这个故事中，齐王和田忌各有三匹马，按照上等、中等、下等进行分类。如果直接进行同等级的比赛，齐王的每一等级的马都优于田忌同等级的马，那么田忌必败无疑。但田忌放弃直接的等级对抗，通过一种策略性的安排，成功地扭转了比赛的局势。具体策略是：田忌使用自己的下等马去对抗齐王的上等马，使用中等马对抗齐王的下等马，最后用自己的上等马对抗齐王的中等马。这种安排使得田忌虽然在第一场比赛中输掉（下等马对上等马），但在接下来的两场比赛中都取得了胜利（中等马赢下等马，上等马赢中等马），最终以 2：1 的总比分赢得了比赛。这个故事展示了在对抗性游戏中，即使在资源上处于劣势，通过巧妙的策略也能够实现胜利，生动体现了策略选择在决定比赛结果中的重要性，这种策略的运用在现代的博弈理论中仍然极具启示意义，被广泛应用于经济、军事、体育等多种领域的策略设计之中。

随着计算技术的发展，博弈不再仅仅局限于人与人之间的对弈，更扩展到了人与计算机的较量。最早的博弈程序诞生在 20 世纪 60 年代，经过多年的发展，现代的博弈程序已经逐渐能够与顶尖专业人才对抗，这种技术的进步不仅推动了人工智能领域的发展，也使博弈成为研究人工智能的一个重要而有价值的测试场。博弈的研究不仅为人工智能提供了一个具体的任务领域，还因其胜负结果的清晰明确衍生出许多复杂的研究课题，如有效表示博弈的状态、过程和相关知识等现代研究中的关键问题，这些挑战推动了算法和理论的创新，包括学习如何优化策略、预测对手行为以及实时适应复杂的博弈环境。

2. 对策论

在理论框架上，博弈问题与对策论紧密相关，对策论是应用数学的一个分支，是使用数学工具来分析和解决策略性问题的方法，其中参与者必须在竞争和合作中做出决策。对策问题又可以分为零和对策和非零和对策。在零和对策中，一个参与者的收益或损失与另一个参与者的损失或收益完全相等，即双方的总收益为零，这种情况下的策略着重于如何在最大化个人利益的同时最大化对手的损失。相反，非零和对策中双方的总收益可以不为零，允许双方都从对局中获益，这种类型的对策更符合现实世界中的多数竞争与合作场景，如商业谈判或政治博弈。通过研究这些复杂的博弈问题，人工智能的发展已经能够应用在更广泛的领域，如经济学、心理学和生物学，其中策略决策起着核心作用。博弈理论的进一步发展和计算机博弈技术的提高不仅增强了机器的决策能力，也为理解人类自身的决策过程提供了新的视角和工具。

3. 机器博弈

机器博弈，也称为计算机博弈，是一种先进的技术应用，使计算机能够像人类一样参与各种棋牌类游戏，并进行策略性思考。这种技术主要通过构建博弈树来实现，计算机系统会依次展开博弈树上的每个节点，并进行深入的前向搜索以模拟可能的游戏走法。具体来说，对于博弈树上的每一个节点，计算机将展开所有可能的下一步走法，生成子节点，这些子节点又会进一步展开生成孙子节点，此过程持续进行直到生成从初始节点展开的完整博弈树。最终，通过应用评估函数来选择预计得分最高的走法，从而做出决策。为了有效地实现机器博弈，以下几个组成部分必不可少。

（1）局面表示。所谓的局面表示就是使用特定的方法来表示当前的游戏状态，以确保计算机表示的局面能够与现实中的棋牌状态精确对应，通常涉及对棋盘配置、棋子位置及其他相关状态因素的编码。为了保证局面表示的简洁性和高效性，其设计必须既简单又方便，以最小化对计算资源的需求。

（2）着法产生机制。这是机器博弈中的核心功能，负责判断哪些走法是合理的，并快速有效地生成所有符合游戏规则的可能走法，这意味着法产生机制不仅要精确无误，还要高效以适应可能的游戏复杂性。博弈树中，每个状态的所有子节点都代表了一种可能的合法走法，对应一种着法机制。

（3）评估函数。这是判断当前局面好坏的关键工具，它通过返回一个分数来评价当前局面。评估函数的设计至关重要，因为它直接影响到博弈算法的效能和最终的游戏表现，一个好的评估函数能够综合考虑游戏的多个方面，如棋局的进攻和防守潜力、控制中心的能力以及未来走法的潜在价值等。

机器博弈的发展已经让计算机不仅能在规则简单的游戏中表现出色，也能在国际象棋和围棋等策略和决策要求极高的环境中与世界顶级的大师们抗衡，不仅展示了人工智能在模仿和增强人类智能方面的潜力，也推动了人工智能在理解复杂决策过程和提升决策质量方面的应用。

4. 博弈树

博弈理论中，特别是在两人博弈中，存在一些必须遵循的规则，如游戏是轮流进行的，双方都具有完备信息。在这种情况下，作为拥有与对方相同信息的其中一位参与者无论进行任何操作都是为了保证自己的下一步行动，或者说所作出的决定一定得对于己方有利，而这通常会对对手产生不利影响，最终导致要么一方胜出，要么双方和局。但既然是博弈，那就意味着每一位参与者都渴望赢得比赛，所以当某一方面临多个可行的行动方案时必然会选择对自己最有利，同时对对手最不利的行动。在典型的博弈论中，这两方通常被称为 MAX 和 MIN，MAX 是主动寻求最大化自己利益的一方，而 MIN 则尽力最小化 MAX 的利益。

从 MAX 的视角出发，其面临的所有选择构成了一个"或"的关系，因为 MAX 有决策的自由，可以选择任何一个对自己最有利的行动方案。当 MAX 做出选择并执行一个行动后，轮到 MIN 做出回应。此时，MIN 面临的选择对于 MAX 来说变成了一个"与"的关系，这是因为 MIN 现在掌握主动权，其所做的任何选择都会直接影响 MAX 的下一步行动，而 MAX 此时必须选择能将自己最不利的后果降到最低的应对策略。在这种框架下，如果我们要从MAX 的胜利立场来分析，可以将整个博弈过程视作一棵"与或树"，这种树状结构的描述也被称为博弈树。在博弈树中，每个节点代表一个行动决策，每一步行动后由 MAX 方采取行动的节点称为 MAX 节点，而由 MIN 方采取行动的节点则称为 MIN 节点。博弈树的分支表示不同的可能行动，搜索博弈树的目的就是为了找到一条最佳的解决路径，即一系列的行动方案，能够确保在给定的规则下，MAX 方能够取得最终的胜利。

博弈树的构建是基于一系列特定的规则和特征。

（1）博弈的起始配置位于树的根部的初始节点。

（2）整个博弈树是由"或"节点和"与"节点交替构成的层级结构。在这种结构中，"或"节点表示由当前行动方考虑的所有可能的行动选择，每个选择都可能导向不同的游戏结果；而"与"节点则表示在对方行动后，所有可能的对方行动结果，当前行动方必须对这些结果作出反应。

（3）博弈树的构建始终是从某一方的视角出发来考虑策略，这意味着任何能够导致该方获胜的终局都被视为"可解节点"，也就是这些节点代表了从当前方的立场看是有利的局面。相反，任何有利于对手的终局则被认为是"不可解节点"，即从当前方视角看这些节点代表的是不利的局面。因此，在博弈过程中，每一方都在努力扩展对自己有利的可解节点，同时避免走向会导致对手获胜的不可解节点。

通过这样的策略和规则设定，博弈树不仅展示了从初始状态到游戏结束的所有可能路径，也反映了双方在信息完全透明的条件下，如何交替采用最优策略以争取最终胜利的复杂过程。这种对博弈过程的深入分析和可视化，是理解和应用博弈理论中一个极为重要的工具。

二、极大极小搜索算法

极大极小搜索算法是计算机博弈搜索策略的一种典型算法，通过一个简单而直观的预测策略来优化搜索中的决策过程，即极大极小搜索算法会先在一个限定的搜索深度内模拟双方的对弈，预测比赛双方在未来可能发生的几步操作，然后以这些预测为基础找出在当前状态下能够导向最终优势的步骤，最后执行最有利的行动。为了实现这一目标，极大极小算法引入了一个静态评估函数 f，这个函数对不同的棋局状态赋予不同的数值，从而量化状态对双方的有利程度，评估任一给定棋局状态的优劣。为了更好的表示棋局的状态，此处用

p 代表。如果一个棋局状态更有利于 MAX 方（或对 MIN 方不利），评估函数 $f(p)$ 会返回一个正值；如果状态对 MIN 方有利（或对 MAX 方不利），评估函数 $f(p)$ 则返回一个负值；如果双方处于相对均衡的状态，评估函数 $f(p)$ 则返回零。基于此，也可以推导出一个结论：当评估函数的数值越大，说明当前棋局对 MAX 方越有利，特别是当评价函数值达到正无穷大时，这表明在当前的游戏逻辑和规则下，MAX 方已经处于一个必胜的局面，无论 MIN 方如何应对，MAX 方的胜利都已成定局。相反，评估函数值越小，表明棋局对 MAX 方越不利，进而对 MIN 方越有利，尤其是在评价函数值降至负无穷大时，情况与 MAX 必胜的场景相反，此时 MIN 方将确保胜利。但是，这种极值的情况只是算法设计中理想状态的表达，用以指示某一方在理论上的绝对优势或不利地位，在实际游戏中较为罕见。

极大极小算法中，核心思路是基于每一方在其回合尝试采取最优策略的前提下，预测对方可能的反应，并据此选择最佳行动。具体来说，当轮到 MIN 方行动时，MAX 方必须做出对自己最不利的假设，即假设 MIN 会选择使 MAX 受损最大的策略，这就要求在评估时寻找所有可能选择中的最小评价函数值 $f(p)$。相对地，当轮到 MAX 方行动时，它则会寻求最大化自身利益，选择可以使评价函数 $f(p)$ 达到最大的行动。这种策略的实现依赖于值的向上传递原则，在博弈树中，这一原则非常关键。如果某个状态（父状态）在 MIN 层，意味着此时是 MIN 行动，因此应从其子状态（即所有可能的后续状态）中选取一个最小的评价函数值传递上去，代表了在最佳对抗策略下，MAX 方可能面临的最坏情况。反之，如果父状态在 MAX 层，则从其子状态中选择最大的评价函数值传递上去，反映了在最佳情况下 MAX 方可以达到的最优状态。通过这种交替使用取值方法的反向推导，每一步的决策都是基于对对方最有利行动的预测和对自身最佳响应的评估。这样的策略确保无论是在攻势还是防守，每一方都能尽可能地利用现有信息，做出最合理的选择。

现假设我方为 MAX 方，应用极大极小搜索算法的具体操作步骤如下。

（1）生成和评价结点。算法从当前棋局状态出发，生成一个达到给定深度 d 的博弈树，树上的每一个结点代表一个可能的棋局状态，而树的深度 d 根据问题的复杂度和计算资源（如时间和空间）来决定。树的端结点，即深度达到 d 的结点，被计算评估函数值，这些值代表了从当前状态达到该状态的棋局形势的优劣。

（2）倒推计算。所有端结点的评估函数值确定后，就需要逆向计算这些值到根结点。从深度 $d-1$ 开始，根据结点的类型（MAX 结点或 MIN 结点），选择合适的值传递方式。对于 MAX 层的结点，选择其子结点中的最大值，因为这代表了我方在最优于对手策略下可以达到的最好结果。对于 MIN 层的结点，则选择其子结点中的最小值，模拟对手力图使我方处于最不利状态的行为。

（3）层级递减的值传递。这一计算过程从 $d-1$ 层持续到树的第一层，每一层的结点都根据其层级的标记（MAX 或 MIN）来选择值，每一个结点的倒推值都是基于其子结点的倒推值确定的。这样的递减计算不仅清晰地描绘出在对手各种可能应对下，各种行动的结果，也直接影响到接下来的策略选择。

（4）确定最佳走步。当计算至根结点时，根结点的倒推值将反映出在最初的棋局状态下，我方在考虑到对手可能采取的最优策略后，所做出的最佳行动选择。根结点的倒推值决定了最佳的走步方向，这个值来自哪一个子结点，就表明应从当前棋局走向那一个子结点所代表的状态。通过这种极大极小交替的评估方式，算法有效地模拟了双方在完全竞争环境下的决策过程，帮助 MAX 方制定出在预见的未来对抗中可能达到最佳效果的战略。

第四章

赋予机器推理的策略

第一节　推理概述

一、推理简介

1.推理的含义

在日常生活中，一旦提及"推理"，总是会衍生出一定的悬疑色彩，因为需要进行推理的活动肯定不是一眼就能看到结果的活动，而是需要人们根据已经发生的事实按照逻辑关系进行推导，进而发现未知的真理，这个过程就是推理。因此，我们可以将推理定义为从一组已知的前提出发，通过逻辑过程得出新的判断或结论的思维形式。

我们可以用一个比较形象的例子来阐述推理，从而帮助人们理解其内涵。

> 假设现有黑白灰三种颜色的圆球，球的大小完全一致，但一个黑球的重量等于两个白球的重量，一个白球的重量等于两个灰球的重量，请问几个灰球的重量可以等于一个黑球的重量。

解题过程如下：

已知，一个黑球的重量等于两个白球的重量，如图 4-1 所示：

图 4-1　一个黑球重量等于两个白球重量的示意图

一个白球的重量等于两个灰球的重量，如图 4-2 所示：

图 4-2　一个白球重量等于两个灰球重量的示意图

结合图 4-1 和 4-2 可知，"一个黑球"与"四个灰球"的重量是相等的。这个过程就是推理。

根据上述例子我们可以发现，在逻辑问题的解决过程中需要具备三个基本要素，即语言、语义和推理规则，三者共同构成了一个完整的推理框架，这种框架不仅是自动推理领域的基础，也是人类逻辑思维的核心组成部分。语言是在推理过程中使用的工具，它定义了用于构建逻辑表达式的符号和结构规则，这种语言通常受到严格的语法规则限制，确保所有表达式都是合法且结构清晰的。语义是对语言中符号的意义进行解释的框架，将语言中的抽象符号与具体的概念和实体关联起来，为符号赋予明确的意义。这一过程是理解和执行逻辑表达所不可或缺的，因为它确保了表达式不仅在形式上正确，而且在语义上有实际意义。推理规则是逻辑问题解决中的执行手段，是一套用来操作和转换逻辑语句的方法，以便从已知的前提中推导出新结论的方法或规则，这些规则确保推理过程的逻辑性和正确性。因此，推理可以视为这三个要素的综合体：语言提供表达工具，语义确保表达的准确性，而推理规则则驱动整个逻辑推导过程。

推理在人类社会和文化发展中也扮演着不可或缺的角色，是法律、政治、经济决策和道德哲学讨论的基础，是人类智力活动中的核心过程，是日常生活决策的基石，也是科学探索和哲学思考的关键方法。对科学家来讲，解决宇宙的重大谜团依赖于科学认知，其中经验和推理是基本的工具；对医生来讲，疾病类型以及治疗方案的确定离不开对症状的观察和诊断测试结果的分析，而这个分析过程就是推理。因此，推理作为一种认知过程，在人类的认知、科学发现和社会实践中发挥着至关重要的作用，不仅是科学方法的基础，也是人类适应和改造世界的关键工具，以至于许多历史上伟大的思想家明确表示，推理是理解世界和提升人类福祉的主要手段，是推动人类文明前进的动力之一。

2. 人工智能领域的推理

推理作为人类逻辑思维的核心组成部分，自然也成为人工智能领域自动推理系统的核心功能。所谓的自动推理就是通过计算机程序模拟人类的推理过程，它在程序推导、程序正确性证明、专家系统、智能机器人等多个技术领域发挥着重要作用。自动推理早期的工作主要集中在机器定理证明上，而这些相关工作的开展是基于希尔伯特在 1930 年开创的一种机器定理证明的方法，在这之后西蒙和纽厄尔开发的 Logic Theorist 项目标志着机器定理证明领域的初步突破，展示了计算机程序在逻辑证明中的潜能，鲁滨逊在 1965 年提出的归结原理极大地推动了机器定理证明技术的应用化。归结法的推理规则不仅简单，在逻辑上又较为完备，这使得它成为逻辑编程语言 Prolog 的计算模型。随着时间的推移，自动推理技术经历了更多的发展，自然演绎法和等式重写法等方法的引入不仅提高了自动推理的效率和适用性，还使得自动推理能够处理更加复杂和多样化的问题。自然演绎法提供了一种更接近自然语言处理的推理方式，而等式重写法则在处理数学和符号问题方面显示出其独特的优势。如今，自动推理已经成为人工智能的一个重要分支，广泛应用于智能系统的设计和实践中，从智能助手到高级机器人，从复杂的数据分析到决策支持系统，自动推理技术都在提供强大的逻辑支持和决策帮助，证明了它在现代科技中的重要价值和广泛应用前景。

但是人工智能系统在设计与实现过程中面临着一个最重要的挑战，即对不确定性问题的处理。众所周知，在现实世界中，不确定性普遍存在，它源于人类知识的局限性和自然语言的复杂性，导致了系统对不同类型推理算法的多元化需求，加剧了人工智能系统的复杂性，使得统一人工智能基本原理成为幻影。

为了有效应对这些不确定性，我们需要先探究其主要来源，可以归结为以下几个方面：一是人类的主观认识与客观实际之间的差异；二是事物本身的随机性；三是人类知识的不完全性、不可靠性、不精确性和不一致性；四是自然语言中的模糊性和歧义性。基于此，学者们提出了多种理论和方法，其中，概率论是处理不确定性的最传统且广泛使用的方法，通过概率模型来描述和推理未知条件下的可能事件。证据理论，也称为 Dempster-Shafer 理论，提供了一种不完全知识下的推理框架，允许合并来自不同源的证据并处理其中的不确定性。模糊集理论则用来处理模糊性问题，它允许对象属于某个集合的程度有不同的可能性，非常适合处理自然语言的模糊边界。粗糙集理论侧重于近似描述不精确或不一致的知识。这些理论和方法不仅增强了系统处理复杂现实世界问题的能力，也促进了各种应用系统的发展，如智能决策支持系统、自动诊断系统和智能信息检索系统等，使得人工智能系统在面对不确定和不完全信息时能够作出更合理的推断和决策。

二、推理的分类

1. 按推理的逻辑基础分类

推理按照推理的逻辑基础可分为演绎推理、归纳推理和默认推理。

（1）演绎推理。演绎推理是逻辑推理中最严格和最系统的形式之一，它基于从一般到个别的推导过程，能够提供无可争议的结论。在演绎推理中，结论是通过对一般性知识（大前提）和具体情况（小前提）的逻辑分析而得出的，在确保所有前提都是正确的前提下，应用这种推理确保了结论的正确性。具体来说，演绎推理通常涉及三个基本组成部分：大前提、小前提和结论，大前提提供了一种普遍性的声明或规则，如"A → B"（如果 A 发生，则 B 发生）；小前提是一个具体实例的陈述，如"B → C"（如果 B 发生，则 C 发生）；在这样的框架下，可以逻辑地推导出结论"A → C"（如果 A 发生，则 C 发生），这种结论是通过链式反应从大前提和小前提中推出的。演绎推理最显著的特点在于其严密性和确定性，这使它成为数学、逻辑和科学领域中使用的主要推理形式。但是，演绎推理的有效性完全依赖于前提的真实性和逻辑结构的正确性，如果其中任何一个前提是错误的，那么尽管推理过程本身逻辑可能是正确的，结论仍然可能是错误的。因此，演绎推理要求高度的精确性和严谨性，在应用过程中需要确保所有的前提都经过了严格的验证。

（2）归纳推理。归纳推理是一种从特定事例或观察中提取出一般性结论的思维过程，它以从个别到一般的逻辑形式出现。由于归纳推理允许我们在有限的数据基础上构建普遍的理论或假设，所以这种推理方式在科学研究、日常决策和理论建构中扮演着重要角色。在归纳推理中，根据所观察或分析的样本是否全面，归纳推理可以进一步被划分为完全归纳推理和不完全归纳推理。完全归纳推理是当我们能够检查关于某一类别的每一个实例后所做出的推断。例如，在一个质量控制的场景中，如果一个工厂的每个产品都经过检查并且均符合质量标准，我们可以做出"该厂生产的所有产品均质量合格"的结论。这种推理模式非常稳固，因为它涵盖了所有可能的案例，从而确保结论的准确无误。相对而言，不完全归纳推理基于对一部分样本的观察，这种情况下，尽管被发现的样本都符合某种标准，但由于没有覆盖所有情况，因此得出的结论具有不确定性。仍然以上述工厂质量控制场景为例进行分析，在同样的质量控制场景中，如果只检了一部分产品并发现它们都合格，那么推断"该厂生产的产品质量合格"的结论就显得不那么确凿，因为存在未被检查的产品可能不合格的风险。基于此，我们可以发现，归纳推理最关键的挑战是如何确定观察到的样本是否足够代表整体，以及如何处理由样本不足带来的推理风险。这就要求在应用归纳推理时，批判性地评估样本的代表性和足够性，以及在得出一般性结论时考虑可能的偏差和限制。尽管归纳推理不能提供演绎推理那样的确定性结论，但它在扩展知识边界、形成新理论和应对数据不完整的现实世界问题时，显示出极大的灵活性和实用价值，只需通过合理设计研究和谨慎解释数据，归纳推理仍然是科学探索和日常决策的一个强大工具。

（3）默认推理。默认推理是一种在不完全信息的前提下基于一般性假设进行的逻辑推理，这种推理方法在现实生活中极其常见，尤其在需要快速决策的场景中非常有用，因为它允许我们在缺乏全部信息的情况下依然能做出合理的推断。默认推理的核心在于使用已知或普遍接受的假设来填补知识的空白，这些假设通常基于经验或统计数据而成立，直到有足够的反证出现才会被推翻。例如，某工厂生产的产品获得了"免检"资格，那么可以认为这个工厂生产的所有产品都符合标准要求，因为"免检"这种认定是基于该厂的生产过程和质量控制符合高标准，其生产的所有产品都被假定为合格这样一个默认假设的。这样的默认推理减少了行政负担和检验成本，提高了效率，但同样也存在一定的风险，一旦工厂生产的某一产品出现了严重质量问题，就意味着需要重新评估整个生产线和产品，甚至可能需要撤销免检资格，重新对产品线进行全面审查。同样，在机动车管理中，非营运轿车在购买后的首六年免于进行年检，这也是一种基于默认推理的管理措施，而政策制定者之所以支持这种推理，就是基于新车在初期故障率较低的数据显示，因此采取了这种政策以减少车主和管理机构的负担。但这种默认假设并不是没有风险，如果在免检期内车辆因质量问题造成事故，同样可能引起对政策的重新考量。由上述例子可知，虽然默认推理在提高决策效率方面具有显著优势，但也必须谨慎使用，确保默认假设的合理性并设立适当的监控机制，以便在假设不再成立时能及时调整或撤销。

2. 按所用知识的确定性分类

推理按推理时所用知识的确定性可分为确定性推理和不确定性推理。

（1）确定性推理。确定性推理，也称为精确推理，是在所有相关的知识和证据都是明确且确定的情况下进行的推理，即这种推理中的每一个逻辑步骤都建立在可靠的前提上，且推理过程中使用的规则和数据都不含模糊性或不确定性。因此，得到的结论是明确的，要么是真，要么是假，不存在中间状态。这种推理方式常见于需要高度准确性的领域，如数学证明、逻辑编程以及法律推理等，其中任何的不确定性都可能导致错误的结论。

（2）不确定性推理。不确定性推理，也称为不精确推理，在这种推理过程中所使用的知识和证据包含一定的不确定性，因此推出的结论同样带有不确定性，这也反映了现实世界中常见的情况，即在很多情况下所依赖的信息可能是不完全的、不精确的或有歧义的。想要实现这一推理，要求推理系统能够处理模糊性、估计可能性并给出最可能的结论而非绝对的结论。虽然不确定性推理得出的结论并非绝对，但在现实世界的决策过程中应用非常广泛，尤其适用于机器学习、诊断问题、天气预测、投资分析等领域，因为这些领域最显著的特点就是数据可能不完全、变化快速且包含随机因素，应用不确定性推理最恰当。

第二节 自然演绎推理

一、自然演绎推理基本概念

自然演绎推理是一种基于形式逻辑的推理方法，是从一组已知为真的前提出发，通过应用命题逻辑或谓词逻辑的规则系统地推导出结论的过程。这种推理方法重视具体事实，强调逻辑结构的严密性和推理的有效性，是数学、哲学和计算机科学等领域解决问题和验证理论的重要工具。

自然演绎推理主要依赖于经典的三段论法来形成逻辑结构，这种结构由两个前提和一个结论组成。在自然演绎的框架内，常见的推理规则包括 P 规则和 T 规则，以及假言推理和拒取式推理，其中 P 规则和 T 规则涉及对命题的直接断言和否定，而假言推理和拒取式推理则是处理条件语句和它们逻辑后果的重要方法。具体来讲，P 规则允许在推理的任何阶段引入已知为真的前提，这种灵活性可以扩展论证的范围，从而增加推导新结论的可能性，为推理过程探索不同逻辑可能性奠定坚实的基础。而 T 规则则进一步增强了推理的动力，它基于一个原则：如果在推理的前面步骤中，存在一个或多个命题永真地蕴涵某个结论 S，则可以直接将 S 作为有效结论引入推理中，这样做不仅提高了推理的效率，还确保了逻辑推导的连贯性和严密性，使得推理过程更加稳固和可靠。

假言推理是逻辑推理中的一种基本形式，其一般结构表述为

$$P, P \rightarrow Q \Rightarrow Q$$

根据上述表达式可知，如果 P 成立，并且 P 蕴含 Q（即 $P \rightarrow Q$）也成立，那么可以得出 Q 成立的结论。这种推理模式在日常思维和科学推理中极为常见，是条件语句逻辑处理的核心。可以用一个具体的例子来说明假言推理：已知一个图形是正方形，这是我们的前提 P。我们又知道一个普遍的几何规律：如果一个图形是正方形（P），则该图形的四边相等（Q），这里的"如果……则……"

语句就是我们的蕴含关系 $P \rightarrow Q$。根据假言推理的规则，由于这两个条件（P 和 $P \rightarrow Q$）都被满足，我们可以得出结论 Q：这个图形的四边相等。这种推理模式不仅限于数学或逻辑领域，它在法律、计算机科学、日常决策和理论科学研究中也同样适用。例如，在法律实践中，如果有法律规定（$P \rightarrow Q$）和特定情况的发生（P），那么可以推导出相应的法律后果（Q）；在计算机科学中，假言推理常用于软件开发中的条件语句编写，以确保程序在满足特定条件时能正确执行预定任务。假言推理的有效性基于逻辑的严密性和前提的真实性，这要求在应用假言推理之前，必须验证所有涉及的前提和条件蕴含关系的正确性和适用性。

拒取式推理（也称为否定推理或摩德斯托伦斯）是逻辑推理中的一种形式，其基本逻辑结构表述为

$$P \rightarrow Q, \neg Q \Rightarrow \neg P$$

根据上述表达式可知，如果从 P 蕴含 Q（即 $P \rightarrow Q$）为真，并且已知 Q 是假的（即非 Q 或 $\neg Q$），那么可以得出 P 也是假的（即非 P 或 $\neg P$）。这种推理形式利用了条件语句的逆否性质，即通过否定结论来推导否定前提的有效性。拒取式推理在日常生活中的逻辑推断和科学方法论中扮演着重要角色，它允许我们通过观察一个预期结果未发生来推断导致该结果的条件未满足。例如，考虑医学诊断中的应用：知道"如果患有某种疾病，则会出现特定症状"（$P \rightarrow Q$），而通过检查发现这种症状没有出现（$\neg Q$），那么可以推断患者没有这种疾病（$\neg P$）。拒取式推理在科学实验和技术故障分析中应用也十分广泛。例如，在科学实验中，研究人员可能基于理论预测某些结果（$P \rightarrow Q$），如果实验结果与预测不符（$\neg Q$），则可能推断理论需要修正或完善（$\neg P$），这有助于科学知识的发展和精确化。同样，在技术故障分析中，如果根据设备的工作原理，某种操作应当导致特定的响应（$P \rightarrow Q$），但这种响应未出现（$\neg Q$），工程师可能会推断操作未正确执行或设备存在故障（$\neg P$）。拒取式推理的准确性依赖于 $P \rightarrow Q$ 关系的确定性和 Q 状态的可靠观测，是建立在严格的逻辑推演基础上的，为从已知的错误或非预期结果中推断可能的原因提供了一种逻辑工具，这种推理不仅增强了我们处理问题和错误的能力，也加深了我们对因果关系和条件逻辑的理解。

在逻辑推理中，正确应用规则需要避免常见的逻辑谬误，特别是在使用条件语句进行推理时，必须注意肯定后项错误和否定前项错误这两种典型的错误推理形式，以防得出错误的结论。肯定后项错误主要发生在我们错误地假设由于 $P \rightarrow Q$ 为真，Q 的真实性就可以证实 P 的真实性，这种推理忽略了可能存在其他导致 Q 为真的原因。例如，虽然所有正方形的四边相等，但四边相等并不唯一指向正方形，因为菱形或其他四边等长的形状也符合这一特征。因此，单纯因为四边相等而推断出形状为正方形是逻辑上的错误。否定前项的错误主要发生在当 $P \rightarrow Q$ 为真时，错误地通过否定 P 来推断 Q 为假，这种推理的失败主要是因为即使 P 是假的，Q 也可能由其他因素导致而为真。例如，在"如果吃多了，则肚子胀"的情况下，即便没有吃多，肚子胀也可能由其他健康问题引起。因此，否定 P 不能有效地推导出 Q 为假。这两种错误都突显了逻辑推理中因果关系和条件依赖的复杂性，这就要求正确的逻辑推理需严格遵守逻辑规则，并且在分析任何结论时考虑所有可能的变量和情况。

自然演绎推理作为一种定理证明方法，其过程的自然性和易于理解的特点备受推崇，不仅能够清晰地展示从前提到结论的逻辑步骤，还允许通过灵活使用多种推理规则来适应不同的问题域，进而促进特定领域启发式知识的整合。但自然演绎推理在处理复杂问题时也面临着明显的挑战，尤其是组合爆炸问题，因为随着问题规模的增加，需要考虑的逻辑路径和中间结论数量呈指数级增长，这使得对于大规模的逻辑系统而言，保持推理过程的效率和管理性变得极为困难。这种在推理过程中可能出现的中间结论的爆炸性增长，不仅消耗大量计算资源，还可能使问题的解决变得不切实际。因此，虽然自然演绎推理在许多方面表现出色，但其在处理涉及广泛变量和复杂关系的大型系统时的限制也非常明显。

二、自然演绎推理实例分析

利用自然演绎推理方法解决问题需要遵循一系列有序的逻辑步骤，从而构建一条从已知事实到预期结论的清晰推理路径，具体步骤如下：

（1）准确定义谓词，这意味着推理者必须认真识别和发掘问题表述中存在的关键元素和各个元素之间的关系，然后用这些元素和关系定义谓词。例如，如果问题涉及不同类型的几何形状，需要定义诸如"是正方形""是三角形"等谓词。

（2）用谓词公式表达问题的已知事实中亟待解决的问题，即将现实世界的情况抽象成形式逻辑中的表达式，这些表达式精确地描述了问题的初始条件和我们需要证明或求解的结论。例如，如果已知一个图形是正方形，且需要确定其四边是否相等，我们可以将这些信息转换为形式逻辑公式，如 P 表示"图形是正方形"，$P \rightarrow Q$ 表示"如果一个图形是正方形，则它的四边相等"。

（3）使用自然演绎推理的规则进行推理，包括应用假言推理、拒取式推理等推理规则系统地从已知前提推导出结论。在此过程中，可能需要应用多种推理规则，根据逻辑的需要逐步构建出从前提到结论的桥梁。这一步骤是解决问题的核心，通过严密的逻辑推导，确保所得结论的正确性和严谨性。

自然演绎推理的步骤虽然结构化，但它的成功很大程度上依赖于正确定义谓词和准确表达问题的能力，所以需要着重注意前两步。自然演绎推理不仅帮助我们在理论上验证各种逻辑结论，也为分析和解决实际问题提供了一种强大的工具。

为了更详细地阐释自然演绎推理，我们可以用一个简单的例子来剖析。假设现在已知以下事实。

（1）小明喜欢所有编程类课程；

（2）B 班的课程都属于编程类课程；

（3）Python 课是 B 班的一门课。

请求证：小明喜欢 Python 这门课。

证明：在逻辑证明和自然演绎推理中，对问题系统和谨慎的分析是厘清推理链的关键，本例中想要证明小明喜欢 B 班的 Python 课，我们需要先定义相关谓词，以形式化问题描述，使其可以通过逻辑规则进行推导。

谓词定义如下：

（1）Likes(x, y)：表示个体 x 喜欢课程 y；

（2）ProgrammingCourse(x)：表示 x 是编程类课程；

（3）B(x)：表示课程 x 属于 B 班。

接下来用谓词公式表达已知事实：

（1）$(\forall x)$ ProgrammingCourse$(x) \rightarrow$ Likes$($Ming$, x)$：小明喜欢所有编程类课程。

（2）（∀x）（B（x）→ ProgrammingCourse（x））：B 班的所有课程都是编程类课程。

（3）B（Python）：Python 课是 B 班的一门课。

目标：证明 Likes（Ming，Python），即小明喜欢 Python 这门课。

推理过程：

根据第（1）个事实的谓词公式，全称固化得出

ProgrammingCourse（y）→ Likes（Ming，y）

根据第（2）个事实的谓词公式，全称固化得出

B（y）→ ProgrammingCourse（y）

根据假言推理得出

B（Python），B（y）　→ ProgrammingCourse（y）⇒ ProgrammingCourse（Python）

ProgrammingCourse（Python），ProgrammingCourse（y）　→ Likes（Ming，y）⇒ Likes（Ming，Python）

结论：

通过自然演绎推理的步骤，我们证明了 Python 课程是编程类课程，结合小明喜欢所有编程类课程的事实，可以逻辑地推断出小明喜欢 Python 课程。

上述实例清晰地展示了如何从一系列已知事实出发，应用逻辑规则得到一个可靠的结论，其中的每一步推理都紧密依赖于前面的定义和逻辑结构，确保整个推理过程的严密性和逻辑的连贯性。这种方法提供了一种结构化和标准化的方式来处理信息和得出结论，使得复杂的逻辑关系变得简单和易于理解。通过这种方式，即便面临复杂或多变的问题情境，自然演绎推理也能提供一条清晰、可靠的解决路径。

第三节　归结演绎推理

一、归结演绎推理概述

在人工智能领域，问题求解常常通过将问题转化为定理证明问题来处理，这种方法的实质是从一组公式集 $S=\{P_1, P_2, \cdots\cdots, P_n\}$ 出发，推导出结论 G，即需要验证蕴含式（$P_1 \wedge P_2 \wedge \cdots\cdots \wedge P_n \rightarrow G$）永真。正常情况下，直接验证蕴含式的永真性是困难的，所以可以将这种验证转化为验证其等价的逻辑形式，即转化为证明（$P_1 \wedge P_2 \wedge \cdots\cdots \wedge P_n \neg G$）的不可满足性。这种反证法就是所谓的归结演绎推理，它是基于逻辑学的核心原理：如果一组命题的合取与另一命题的否定形成的新命题集合是不可满足的，那么原始命题集合蕴含这个命题必然为真。通过这种方法，问题求解转化为寻找矛盾，即寻找使整个命题集不可能同时为真的情况，这样的逻辑推理不仅简化了问题的处理，而且提高了处理的效率，因为寻找矛盾往往比直接证明蕴含关系更直接、更易于实现。但由于谓词逻辑的复杂性，特别是涉及量词和嵌套函数符号时，谓词公式可能有无穷多种指派，这使不可能直接通过测试每一种可能的指派来确定 $\neg P$ 是否为真或假。在这种情况下，Herbrand 域的出现提供了一个理想的解决方案。所谓的 Herbrand 域是一个由所有谓词逻辑公式的基项构成的可数无穷集合，它允许我们在一个简化的框架内考虑问题。根据 Herbrand 定理，如果在 Herbrand 解释下一个公式为假，则该公式在所有可能的解释中都为假，这个定理极大地简化了定理证明过程，因为它减少了必须考虑的案例数量，使得问题的处理变得可行。

归结推理规则是由鲁滨逊（Robinson）基于埃尔布朗（Herbrand J）提出的定理提出的，这一规则允许从一组公式中推导出矛盾（即一个同时包含某个字母及其否定的公式集），表明原始的假设集是不可满足的。在实践中，归结推理通过系统地应用归结规则，将问题归约为越来越简单的子问题，直到找到一个矛盾或证明问题的不可解。这种方法在计算机科学和逻辑自动化领域中取得了显著的进展，特别是在自动证明定理和编程语言验证中。归结演绎推理不仅提高了问题解决的效率，也扩展了机器定理证明的应用领域，使得处理复杂的逻辑系统和验证大型软件项目成为可能。

二、子句集

在谓词逻辑中，处理复杂逻辑表达式的基础是理解其组成结构，所以此处需要引入几个全新的概念，如文字、子句等。文字指的是原子谓词公式（最基本的不能再分解的命题）与它们否定的集合。例如，一个简单的断言 P 与它的否定 $\neg P$ 的结合时被称为文字，其中 P 为正文字，即为原子公式本身，而 $\neg P$ 为负文字，即原子公式的否定，这两种形式的文字因为表示相对立的概念，所以被视为互补的一组文字。在谓词逻辑的应用中，文字的析取（即逻辑"或"的组合）会形成子句，子句可以是单个文字，也可以是多个文字的析取，如 $P \vee Q$，这种结构的灵活性使子句成为表示更复杂逻辑关系的有用工具。与子句相似的概念还有一个空子句，指的是不包含任何文字的子句，表示为 NIL，在逻辑处理中扮演了特殊的角色，因为它在任何情况下都不能为真，代表了一个永假的或不可满足的条件。基于此，如果在逻辑证明的推理过程中生成了空子句，这意味着原始的假设集合是相互矛盾的，从而不可满足。子句和空子句的集合组成子句集，这一概念在逻辑推理和自动定理证明中是常用的结构。子句集的主要特性包括它们的无量词性质和简单的逻辑结构，因为子句集中的每个元素（即子句）所有的量词都被消除，使得其直接关联到具体的事实或属性，不受任何特定范围或条件的限制。而且，子句集的表达形式保证了每个子句只涉及文字的析取，这种结构的简洁性大大降低了逻辑处理的复杂度。与此同时，子句集中的子句之间默认为合取关系，这意味着一个谓词公式的真实性取决于其中每一个子句的真实性。

在谓词逻辑中，任何一个谓词公式都可以通过应用等价关系及推理规则化成相应的子句集，这种转换也是谓词逻辑处理的一种核心技术，其目的是简化复杂的逻辑表达以便于进一步的处理和分析。在这个转换过程中，原始的谓词公式经过一系列逻辑等价变换，最终被分解为一个包含多个子句的集合，每个子句本质上是一个或多个文字的析取，这些文字是最简单的不可再分的逻辑单元，它们要么直接表达一个属性或关系，要么表示其否定。这种转换不仅提高了谓词逻辑的处理效率，也为验证谓词公式的不可满足性提供了一个清晰的途径。通过分析转化后的子句集，可以系统地检查是否存在导致矛盾（即空子句）的条件，从而判断整个公式集的逻辑一致性，为解决自动化逻辑推理和计算机辅助证明过程中存在的复杂逻辑问题提供了强大的工具。

1. 子句集的化简

在谓词逻辑中，将复杂的逻辑公式转化为简化的子句集需要经历一系列精细且关键的操作步骤，具体如下。

（1）消除逻辑公式中的连接词，如蕴含（→）和双向蕴含（↔）。这一步骤主要通过运用逻辑等价式实现，如将 $P \rightarrow Q$ 等价转换为 $\neg P \wedge Q$，将 $P \leftrightarrow Q$ 转换为 $(P \wedge Q) \vee (\neg P \wedge \neg Q)$，实现连接词的消去，这样的转换简化了公式的结构，使之更接近子句集的形式。

（2）减少否定符号的辖域。这一步主要通过运用德摩根定律、双重否定律以及量词转换律来实现。德摩根定律允许我们将否定运算符从复合逻辑表达式推向更基本的组成部分，如将 $\neg(P \wedge Q)$ 转换为 $\neg P \wedge \neg Q$，将 $\neg(P \wedge Q)$ 转换为 $\neg P \vee \neg Q$。双重否定律可以简单地移除连续的两个否定符号，如将 $\neg \neg P$ 转化为 P。量词转换律涉及否定与量词的交互，如将 $\neg(\exists x)P$ 转换为 $(\forall x)\neg P$，将 $\neg(\forall x)P$ 转换为 $\neg(\exists x)\neg P$。这些转换确保每个否定符号仅直接作用于单个谓词上，公式进一步转化为子句集的标准形式。

（3）进行变元标准化，即在一个量词的辖域内，所有受该量词约束的变量都被替换为一个全新且未曾出现过的变量，这一步骤消除了变量之间的潜在冲突，确保不同量词约束的变量具有不同的名称，从而避免在后续处理中产生歧义。

（4）将公式化为前束范式，这要求将所有量词统一移动到公式的最前端，形成一个量词前缀，这种结构的清晰性有助于公式的进一步处理，尤其是在量词的消除和标准化中。

（5）消除存在量词，通常通过引入 Skolem 函数来实现。每一个受存在量词约束的变量都被一个相应的 Skolem 函数所替换，这个函数取决于所有在逻辑顺序上先于该存在量词的全称量词绑定的变量。Skolem 化处理消除了存在量词的不确定性，将问题简化为只涉及全称量词的处理。

（6）将公式化为 Skolem 标准形。

（7）消除全称量词，这一步通常在逻辑公式已被充分简化后进行，全称量词的消除进一步减少了公式的复杂度。

（8）消除合取词，这一过程通常涉及将公式分解为更简单的子句，每个子句仅包含文字的析取。

（9）更换变量名称，这一步骤中，公式中的所有变量都被重命名，以确保在整个公式或子句集中保持一致性和标准化。

这些步骤的完成使得原始的谓词公式被有效地转换成了一个标准子句集，该子句集的结构适合用于自动化的逻辑推理过程，如定理证明。通过这样的系统化处理，逻辑公式的分析和处理变得更加高效，为解决更广泛的逻辑和计算问题提供了坚实的基础。

为了更好的理解子句集的化简，我们可以用一个例子来进行阐述。

假设，我们有以下谓词公式：$\forall x(P(x) \rightarrow (\exists y Q(y) \wedge R(x, y)))$，求解其子句形。

证明：（1）消除蕴含符号：使用等价转换 $P \rightarrow Q \Leftrightarrow \neg P \vee Q$ 来消除蕴含符号，得到 $\forall x(\neg P(x) \vee (\exists y Q(y) \wedge R(x, y)))$；

（2）转化为前束范式：将所有量词移动到公式的最前面，并确保量词的适当顺序，得到 $\forall x \exists y(\neg P(x) \vee (Q(y) \wedge R(x, y)))$；

（3）消除存在量词：引入 Skolem 函数消除 $\exists y$，我们这里用 $f(x)$ 替代 y，$f(x)$ 依赖于 x，得到 $\forall x(\neg P(x) \vee (Q(f(x)) \wedge R(x, f(x))))$；

（4）Skolem 标准化：应用分配律 $A \vee (B \wedge C) \Leftrightarrow (A \vee B) \wedge (A \vee C)$ 来分解合取词，得到 $\forall x((\neg P(x) \vee Q(f(x))) \wedge (\neg P(x) \vee R(x, f(x))))$；

（5）消除全称量词：我们可以简化整个表达式全称量词，得到 $(\neg P(x) \vee Q(f(x))) \wedge (\neg P(x) \vee R(x, f(x)))$；

（6）消除合取词：得到 $\neg P(x) \vee Q(f(x))$，$\neg P(x) \vee R(x, f(x))$

（7）更换变量名称：最终的子句集包括以下两个子句，$\{\neg P(x) \vee Q(f(x)), \neg P(y) \vee R(y, f(y))\}$

以上简化过程将一个复杂的谓词公式转化成了一个更简单的子句集形式，每个子句仅包含文字的析取，可以直接用于进一步逻辑推理任务（如自动定理证明）。这种简化不仅有助于手动或自动的逻辑推理过程，还提高了逻辑表达的清晰性，使得进一步的处理、如搜索矛盾或证明不可满足性，变得更为直

接和高效。

2. 鲁滨逊归结原理

鲁滨逊归结原理是一种强有力的逻辑推理工具，用于证明子句集的不可满足性，即证明某些逻辑命题集合在任何情况下都无法全部为真。根据这个原理，一个子句集如果包含空子句，则该集合必定是不可满足的，因为空子句代表一个逻辑上不可能实现的条件。在具体操作中，鲁滨逊归结原理基于否定问题的预期结论，并将这一否定结论添加到原有的子句集中，形成一个扩展的子句集 S'，这一步骤的目的是构建一个如果原问题的解存在，则该扩展子句集必不可满足的逻辑结构。然后通过一系列归结步骤检验这个扩展子句集是否含有空子句，如果在这一过程中成功导出了一个空子句，那么根据归结原理，我们可以断定子句集 S' 是不可满足的，因此原始逻辑问题的假设是错误的，即原问题的结论必须为真。如果在这一过程中找不到空子句，则继续使用归结法，直至导出空子句或不能继续归结为止。

鲁滨逊归结原理不仅适用于命题逻辑，也适用于更复杂的谓词逻辑，但无论是命题逻辑还是谓词逻辑，归结原理都提供了一种系统而强大的方式来处理和解决逻辑问题，特别是在无法直接验证一个复杂系统全部状态的情况下，归结提供了一种通过逻辑推演寻找问题解的有效方法。这种方法的应用极大地推动了逻辑自动化和智能系统的发展，使得复杂问题的分析和验证变得更加高效和可靠。

（1）命题逻辑的归结原理。所谓的归结是一种从两个含有互补文字的子句中导出新子句的操作。具体来说，如果子句集中的两个子句 C_1 和 C_2 分别含有互补的文字 L_1 和 L_2，其中 L_2 是 L_1 的否定形式（如果 L_1 是原子谓词公式 P，则 L_2 为 $\neg P$，反之亦然），这两个文字可以被认为是互补的。如果我们从 C_1 和 C_2 中移除这对互补的文字，然后将剩余部分通过析取操作合并成一个新的子句 C_{12}，这个新生成的子句 C_{12} 被称为 C_1 和 C_2 的归结式，而 C_1 和 C_2 被称为 C_{12} 的亲本子句。归结操作的核心在于通过消除互补文字来解决潜在的逻辑冲突，尝试找到能够导致子句集不可满足的逻辑路径，这种方法不仅有效地简化了子句集的复杂性，还提高了推理过程的效率，因为它允许系统地识别和解决那些导致整个公式集逻辑矛盾的关键问题。通过反复应用归结操作，我们可以逐步减少子句集中的子句数量，直至得到一个空子句或无法进一步归结为止。一旦得到空子句，就意味着子句集的不可满足性得到了证明，因此原始问题的假设不成立。

我们可以用一个例子来阐释归结过程。

假设，我们有以下两个子句：① C_1：$P(a) \vee Q(b)$；② C_2：$\neg P(a) \vee R$ (c)。求 C_1 和 C_2 的归结 C_{12}。

解：C_1 和 C_2 中存在的 $P(a)$ 和 $\neg P(a)$ 是互补的文字，根据归结原理，我们可以从 C_1、C_2 中移除这对互补文字。互补文字移除后，C_1 中剩下 Q (b)，C_2 中剩下 $R(c)$，将剩余的部分合并，导出一个新的子句，即为 C_1 和 C_2 的归结 C_{12}，为 $(Q(b) \vee R(c))$。

由于 C_1 和 C_2 是其归结 C_{12} 的亲本子句，可以推导 C_{12} 是其亲本子句 C_1 和 C_2 的逻辑结论，这一定理在归结原理中占据着重要地位，它的有效性支持了以下两个重要的推论。

推论 1：如果在子句集 S 中有两个子句 C_1 和 C_2，且 C_{12} 是这两个子句的归结式，那么用 C_{12} 替换 S 中的 C_1 和 C_2 得到一个新的子句集 S_1。如果 S_1 是不可满足的，那么我们可以推断原始的子句集 S 也是不可满足的。这个推论帮助我们理解归结式的引入如何影响整个子句集的可满足性。

推论 2：如果在子句集 S 中选择两个子句 C_1 和 C_2，并得到它们的归结式 C_{12}，将这个归结式 $C_{12\,加入}$ S 中形成新的子句集 S_2，那么 S_2 的不可满足性与原始子句集 S 的不可满足性是等价的。这一推论表明归结式的加入并不改变子句集整体的不可满足性状态。

根据推论 1 和推论 2 可知，为了证明一个子句集 S 的不可满足性，可以简单地对其中可进行归结的子句执行归结操作，并将得到的归结式添加到子句集 S 中，或者用归结式替换其亲本子句，然后只需证明新的子句集的不可满足性即可。特别是当归结过程能产生空子句时，由于空子句具有固有的不可满足性，这直接表明原始子句集 S 是不可满足的。

在命题逻辑领域，归结原理因其完备性而特别重要，而子句集的不可满足性可以通过一个简单但强大的定理来描述：如果可以通过一系列归结步骤从子句集 S 归结到空子句，则子句集 S 是不可满足的。证明这一定理需要依赖于海伯伦原理，这变相表明鲁滨逊归结原理是基于海伯伦原理建立的。

（2）谓词逻辑的归结原理。在谓词逻辑中，归结原理作为一种推理工具主要关注的是如何从含有变量的知识库中抽取并应用知识。不同于命题逻辑中直接消除对立文字的简单方法，谓词逻辑中的子句包含变量，这要求在进行归结前先进行更为复杂的置换和合一步骤。

置换是谓词逻辑中一种基本而重要的操作，它允许我们在逻辑表达式中用新的项（可以是变量、常量或函数）替换现有的变量，这种操作是理解和构建复杂逻辑表达的核心部分，尤其是在进行逻辑推理和证明时。置换是形如 $\{t_1/x_1, ..., t_n/x_n\}$ 的集合，其中 $t_1, ..., t_n$ 代表置换项，而 $x_1, ..., x_n$ 指的是需要被替换的互不相同的变量，t_i/x_i 代表用 t_i 置换 x_i。置换的一个重要规则是，任何变量 x 在置换后不能再次出现在它自己的替换项中，以避免造成递归或循环定义。例如，置换 $\{a/x, f(b)/y, w/z\}$ 是有效的，因为每个变量都被替换为一个不包含自身的新项；而置换 $\{g(y)/x, f(x)/y\}$ 是无效的，因为它导致了 x 和 y 之间发生了循环替换，即 $g(y)$ 置换完 x 后，$f(x)$ 会变成 $f(g(y))$，与 y 循环。置换的应用非常广泛，它不仅可以应用于整个谓词公式，改变公式中变量的值，也可以应用于单个逻辑项。

合一是谓词逻辑中一个关键操作，指的是通过寻找一组置换使得两个或多个谓词公式在应用这些置换之后能够看起来一致。具体来说，如果有一个公式集 $F=\{F_1, F_2, ..., F_n\}$，我们寻找一个置换 θ，使得所有公式经过 θ 置换后变得相同，即 $F_1\theta=F_2\theta=...=F_n\theta$，这样的 θ 被称为公式集 F 的一个合一。公式集的合一通常不是唯一的，且解的选择可以极大地影响推理过程的一般性和效率。例如，公式集 $F=\{P(X), P(Y)\}$ 存在合一 θ，如果合一 θ 使用 $\{a/X, a/Y\}$，可以将 X 和 Y 都替换为同一个常量 a，这种方法虽然可以使两个公式匹配，但它降低了结果的一般性；相反，如果合一 θ 使用 $\{X/Y\}$ 或 $\{Y/X\}$ 则允许 X 和 Y 在后续的逻辑推理中保持变量的形态，会使公式集 F 保持更高的一般性。因此，在设计合一算法时，最重要的原则是寻找最一般的合一（Most General Unifier，MGU），即能够实现合一的同时，对涉及的变量约束最少的置换，它不预设任何变量的具体值，从而保留了问题的一般性，使得在更广泛的情况下该合一依然有效。这种方法不仅增加了推理过程的灵活性，而且在处理大规模或复杂的逻辑系统时，能够提供更为精确和实用的解决方案。

最一般合一存在一个重要特性：如果 σ 是公式集 F 的一个合一，且对于 F

的任意其他合一 θ，总存在一个替换 λ，使得 θ 可以通过 σ 后跟 λ 得到 $\theta=\sigma\lambda$，那么 σ 被称为最一般合一。这一定义体现了最一般合一在逻辑合一中的核心地位，即它可以通过进一步替换转化为任何其他合一的基础合一。基于这种性质，最一般合一被认为在形式上是唯一的，但在表达上可能有多种等价形式。最一般合一的求取算法主要遵循以下步骤。

①比较参数：先比较给定的两个谓词公式的第一个参数，如果这两个参数匹配，则无需替换，直接进入下一个参数的比较。如果不匹配，算法需要找到一个替换使这两个参数匹配，并将此替换应用于整个公式，特别是后续的参数。

②实施替换：在进行参数匹配后，如果需要替换以实现匹配，这个替换被应用到后续的所有参数上，这一步骤确保了合一的连贯性和公式的整体一致性。

③合成替换：如果在比较过程的后续步骤中需要进一步的替换，这些替换被与之前的替换合成（即组合应用），以保持前面参数匹配的同时尝试匹配后续参数。

④重复过程：重复进行此过程，直到所有参数都被比较过。如果所有参数最终都匹配，则当前的替换集合就是最一般合一；如果在某一步中无法找到使参数匹配的替换，则该公式集不存在最一般合一。

我们可以用一个实际例子来展示如何求解最一般合一。

假设我们有两个谓词公式：① $P(a, f(x), y)$；② $P(z, f(g(y)), b)$，求解两公式的最一般合一。

解：步骤 1：比较第一个参数。

公式①和②的第一个参数分别是 a 和 z，它们不匹配，所以我们需要一个置换使得 z 替换为 a。置换为 $\{a/z\}$。

步骤 2：应用置换，并比较第二个参数。

应用 $\{a/z\}$ 后，公式 ① 和 ② 变为：$P(a, f(x), y)$ 和 $P(a, f(g(y)), b)$。

现在比较第二个参数 $f(x)$ 和 $f(g(y))$，因为它们的函数头相同，我们只需比较函数的参数，实现参数的合一，即 x 和 $g(y)$ 合一。置换为 $\{g(y)/x\}$。

步骤3：合成置换并应用。

将置换 $\{a/z\}$ 与 $\{g(y)/x\}$ 合成，结果是 $\{a/z, g(y)/x\}$。应用这个新的置换集合，公式①和②变为：$P(a, f(g(y)), y)$ 和 $P(a, f(g(y)), b)$。

步骤4：比较第三个参数。

公式①和②的第一个参数分别是 y 和 b，它们不匹配，所以我们需要一个置换使得 y 替换为 b。置换为 $\{b/y\}$。

步骤5：最终合成置换并验证。

将 $\{b/y\}$ 与 $\{a/z, g(y)/x\}$ 合成，结果是 $\{a/z, g(b)/x, b/y\}$。应用这个置换后，公式①和②都变为 $P(a, f(g(y)), b)$，它们现在匹配。

因此，公式①和②最一般合一为 $\{a/z, g(b)/x, b/y\}$，这个置换仅引入了必要的变量替换，没有引入任何额外的具体化或限制，实现了公式的一致性。

第四节　产生式系统

一、产生式系统的基本概念

产生式系统是人工智能领域中常见的一种程序结构，通过模拟人类解决问题的思维过程实现推理，属于知识表示系统的范畴。具体来讲，产生式系统通过将多个产生式规则组织在一起，使得这些规则能够相互协作和配合共同解决问题。在产生式系统中，一个产生式规则生成的结论可以直接作为另一个产生式规则的已知事实，从而连续推动问题的解决。产生式系统的核心在于其规则的组织和应用方式，每个规则通常表述为"如果—那么"（IF-THEN）的格式，其中"如果"部分描述满足条件，而"那么"部分则指定当条件满足时应采取的动作或得出的结论。这种结构使得产生式系统特别适合于处理那些可以通过逻辑规则明确描述的问题。在运行时，产生式系统会不断地匹配当前情况与各个产生式的条件部分，一旦找到匹配的规则，系统就执行对应的动作部分，这可能会改变系统的状态，或者添加新的事实到事实库中，这样的动态更新使得系统能够在知识的指导下逐步逼近问题的解决方案。

1. 产生式系统的基本结构

产生式系统主要由三部分组成，分别是规则库、综合数据库、推理机，其中推理机又可以分为控制和推理两部分，如图 4-3 所示。

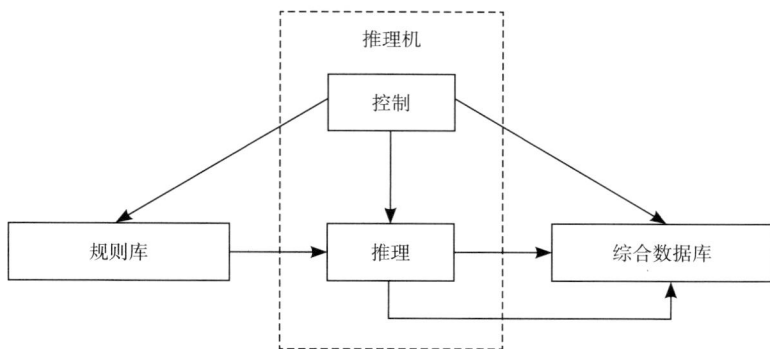

图 4-3　产生式系统的基本结构

根据图 4-3 可知：

（1）规则库。规则库是产生式系统中的核心部分，它用于描述特定领域内的知识，并包含一系列的规则变换，这些规则将问题从初始状态转换到目标状态（或解决状态）。规则库的质量直接影响到系统求解问题的效率和效果，因此在构建规则库时需要格外注意，尤其是以下几方面：第一，规则库应有效地表达领域内的过程性知识，这些知识主要是关于如何处理和解决领域特定问题的方法和步骤。这就意味着规则库中存储的知识不仅要准确无误，还要具有高度的实用性和可操作性，以确保系统能够根据这些规则得出正确的决策和结论。第二，定期对规则库中的知识进行合理的组织和管理，排除其中的冗余和矛盾知识，保持知识的一致性和更新性。冗余的知识会浪费系统资源，矛盾的知识则可能导致推理错误或系统行为不可预测，通过维护规则库的清晰和一致性，可以极大地提高系统的稳定性和可靠性。第三，采用合理的结构形式。一个设计良好的规则库应能够使系统在进行推理时避免访问与当前问题无关的知识，这种结构化的方式不仅优化了知识的检索过程，还提高了问题解决的速度和效率。

（2）综合数据库。在产生式系统中的综合数据库，是一个专门设计的数据结构，用于存储问题求解过程中的各种当前信息，包括问题的初始状态、原始证据、推理过程中得到的中间结论以及最终结论，所以也被称作事实库、上下文或黑板。这种数据库不仅仅是静态的信息存储库，而且是一个动态更新的实体，随着问题求解过程的推进不断变化和扩展。当规则库中的某条产生式的前提条件与综合数据库中的已知事实相匹配时，这条产生式便被触发，其结果——新的结论就会被加入综合数据库中。这些新加入的信息又可以作为后续推理的依据，形成一个连续的、动态的推理链。通过这种方式，综合数据库不断地积累新的信息，并在整个问题解决过程中发挥桥梁和纽带的作用。这种动态的特性使得综合数据库在处理复杂问题时不仅保证了信息的即时更新和准确反映，还允许系统在整个推理过程中不断自我校正和优化。

（3）推理机。推理机是产生式系统的核心部分，负责控制和协调规则库与综合数据库的交互，以及对整个问题推理求解过程的管理，是由一组或多组程序构成，这种特殊的机制不仅实现了问题的有效求解，还确保了系统运行的高效性和准确性。

推理机主要执行以下四项关键任务：首先，"匹配"操作，这是其最基本的功能之一。推理机根据特定策略从规则库中筛选出与综合数据库中已知事实相匹配的规则，这个匹配过程需要将规则的前提条件与数据库中的事实进行比较，如果两者完全或近似一致，并满足预设条件，则匹配成功，规则便可被激活使用；反之，则匹配不成功，相关规则则在当前推理过程中不可用。这一过程是连续的，确保了从众多规则中找到适合当前情境的规则，从而推动问题解决过程向前发展。其次，当多条规则同时匹配成功时，会发生"冲突"。在这种情况下，推理机必须采用冲突消解策略来决定优先执行哪条规则。这一步骤至关重要，因为不同的规则可能导致不同的推理路径和结论。推理机通过比较各个成功匹配规则的优先级、效用或其他相关标准，选择最合适的一条进行执行。这样的策略确保了系统在面对多种可能的解决方案时能够选择最优的一条。第三项任务是"执行"。推理机在确定了要执行的规则后，将规则的后项——可能是一个或多个结论，也可能是一个或多个操作——加入综合数据库中或直接执行，这些结论或操作的添加或执行，进一步更新了综合数据库的状态，为后续的推理活动提供了新的事实或改变了问题的状态。对于涉及不确定性的知识，推理机还需计算每条规则执行后结论的不确定性，以确保决策的可靠性。最后，推理机负责"检查推理终止条件"。这涉及监控综合数据库中的信息，确定是否已经得到了问题的最终结论。一旦综合数据库包含了结束推理的关键信息或达到了预设的解决条件，推理机则停止系统运行。这不仅防止了系统无休止地运行，也确保了资源的有效使用和问题解决过程的及时终结。

2. 产生式系统的特点

产生式系统的推理，也称为基于规则的推理（Rule-Based Reasoning，RBR），是一种以演绎推理为核心的推理方法，换言之，这种方法是从一组前提出发推导出某个结论，主要依靠产生式或规则的知识表示。因此产生式系统具有以下特点：

（1）推理能力强，推理效率高，能够从一组确定的前提中快速并准确地推导出结论，这是由其基于规则的结构直接决定的。

（2）知识表示形式简单，通常采用"如果—那么"（IF-THEN）的结构，这种格式不仅易于理解，也便于系统实现。

（3）虽然知识表示简单，但知识获取过程较为困难。通常需要通过人工方式从专家那里"移植"知识，这一过程不仅耗时而且容易出错。

（4）知识库的维护也是一个挑战。随着规则库的扩大，系统的运行效率会迅速下降，处理大规模知识库时尤为明显。

（5）对于非结构化知识的处理和复杂问题的求解能力较弱。由于产生式系统依赖固定的规则，对于那些难以用规则明确表达的复杂或模糊信息处理起来比较困难。

二、正向推理

正向推理，又称为数据驱动方式或自底向上的推理，是一种从已知事实出发，通过应用规则库中的规则来求得结论的方法。这种推理模式以事实为起点，逐步通过逻辑推导达到假设的结论，因此也被称为数据驱动策略。在实际操作中，正向推理需遵循以下步骤：

（1）对规则库进行全方位的搜索，逐条检查每一条规则，确认其前提条件是否全部在事实库中已经存在。这一步骤是连续且反复的，确保所有可能适用的规则都被考虑到。

（2）根据搜索结果确定执行程序。如果一个规则的前提条件在事实库中不完全存在，那么这条规则被放弃，系统继续检查下一条规则。如果一个规则的所有前提条件都满足，那么这条规则将被执行。执行规则意味着将由这条规则推导出的结论加入综合数据库中，或者对综合数据库进行必要的修改以反映新的事实状态，这些更新有助于不断丰富综合数据库的内容，为后续的推理提供更多的已知事实和数据支持。

（3）不断重复上述过程，引入新的结论或修改，直到达到问题解决的目标状态。正向推理的这种迭代过程确保了从最初始的事实出发，逐步构建起完整的问题解决路径，最终推出目标结论。这种推理方式特别适合于那些事实信息丰富且目标相对明确的问题场景，能够高效地利用已有的数据推动问题解决过程的进展。

正向推理的典型应用可以在医疗诊断系统中找到清晰的例子。

假设现在处于一个特定的医疗场景中，医生正基于正向推理的医疗专家系统诊断常见的呼吸系统疾病。系统的综合数据库初始包含一些基本的病人症状数据，如"咳嗽"和"发热"，规则库中包含多条关于呼吸系统疾病的规则，每条规则的前提条件基于特定的症状组合，后项则是可能的疾病诊断。

正向推理过程如下：

（1）搜索规则库：系统开始检查每条规则的前提条件是否与综合数据库中记录的症状匹配。系统发现一条规则："如果病人有咳嗽和发热，并且伴有胸痛，则可能患有肺炎。"

（2）判断匹配与执行规则：系统发现病人的症状包括"咳嗽"和"发热"，但没有记录"胸痛"，因此这条规则尚不能被执行。系统继续搜索其他规则。

（3）系统发现另一条规则："如果病人有咳嗽和发热，则可能患有普通感冒。"因为病人的症状与这条规则的前提完全匹配，所以这条规则被执行。

（4）更新综合数据库：根据执行的规则，系统将"可能患有普通感冒"的结论添加到综合数据库中。

（5）重复匹配过程：系统继续搜索其他可能适用的规则，以检查是否有其他可能的疾病或需要进一步确认的症状。例如，继续匹配："如果病人被诊断为普通感冒，并且咳嗽超过两周，则应考虑进行进一步检查。"由于新加入的诊断信息，这条规则现在可以被考虑执行。

（6）推理终止：一旦没有更多的规则可以执行或已经得到足够的诊断信息，推理过程终止。

三、逆向推理

逆向推理，又称为目标驱动推理或自顶向下的推理方式，是从一个设定的目标（假设）出发，逆向使用规则来寻找支持该目标的已知事实的方法。这种推理模式以目标状态为前提，通过逻辑推导追溯事实条件或数据的策略，因此也被称为目标驱动策略。在实际应用中，如专家系统和复杂的问题解决环境中，反向推理特别有用，因为它允许系统从一个明确的查询或目标出发，通过逻辑逆推来寻找支持该结论的证据或条件。

反向推理的过程是系统性的、分层的，系统需要先确定一个目标或需要验证的假设，然后在规则库中寻找能够得出这一目标结论的规则，并审查这些规则的前提条件。如果某个前提条件本身是另一个规则的结论，则系统进一步寻找能够证实这个新结论的规则。这个过程持续递归进行，每次追溯更深层次的前提，直到到达基础事实或无法进一步追溯为止，在这个过程中，每一步的判断都基于"是"或"否"。如果所有相关的前提条件最终都被证实为真，则目标结论被认为是支持的；如果任何一个关键前提无法被证实，目标结论则可能被判定为不成立。一旦得出结论，系统将逆向回溯，重新考虑每一步的逻辑判断，以确保整个推理链的一致性和准确性。

反向推理不仅增强了解决问题的针对性，而且通过目标导向的查询，大大提高了推理的效率。在复杂的决策支持系统中，这种推理方式可以有效地减少需要考虑的规则数量，快速定位与特定目标相关的关键信息。

逆向推理的典型应用场景是法律顾问系统的案例分析中，以下是一个简化的例子，说明了如何在法律顾问系统中使用反向推理来确定某个法律问题的解决方案。

假设一个用户想要知道他在某种特定情况下是否有权终止合同。法律顾问系统的目标就是验证用户是否具备法律上终止合同的条件。

反向推理过程如下：

（1）确定目标：即系统确定"用户可以终止合同"。

（2）寻找相关规则：系统先在其规则库中寻找以"终止合同"为结论的规则。例如，规则："如果合同的另一方违反了合同条款，用户可以终止合同"。

（3）检查规则的前提条件：系统接着检查上述规则的前提条件——"合同的另一方是否违反了合同条款"。

（4）追溯更深层次的规则：若需要进一步验证"违反合同条款"的具体情况，系统可能会寻找定义什么情况下算是"违反合同条款"的规则，这些规则可能更多，也更详细，如规则："如果未按照合同规定的时间或方式交付产品，视为违反合同条款"。

（5）获取用户输入或已知事实：系统询问用户或查询数据库，确认对方是否未按时交付产品。

（6）综合判断和回溯：如果用户确认对方未按时交付产品，那么系统根据链式推理判定"合同的另一方违反了合同条款"，进而触发允许用户终止合同的规则。

（7）得出结论：系统根据上述推理得出结论"用户在这种情况下确实有权终止合同"。

第五章

机器学习

第一节 机器学习概述

一、机器学习的基本概念

1. 机器"习得"

"习得"技术是人类与生俱来的本领，它涵盖了从自然获取到系统学习的各个方面，在这些技术中，有些看起来既神奇又神秘，如语言习得。语言习得是人类从小就具备的一种能力，孩子们可以在没有太多努力的情况下，自然而然地吸收知识并掌握语言技能，这种能力的存在，使得语言学习变得轻而易举。有一些知识和技能的获得需要通过持续的训练和努力，如数学知识和物理知识的学习往往需要付出更多的时间和精力才能达到一定的水平。斯蒂芬·克拉申（Stephen D.Krashen）将习得过程分为非正式和正式两类。非正式的习得是在自然语境中进行的，这种学习方式最典型的特征就是无意识、弱意识或下意识。换言之，非正式习得不遵循明确的规则，也不强调错误的纠正，而是在一种自然、随意的环境中，逐渐积累和掌握知识。相比之下，正式的习得是在教学语境中进行，以有意识或强意识为标志。这种学习方式遵循明确的规则，强调系统的学习过程，并且要求对错误进行及时的纠正和改进。习得技术的两种类型各有其独特的优势和作用，非正式习得通过自然的方式，让学习者在不知不觉中掌握技能，而正式习得则通过系统的训练和严格的要求，使学习者能够更深入地理解和应用知识。无论是哪一种习得方式，都在不同的场合和情境下，为人类知识的积累和技能的提升提供了重要的支持。

随着科技的不断发展，科学家们一直在致力于研究智能机器的习得技术，希望实现以非正式习得为核心的终极目标，即使智能机器能够在各种自然语境下自主学习。这意味着，智能机器不需要遵循明确的规则，就能自主学习和适应环境，最终达到自我完善和自我更新的发展目标，进而成为超越人类智慧的超级人工智能。这样的智能机器不仅能够模拟人类的思维方式，还能够在不断的学习和发展中超越人类的智慧。目前，人工智能的习得技术主要集中在机器学习领域，机器学习是通过人工提取特征来表述数据，对特定领域的知识进行手动提取和处理。但这种情况随着深度学习技术的迅猛发展得到了极大的改观，与机器学习不同，深度学习依赖于机器自动提取特征来表述数据，从而自动提取数据的内在特征。这种技术使得智能机器能够以更接近人类思维的方式进行学习和适应，从而在复杂的环境中表现出更高的智能水平，变相为智能机器的习得技术带来了巨大的提升。

2. 机器学习的"内容"

实现机器学习，需要参考人类的学习，挖掘可能与机器学习存在密切关系的核心"内容"，这里简单的介绍五种，分别是标签、特征、模型、回归和分类、聚类。

（1）标签。人类的学习过程是有目标导向的，需要各种方向性的指引信息来引导学习方向和目标，这一点在机器学习中同样适用，而这就意味着智能机器可以通过设定标签清楚地了解自身学习的结果和目标。机器学习中，标签通常表现为简短的描述性词语，就像是对事物的一种符号标记，可以从中扩展出丰富的信息，进而为机器提供明确的学习目标。例如，在人类社会中，身份证号和姓名等信息可以帮助获取与个人身份相关的详细信息，同理，在机器学习中，标签可以是小麦未来的价格、图片中的动物品种、音频剪辑的含义等，这些标签使机器能够准确地预测和识别数据中的特定元素。

（2）特征。机器学习的核心任务之一是分析事物，从中提取特征并利用这些特征来执行特定的任务，如分类或识别。特征是事物与众不同的特点，代表了某些显著性质的表现，是区分不同事物的关键。实际上，对事物进行分类或识别，本质上就是在提取并分析这些"特征"。例如，在一个典型的课堂场景中，如果老师向学生展示一个动物的图片并询问这是什么动物，学生会通过识别动物的特征，如圆圆的头、尖尖的小耳朵和两只大大的绿眼睛来判断这是一只猫，这说明特征是一种对原始数据进行抽象并数值化表示的方法。在人工智能系统中，特征的概念至关重要。针对相同的事物，可以提取出多种不同的特征，这些特征的复杂性和数量可以大相径庭。在简单的机器学习项目中，可能只需使用少数几个特征，而在更复杂的项目中，如图像识别或语音识别，可能需要处理和分析数百万个特征。以垃圾邮件检测器为例，其中的特征可能包括电子邮件文本中的特定词汇、发件人地址、发送邮件的时间段以及邮件内容中是否包含特定短语如"一种奇怪的把戏"等。通过综合这些特征，机器学习模型能够学习并预测电子邮件是否为垃圾邮件，显示出特征在实际应用中的重要作用和广阔的应用前景。

（3）模型。人工智能领域中的模型是对特征和标签间关系的数学总结，其作用类似于人类学习和总结知识后形成的行为指南，是机器学习中不可或缺的核心。中国古代的"二十四节气"就是根据农耕经验总结出的用以指导农业活动模型，同理，机器学习模型通过学习数据中的特征与标签之间的关系，形成可用于推理的规则和模式。模型的生命周期主要包含两个阶段：训练和推断。在训练阶段，通过向模型输入带有标签的数据，模型会逐步学习并理解特征与标签之间的关系。这个过程中，模型通过不断调整内部参数，以达到预测标签的最优效果。例如，在垃圾邮件检测模型中，模型会学习哪些特征最可能表明一封电子邮件是垃圾邮件，如特定的词汇、发送者的邮箱地址或发送时间等。推断阶段则是应用这一训练好的模型于新的、无标签的数据集，以预测未知数据的标签。在这个阶段，模型将之前学习到的知识应用于实际情境中，如自动识别新邮件是否为垃圾邮件，通过这种方式，模型不仅能对现有数据做出反应，还能对新情况作出准确的预测和决策。这一训练与推断的过程体现了机器学习模型的动态学习能力和实际应用价值，使得机器能够在没有人类直接干预的情况下，自动处理和解析大量数据，支持决策制定和问题解决。

（4）回归和分类。人类在处理问题和学习新信息时，常常会采用分类和回归这两种基本的方法，它们可以帮助我们从数据中提取有价值的信息，并作出相应的决策，这些方法在机器学习领域同样适用并发挥着重要作用。以医学诊断为例，医生在诊断病人时会先通过各项检查指标来判断病人是否患病，这属于分类的应用，即将病人的健康状态分为"生病"和"不生病"两个类别。一旦诊断出病人生病，医生会根据病情的严重程度进一步决定治疗方案，如每天服药的次数和剂量。这种根据病情程度来调整治疗方案的过程就是回归方法的应用，其中治疗方案的具体内容（如药物用量）是一个连续变量，会根据病情的不同而有所变化。机器学习中的分类和回归方法与此类似，分类任务涉及将数据分配到有限的类别中，如在图像识别中，系统可能需要判断一张图片显示的是 T 恤、裤子还是其他种类的衣物，这些类别是预先定义好的，数量有限，目标是预测一个离散的、明确的变量。相反，回归任务处理是预测一个连续变量，如房价或明日气温的预测，这些问题的答案是一个连续的数值，可以在无限的范围内变动。在技术实现上，根据输出变量的类型不同，机器学习的方法也有所区分。当输出变量是连续的，我们便使用线性回归模型来预测这些连续变量，如使用线性回归模型来预测房屋的销售价格，或者基于房屋的位置、大小、年龄等特征；当输出变量是分类的，我们则采用逻辑回归或其他分类算法来进行预测，如使用逻辑回归来判断电子邮件是否为垃圾邮件。分类和回归的方法在实际应用中非常重要，因为它们能够帮助我们从大量的数据中找到规律，深入了解复杂数据的集合现象，从而做出更加准确的预测和更有效的决策。

（5）聚类。聚类分析，又称群分析，是研究样品或指标分类问题的一种统计分析方法。在人类学习中，聚类分析方法本质上是一种归纳总结的过程，如人们从儿童时期起就开始通过改进意识中的聚类模式来学习区分世界上的猫和狗、动物和植物等事物，这种归类思维是我们认知发展的一部分，体现了一种基本的学习和理解方法。聚类方法并不仅适用于日常生活中的分类，也广泛应用于自然科学和社会科学的研究中，其中常言"物以类聚，人以群分"便是对聚类思维的形象描述。在机器学习中，聚类方法也被用来对客观世界进行归纳和总结，通过这种方法，物理或抽象对象被组织成多个类群，每个类群由相似的对象组成。而这些通过聚类生成的簇，即数据对象的集合，保证了同一个簇内的对象之间具有较高的相似性，而不同簇的对象则彼此相异。例如，在一个图像识别场景中，聚类算法可能会将数千个图像分成几个簇，每个簇可能代表一种类型的物体，如汽车、树木或建筑物，这样的分类不仅有助于机器更有效地处理和分析数据，还能在更高的层次上理解数据的内在结构和模式。

3. 机器学习的定义

机器学习（Machine Learning，ML）是一种先进的技术，一种赋予计算机或机器类似于人类"学习"能力的技术，背负"学习"能力的计算机或机器能够咨询执行直接编程难以实现的功能。从这个角度出发，机器学习作为一门让机器获得学习能力的技术，其核心目的是通过学习提升机器的性能。机器学习中的"学习"并不是指像人一样阅读、观察，而是通过相应的算法从数据中搜集、挖掘规律，并以此生成能够解释数据并进行预测的模型，以便于在面对新的、未知的情况时提供判断依据和进行预测。因此，这种方法本质上依赖于大量的数据集，通过对这些数据集的分析研究，揭示数据之间的内在联系和真实含义。

与传统的演绎方法不同，机器学习更多采用归纳和综合的方法，通过从具体数据中归纳出一般规律，然后将这些规律应用到新的数据上进行预测和分析。因此，机器学习是一个多学科交叉的领域，涉及高等数学、统计学、概率论、凸分析、逼近论等多个学科，这些理论基础为机器学习提供了算法和模型开发的数学工具和理论支持。机器学习的应用广泛，从自动驾驶汽车、语音识别系统到医疗诊断和金融市场分析等，都有机器学习技术的身影，可谓遍及人工智能的各个领域。在这些应用中，机器学习能够处理和分析大量复杂的数据，找到数据中的模式和规律，进而提供精确的预测和决策支持，推动技术不断创新，加快现代社会各行各业的进步和发展步伐。

机器学习作为人工智能的一个重要分支，可以从广义和狭义两个层面来定义。在广义上，机器学习是一种使计算机系统能够利用数据或经验自我改进其性能的技术，不仅包括从数据中自动学习的能力，还涵盖了使机器能够适应新环境、识别模式、做出决策，并且在没有明确编程指令的情况下处理复杂问题的能力。广义的机器学习致力于实现普遍智能，即机器在多种任务和环境中都能表现出类似人类的学习和理解能力。在狭义上，机器学习更侧重于通过算法和统计模型，让计算机系统在特定任务上，基于数据进行预测和决策的过程。这涉及从大量数据中自动识别出有用的模式，并利用这些模式建立预测模型，通常用于具体的应用，如图像识别、语音处理或推荐系统。狭义的机器学习通常指有监督学习、无监督学习、半监督学习或强化学习等具体学习方法和技术。

人类的学习过程非常复杂，因为人们每天都在以各种各样的形式展开各种学习，阅读、实践、观察等都属于学习的主流形式，促使人们不断地积累知识和经验，这些经验经过周期性地整理和归纳后会形成可以指导日常生活和工作的"规律"，当面对未知的问题或需要对未来进行推测时，人们会依据这些规律来进行合理的推断。机器学习就是通过模拟人类的学习过程，使智能机器获得学习的能力，能够使用算法从大量数据中学习模式和规律，完全脱离人类的直接指示。人类学习与机器学习的对比如图 5-1 所示。

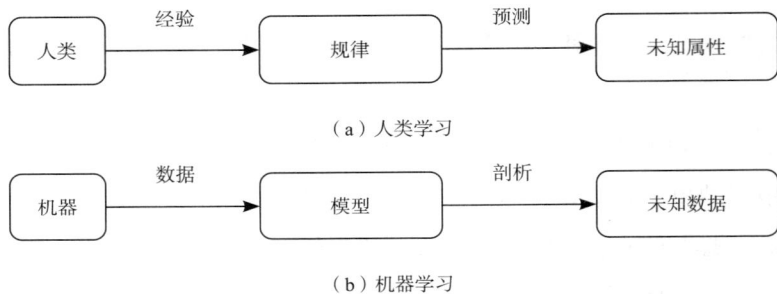

（a）人类学习

（b）机器学习

图 5-1　人类学习与机器学习的对比

根据图 5-1 可知，人类通过经验总结规律，并预测未知属性；而机器通过历史数据总结机器学习模型，并依靠此模型剖析新的数据。从本质上讲，机器学习就是一种使机器通过分析和处理已有的数据（即经验）来构建模型的过程，并利用这个模型对未来的数据进行预测和决策，使机器能够执行复杂的任务，如图像识别、语音处理或者市场趋势预测，而且能够逐渐提升其性能和准确性。

二、机器学习的发展

1. 机器学习的萌芽阶段

20 世纪 50 年代中叶到 60 年代中叶是机器学习发展的第一个阶段，即机器学习的萌芽时期，这一时期最显著的标志就是现代计算机科学的初步发展，这为机器学习的诞生提供了理想的沃土。在计算机发展的背景下，专家学者们对机器学习的研究主要集中在如何通过软件编程使计算机模拟人类的逻辑推理过程，他们尝试让计算机执行复杂的逻辑任务，以期望计算机能够展示出类似于人类的思考能力。例如，研究人员尝试通过编码的方法让机器尝试简单的模式识别、游戏对弈等特定的逻辑操作，但由于科技发展的限制，机器学习的效果并没有达到人们的高期望，因为此时计算机的逻辑推理结果往往是静态和受限制的，缺乏灵活性和适应性，远不能与人类的思考过程相媲美。

专家学者们不仅没有放弃，反而对机器学习进行了进一步的研究，并开始认识到仅仅具备逻辑推理能力完全不足以使机器实现真正的智能化，因为机器智能的本质不仅仅是处理逻辑问题，更多的是理解、学习和适应复杂的环境。基于此，专家学者们认可了先验知识在机器智能化进程中占据的重要地位，认为一个智能系统要想表现出真正的智能，必须能够访问和应用大量的知识。这里所说的知识不仅包括事实和信息，还包括对这些信息的理解和处理策略。因此，这一时期的研究开始转向如何使计算机系统能够存储、访问和利用广泛的知识库，以及如何通过模拟人类的学习过程来增强机器的知识处理能力。

2. 机器学习的降温阶段

20 世纪 60 年代中叶到 80 年代中叶是机器学习发展的第二个阶段，即机器学习的降温期，这一时期最显著的标志是研究人员虽然持续进行与机器学习相关的的研究和实践，但技术的发展相对缓慢。在这一阶段，研究者和开发者们大都集中于开发专家系统，尝试通过编程将专家的知识和经验转化为机器可以执行的明确规则，使机器可以模仿人类专家的决策过程做出正确的决策。这种类型的专家系统主要应用在医疗诊断、地质勘探和金融分析等特定领域，能够处理和解决高度专业化的问题，充分展现了其巨大的应用价值。但是，这些专家系统由于技术限制存在明显的局限性，尤其是在"知识稀疏"问题上表现的更为明显。所谓的"知识稀疏"问题指的是依赖于完整且准确规则库的专家系统面对复杂的现实世界和不断变化的应用环境时无法按照固定的、预设的规则来编程，更无法做出恰当的决策行为。因为在实际应用中，现实世界的情况远比可以预设的规则要复杂得多，专家系统想要构建并完善这样的规则库是一个巨大的挑战。正是由于这些挑战，研究者开始重新审视机器自主学习的可能性。

基于 20 世纪 50 年代早期对神经网络的初步研究，专家学者们开始探索能够自我调整和改进的学习模型，希望通过这些模型使机器能够从数据中自动学习和提取规律。这一转变标志着人们对于机器学习潜力的重新认识和探索，为后续神经网络和深度学习的兴起奠定了理论和实验基础。这一时期虽然成果不尽人意，但对于后续机器学习技术的发展起到了桥梁的作用，激发了对更自动化、更智能化学习算法的追求。

3. 机器学习的回暖阶段

20 世纪 80 年代中叶至 20 世纪末是机器学习发展的第三个阶段，被广泛认为是机器学习的回暖期。在这一时期，互联网逐步普及，大数据开始兴起，图形处理单元等硬件技术都有了极大的发展，机器学习技术面临的多项限制都获得突破，逐渐呈现出爆炸式的发展。也正因为这些技术的进步，数据处理能力得到提高，计算速度得到加快，为机器学习模型的诞生奠定坚实基础，而且基于技术进步的机器学习迅速从一个边缘学科转变为一个热门领域，吸引了来自心理学、生物学、神经生理学、数学、自动化和计算机科学等多个学科的研究者。伴随着机器学习的快速发展，催生出了诸如模式识别、数据挖掘等相关领域，这些领域利用机器学习的核心理论和技术，进一步推动了技术的深入应用。而且，机器学习在理论上取得巨大进展的同时实现了商业化应用，许多机器学习驱动的产品和服务开始进入市场，从图像和语音识别到自动驾驶汽车，从生物信息学到金融市场分析，机器学习的影响力遍布各行各业，全方位的改变着人们的工作和生活方式。

在这一时期，机器学习与人工智能领域的基础理论也在不断统一和发展，学术界对于机器学习的理解更加深入，各种学习方法的研究和应用不断深化，为解决更复杂的实际问题提供了可能。同时，大量的学术会议和交流活动的举办，加速了全球范围内的知识分享和技术创新，使机器学习领域持续保持活力和创新力。

4. 机器学习的火热阶段

进入 21 世纪之后，机器学习的应用和发展已经迎来了前所未有的繁荣期，谷歌和微软等全球范围内名列前茅的技术巨头，纷纷加速对机器学习技术的投资和研究，并在很短的时间内就尝到了由此带来的丰厚商业回报。与此同时，百度和淘宝等中国的大型科技企业，也积极应对大数据时代的挑战，将机器学习算法广泛应用于其产品和服务中，百度公司甚至开发出可以与谷歌搜索引擎竞争的产品，通过集成先进机器学习技术的产品内核，能够提供更加精准的搜索结果和用户体验。至此，机器学习正式跨入火热阶段。

随着机器学习技术的不断进步，智能机器已经开始深入人类的日常工作和生活中。在医疗领域，未来可能会出现能够从医疗记录中学习并分析数据的智能机器，这些机器能够帮助医生找到治疗新疾病的最有效方法；在家居领域，随着智能家居系统的发展，机器学习技术可以通过分析居住者的用电模式和生活习惯，优化家庭能源消耗，提高居住舒适度，打造真正的生态家居环境；个人智能助理的出现，将能够跟踪并分析用户的职业活动和生活细节，帮助用户更高效地完成工作并享受更健康的生活方式。在这种智能机器不断普及的背后，我们需要深入思考一些问题，一些我们必须面对的问题，如智能机器在未来社会中将扮演何种角色，是否会在某些领域替代人类工作，以及人类应该如何与这些越来越智能的机器相处。这些问题不仅关系到技术发展的方向，也关系到社会结构、伦理道德和人类未来的生活方式。

第二节　机器学习的基本方法

一、有监督学习

有监督学习是机器学习方法中一种核心的方法，它是从标记过的训练数据集中推断出一个函数，旨在映射输入与输出之间的关系。在有监督学习的过程中，训练数据由多个训练实例组成，每个实例包括一个输入对象（通常是一个特征向量）和一个期望的输出值（也称为目标标签或监督信号），通过训练数据可以构建一个数学模型，使得模型能够对未见过的新数据进行有效的预测或分类。具体来说，在有监督学习中，算法尝试构建一个能够预测未知数据输出的模型，如在模式识别任务中的判别模型，或是在人工神经网络中用于调整网络权重的模型，然后再应用这些模型分析未知数据，进而解决问题。例如，在医疗影像分析中，通过对已知良性和恶性肿瘤的图像进行训练，模型学习如何区分两者，然后应用这一模型来诊断新的患者图像。

根据上述内容可知，有监督学习的过程主要包括两个阶段：训练和测试。在训练阶段，通过算法调整模型参数以最小化预测输出和实际输出之间的误差。一旦模型训练完成，它就可以在测试阶段用于新的数据，来验证模型的预测能力。有监督学习的原理如图 5-2 所示。

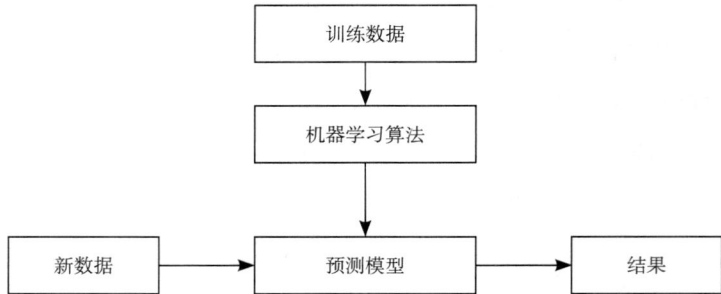

图 5-2 有监督学习的原理

为了更好的理解有监督学习，我们用一个简单的例子进行全方位阐释。

在电子邮件服务中，为了自动识别和过滤垃圾邮件，可以使用有监督学习来构建一个分类模型，这个模型可以根据电子邮件的内容和其他特征，预测电子邮件是垃圾邮件还是正常邮件。具体步骤如下。

（1）数据收集。需要收集一个包含电子邮件的数据集，其中每封邮件都已被标记为"垃圾邮件"或"非垃圾邮件"。这些标签视作训练数据中的输出标签，而电子邮件的内容（如主题、发件人、邮件正文中的关键词等）被用作输入特征。

（2）特征提取。从每封电子邮件中提取特征，这些特征可能包括："折扣""免费""赢取"等文本内容关键词汇的出现次数，发件人的信誉和邮件发送频率，邮件中包含的链接数量，文本格式和编码方式。

（3）模型训练。使用这些特征和已知的标签（垃圾邮件或非垃圾邮件），训练一个分类器，这个分类器可以是决策树、支持向量机、逻辑回归或深度学习模型等。通过训练，模型学习如何根据输入特征来判断邮件的类别。

（4）模型评估和应用。在模型开发完成后，使用未标记的测试数据集对模型进行评估，测试其准确性和效能。如果测试结果满意，这个模型随后可以部署到邮件系统中，实时分析收到的电子邮件，并自动将垃圾邮件移到垃圾箱中。

　　有监督学习主要分为两大类：分类和回归。分类任务涉及将数据点分配到预定义的类别中，如确定一封电子邮件是否属于垃圾邮件，或者诊断一次医学检查的结果是阳性还是阴性。在分类问题中，模型的输出是离散的，意味着结果是限定在有限的类别标签之内。回归任务则关注于预测一个连续的数值，这涉及在数据点之间建立一个数学上的关系，如预测房价、股票价格或者汽车的速度等。在这种情况下，模型试图找到最适合已知数据点的曲线或函数线，从而使得新的、未知的数据点可以精确地通过这个函数进行预测。这种连续性的输出使得回归成为处理各种预测问题的强大工具，尤其是在需要精确数值预测的领域。

　　在机器学习领域，有监督学习算法是解决预测和分类问题的关键技术，常见的算法包括支持向量机、线性回归、逻辑回归、朴素贝叶斯、线性判别分析、决策树以及 K- 近邻算法，这些算法各有其独特的应用场景和优势。支持向量机是一种强大的分类技术，它在数据特征空间中寻找最优的分割超平面，以此将不同的类别分开，特别适合处理高维数据，能够有效地进行模式识别，尤其是在类别间边界明确时表现出色。线性回归是最基本的回归算法，通过找到一个最佳拟合的直线，来预测连续的数值型输出，广泛应用于经济学、社会科学以及任何需要预测数值结果的领域，如房价预测、股票价格等。逻辑回归虽然名为回归，实际上是一种分类方法，通过一个逻辑函数来估计概率，以此决定样本属于某个类别的概率，主要用于二分类问题，广泛应用于医学、金融风控等领域，用于预测事件的发生概率。朴素贝叶斯算法是基于贝叶斯定理的分类算法，主要通过假设特征之间相互独立来简化计算，尤其适合于垃圾邮件识别和情感分析等文本分类任务。线性判别分析算法也是一种分类算法，但也用于数据降维，它通过最大化类间距离和最小化类内距离来提高类别的区分度，常用于模式识别和机器学习领域。决策树是一种直观的分类和回归方法，它通过构造一个树状结构来模拟决策过程，每个节点代表一个属性上的决策规则，而每个分支代表一个输出结果，直观易懂，应用广泛。K- 近邻算法是一种基本且有效的分类与回归方法，通过查找样本点在特征空间中的 K 个最近邻居来预测分类，该算法不需要明显的训练阶段，但对大数据集的查询可能较慢。

二、无监督学习

在现实世界的数据处理中，监督学习虽然强大，但常常受限于一个关键因素：足够的标记数据。因为在许多场景中存在先验知识不足或标记数据成本过高等一系列问题，使得构建一个有效的监督学习系统变得不切实际。例如，在医疗影像、生物信息学或社交网络分析中，手动标记大量数据不仅耗时而且成本昂贵，且需要专业知识。因此，专家学者们开始研发解决未标记数据的学习问题，无监督学习这一学习范式诞生了。无监督学习不依赖于预先标记的输出，而是通过分析数据本身的结构和模式来学习数据的分布和关系，探索数据中的潜在模式和结构。例如，通过聚类方法将相似的数据点分组在一起，或者通过降维技术减少数据的复杂性，同时保留重要的信息特征。

为了更好地理解无监督学习，我们可以将人类的日常工作与机器学习的概念进行类比，从一个有趣且富有启发性的视角来理解这两种不同类型的学习和工作方式。在日常工作中，常规性工作往往类似于有监督学习，如制造业、行政管理或客户服务等领域的工作任务通常是标准化的，有明确的操作步骤、预期结果和评价标准，员工通过接受具体的培训，学习如何完成这些任务，这与机器在有监督学习中通过大量标注数据学习到特定的任务模型非常相似。这类工作通常强调效率和准确性，对于机械或重复性的任务尤为适用。相对而言，那些涉及创新性和挑战性的工作更类似于无监督学习，如研发新产品、解决复杂的工程问题或进行科学研究等，这些工作往往没有现成的指导手册或明确的操作流程，工作人员需要依靠自己的经验、直觉和创新能力来探索未知的领域，找到解决问题的新方法。因此，这种工作方式要求高度的自主性和创造性，与无监督学习中的机器自我探索和发现数据潜在模式的能力颇为相似。换言之，在无监督学习中，算法试图在没有外部标注或明确指示的情况下，从数据中自动识别结构和模式，通过实验和失败来迭代和优化自己的工作方法。虽然过程中可能会遇到很多不确定和挑战，但往往是这种类型的工作能推动新技术的发展和行业的进步，驱动了人类社会的发展。

在无监督学习中，由于模型处理的都是未经标记的数据，这意味着模型无法按照预先定义的答案或输出标签来指导学习过程。因此，无监督学习的主要目标是探索数据本身的结构和内在属性，而不是预测或分类，尤其适用于那些不具备足够先验知识来定义数据类别的情形，是发现数据中潜在模式和关系的强大工具。无监督学习中最常见且广泛应用的技术是聚类，它的基本目标是将数据集中的样本根据相似性分组，使得同一组内的样本彼此相似，而不同组的样本则明显不同，进而实现样本的精准化定位。聚类方法广泛应用于市场细分、社交网络分析、生物信息学以及图像分割等领域。在市场研究中，聚类可以帮助识别具有相似购买行为的消费者群体，从而使营销策略更加精准；在生物信息学中，它可以用于根据基因表达数据对细胞类型进行分类。无监督学习的另一个关键应用是降维，主要涉及减少数据中的变量数量，在简化模型复杂性的同时尽量保留原始数据的重要信息。常用的降维技术有主成分分析和t-分布随机邻域嵌入，这些技术可以实现数据的可视化，从而使数据的进一步分析变得更为可行和有效。

　　下面通过一个实际的例子阐述无监督学习的过程。

　　背景：一家大型零售公司希望更好地理解其顾客群体，以便提供更个性化的营销策略，提高销售效率。公司收集了大量的顾客交易数据，但这些数据未包含明确的标签，如顾客类别。无监督学习的步骤如下。

　　（1）数据收集。公司从其销售系统中收集顾客的购买历史数据，包括购买频率、购买类别、消费金额、购买时间等信息，这些数据是原始的，未经分类和标记。

　　（2）数据预处理。在开始聚类之前，需要对数据进行预处理：①清洗数据。即移除异常值和缺失数据，确保数据的质量。②数据标准化。由于消费金额和购买频率等量纲不同，需要对数据进行标准化处理，使其处于同一量级，便于进行比较和计算。

　　（3）聚类分析。选择合适的聚类算法来进行数据分析，在这个例子中，可以使用 K-means 聚类算法，这是一种常用的聚类技术，适用于大数据集，主要包含两个步骤：①确定聚类数量。使用方法如肘部法则，来估计最优的聚类数（K 值）。②应用 K-means 算法。随机选择 K 个中心点，然后将每个数据点分配到最近的中心点，形成 K 个簇。③重新计算每个簇的中心点，并重复此过程，直到中心点不再显著变化。

（4）结果分析和应用。公司可以根据聚类结果将顾客分为几个群组，每个群组具有相似的购买行为特征。例如，价值型顾客：高频率、高消费的顾客群。潜力型顾客：购买频率较低，但消费金额较高的顾客群。节约型顾客：购买频率高，但消费金额较低的顾客群。偶然型顾客：购买频率低且消费金额低的顾客群。

根据这些细分的顾客群体，公司可以制定针对性的营销策略，如为价值型顾客提供 VIP 服务，为潜力型顾客推出大额优惠等，以提高顾客满意度和忠诚度。

三、半监督学习

人的一生都处于不断学习中，在学习阶段，我们会接受各种形式的有监督学习，如我们从小到大一直处在学校和家庭的教育环境中，接受老师和家长教导的学习。在这一过程中，我们不断地修正自己的性格，努力成为品德高尚的人。当我们成年或者毕业后，就会离开父母和学校的监督，独自生活，此时没有了外界的直接指导，我们必须依靠自己以往积累的经验和知识来判断对错，只有通过不断的尝试和错误来磨炼自己，丰富对世界的理解，才能适应新的挑战，这个过程其实就是无监督学习。机器学习与人类学习类似，也需要经历有监督学习和无监督学习的交替进行，基于此衍生出了半监督学习。在半监督学习模式下，机器先在有监督的环境中建立初步模型，然后通过无监督学习来不断地迭代和完善，实现机器智能的持续更新，这种学习方式允许机器在已有的知识基础上，探索新的数据模式和解决方案，从而更好地适应复杂多变的环境和需求。

半监督学习是机器学习中的一种重要技术，它结合有监督学习和无监督学习的特点，特别适用于标记数据稀缺而未标记数据丰富的情况。下面通过一个例子来具体阐述半监督学习的过程。

假设我们要开发一个文本分类系统，其任务是将网上的新闻文章分为"体育""政治""科技"等类别。虽然我们在实际应用中已经获得一小部分被专家标记好类别的文章（有标签数据），但获取大量标记数据的成本很高，而且互联网上有大量未标记的文章（无标签数据）可供使用，此时就需要应用半监督学习。半监督学习的步骤如下。

（1）预处理：对所有文本数据进行必要的预处理，包括去除噪声、分词、去除停用词等。

（2）有监督学习建模：使用已标记的数据训练一个初步的文本分类模型。这一步通常使用传统的有监督学习算法，如支持向量机或神经网络。

（3）应用模型到未标记数据：将这个初步模型应用到大量的未标记数据上，预测它们的类别。虽然这些预测可能不完全准确，但它们提供了关于数据潜在结构的初步信息。

（4）自训练：选择一些预测置信度高的未标记样本（例如，模型预测的类别概率非常高的样本），将这些样本及其预测标签作为新的训练数据。

（5）迭代优化：将这些新的训练数据加入原始的训练集中，重新训练分类模型。这个过程可以迭代多次，每次都可能选择新的高置信度样本加入训练集。

（6）模型评估和调整：在每一次迭代后，使用一部分保留的标记数据测试模型的性能，根据需要调整模型参数或选择更多或更少的未标记样本进行训练。

通过这种方式，半监督学习能够有效地利用大量的未标记数据，提高模型的泛化能力和准确性，同时显著降低对标记数据的依赖。这种学习策略在数据标记成本高或数据量极大时尤为有价值。

四、强化学习

人类在进化的过程中形成了一种能不断适应环境变化的能力，这种能力表现为人类不断地调整自己的行动方案以适应环境，最终目的是期望获得最好的生存空间和生存价值，这种能力在生物学中称为条件反射。条件反射在人类的学习和应对环境中起着至关重要的作用，它使得人类在面对相似的情境时，迅速做出反应以达到最佳的适应效果。这种条件反射的应用例子有很多，如在体育竞技的训练中，教练员会不断地让运动员重复训练同一动作或行为，目的是通过重复的练习让运动员的肌肉和神经系统形成记忆，从而在比赛中能够迅速且准确地做出反应。这种针对特定技能的训练过程称之为强化训练，它有助于运动员在关键时刻通过条件反射作出最有效的动作。同样的原理也可以应用于人工智能领域，即机器通过不断的试错来学习行为的技术，并通过不断的反馈调整来优化行为以达到最佳的性能。在这个过程中，人工智能系统会类似于人类运动员一样，通过不断的训练学会何时地作出最合适的反应，这种技术可以称之为强化学习，在自动驾驶汽车、机器人导航等复杂系统中显示了巨大的应用潜力。

强化学习（Reinforcement Learning，RL）是机器学习的一个重要分支，也被称为再励学习、评价学习或增强学习，这种学习模式主要关注智能体（如机器人、软件代理等）在与环境交互的过程中，通过尝试和错误的方式来学习达成目标或最大化回报的方法。在强化学习的框架中，智能体需要不断地从环境中获取状态信息，根据这些信息采取动作，并通过环境给予的奖励或惩罚来调整其行为策略。这种方法的核心在于学习一个策略，即在给定的每个状态下选择哪个动作最有可能产生最优的长期效果，这种最优就是智能体通过不断地与环境互动，积累经验后逐渐形成一个有效的决策模型。在技术实现上，这通常涉及了状态空间、动作空间的定义，以及如何准确地估算动作的长期回报。例如，学生在闲暇时间可以选择学习或者玩游戏两种行动，当他选择玩游戏时，可能会导致其学习成绩下降，而这些成绩则代表他的当前状态。基于学习成绩的好坏，父母可能会给予奖励或者惩罚，这些反馈将影响他下一次的行动选择。随着时间的推移，通过不断的尝试和反馈，学生将学会在特定的成绩状态下选择最佳的行动以获得最大的奖励。

强化学习的原理图如图 5-3 所示。

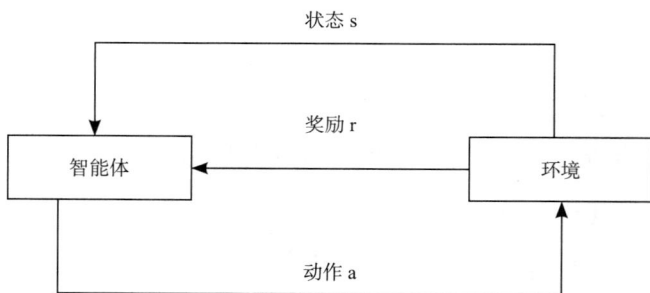

图 5-3　强化学习的原理图

根据图 5-3 可知，强化学习的核心机制是通过奖励（正激励或负激励）来引导智能体行为，智能体在每次行动后，会根据行动的结果接收到相应的反馈，这种反馈影响着智能体的下一步决策，使其在未来的行动中趋向于那些曾导致正激励的选择，同时避免那些导致惩罚的选择。以贪吃蛇游戏为例，这个游戏是一个非常直观的强化学习模型。在游戏中，贪吃蛇通过移动来寻找食物，每吃到一个食物就会得到积分，同时为了避免撞墙或咬到自己，贪吃蛇需要不断调整方向。在这个过程中，贪吃蛇吃到食物是正激励，撞墙或咬到自己则是负激励，所以游戏中的贪吃蛇必须学习如何在追求食物的同时避免游戏结束的风险。在这种环境中，贪吃蛇的每一次转向都是基于预测未来可能结果的决策，这种策略的制定和优化本质上是一个连续的学习过程，它要求智能体不仅响应即时的激励，还要对未来可能的情况做出合理预测。因此，强化学习不仅仅是简单的条件反射，而且是一个涉及计划、预测和决策的复杂过程，显示了机器学习技术在模拟和实现人类学习方式上的深远潜力。

五、迁移学习

1. 迁移学习的定义

迁移学习是一种高效的学习方法，即允许从一个领域获得的知识和技能被应用到另一个相关但不完全相同的领域中，在人类学习中非常常见，如体育教学中，掌握了手榴弹投掷技巧的人往往能更快地学会投掷标枪，因为这两种技能虽然用途不同，但共享了相似的身体动作和力量控制技巧。同样的，一个擅长羽毛球的人转而学习网球时，也会发现许多技术动作和战术理念有所重叠，从而使学习过程变得更加容易。随着科技不断向前发展，人类也十分期望智能机器具有这种"类推"的能力，因此迁移学习逐渐被应用于机器学习领域，尤其是在数据稀缺或者标签缺失的情况下表现出其独特的优势。

迁移学习的核心在于识别不同领域存在的共享元素，如技能、知识、策略等，并应用在机器学习中，通常意味着一个模型在一个任务上训练得到的特征可以被用来加速或改善在另一个任务上的学习，或者说直接把已训练好的模型参数迁移到新的模型上帮助新模型训练。考虑到大部分数据或任务是存在相关性的，所以通过迁移学习，我们可以将已经学到的模型参数（也可理解为模型学到的知识）通过某种方式分享给新模型，从而加快并优化模型的学习效率，不用像大多数网络那样从零学习（Starting from Scratch）。迁移学习不仅可以节省训练时间，还能提高模型在新任务上的表现，尤其是当新任务的数据量较小时特别实用，而且如果从头开始训练模型，很可能因为数据不足而导致过拟合，而通过迁移已有模型的知识，可以有效地避免这种情况。例如，一个在自然图像上训练得很好的模型，其部分知识（如边缘检测、纹理识别等）可以迁移到医学图像处理任务上；一个用于识别猫的图像识别模型可能在不需太多修改的情况下，就能调整用来识别狗。这种策略在数据标签稀缺的情况下显得极其有价值，因为它减少了大量标签数据的需求。

实现迁移学习的方法多种多样，较为常见的方式是使用预训练模型，即先选择一个在类似任务上表现良好的模型，如在大型图像识别数据集上训练的模型，然后在保留其他层不变的前提下替换并重新训练模型的最后几层，以适应新的任务。这样做可以使模型能够充分利用之前学到的高层次特征以适应新的应用场景。迁移学习还可以通过微调或冻结部分层实现。在微调中，我们会继续训练整个模型，但会使用更小的学习率，以避免破坏已经学到的有用特征。而在冻结策略中，某些层（通常是较早的层）会被设置为不可训练，从而只更新模型的一部分，这对于非常深的网络尤其有用。通过这些策略，不仅提升了效率，还拓宽了人工智能的应用范围，使得机器能够更快地适应新环境，更好地理解和处理复杂的任务，推动人工智能技术在各种不同的行业和领域中发挥越来越重要的作用。但是，并不是所有的迁移都是积极的，有时候发生迁移也可能导致性能下降，即所谓的"负迁移"。这种情况通常发生在两个领域存在较大差异时。例如，自行车和摩托车在操作上有相似之处，可以进行迁移，但是从自行车过渡到三轮车很可能会遇到困难，因为它们的平衡和控制方式有本质的不同。为了实现有效的迁移学习，就需要准确评估哪些知识是可以迁移的，哪些可能导致负迁移，对原有领域和目标领域有深入的理解和分析。通过这种方式，迁移学习不仅可以提高学习效率，还可以在新领域中推广已有的成功经验，极大地扩展学习的范围和深度。

2. 迁移学习的基础知识

在迁移学习中，已有的知识被称为源域，而要学习的新知识被称为目标域，源域和目标域虽不完全相同，但它们之间存在一定的关联。迁移学习的核心在于减小源域与目标域之间的分布差异，实现知识的迁移，并最终达到数据标定的目的。为了更好地理解这一过程，我们可以先了解一些常用的迁移学习概念。

"域（Domain）"，它由数据的特征及其分布组成，是学习过程的基础。从"域"衍生出的源域（Source Domain）指的是那些已有知识的域，而目标域（Target Domain）则是指那些需要新学习的域。迁移学习的发生必须满足一系列具体的条件，包括任务的定义、目标的设定以及实施学习的约束条件。任务（Task）通常由目标函数和学习的结果组成，可以理解为是模型完成的分类或其他类型的预测活动。但这里的"任务"是指给定源域及其任务、目标域及其任务，而"目标"则是利用源域和源域任务来学习目标域中预测函数 f 的过程，约束条件通常涉及源域与目标域之间的差异，如数据分布的不同或是任务类型的不同。领域自适应（Domain Adaptation）是迁移学习中的一个重要概念，它通常涉及有标签的源域和无标签的目标域，这两个域虽然共享相同的类别和特征，但它们的分布却不同。这种方法尤其适用于目标域中缺乏足够标注数据的情况，通过利用源域中的标注数据来帮助模型在目标域上更好地进行预测和建模。

当源域与目标域之间的相似度不够时，迁移的结果可能不仅无助于学习，还会带来负面影响，即发生所谓的"负迁移"风险。这就像一个擅长骑自行车的人尝试通过类比来学习驾驶汽车，由于两者之间的差异过大，这种类比可能不会带来任何帮助，甚至会造成误导。为了有效实施迁移学习，寻找一个与目标域相似度高的源域是非常关键的，而这通常涉及对数据的深入分析，包括对源域和目标域中的特征分布进行比较，以及评估两者之间的相似性。

3. 迁移学习的分类

迁移学习是一种高效的机器学习策略，Pan 和 Yang 等[1]人将迁移学习分为四种基本方法：基于样本、特征、模型和关系的四种主要类型。

（1）基于样本的迁移学习主要通过对源域中已标记样本的重新加权来实现知识迁移，这种方式通常给予相似样本较高的权重，以提高迁移效果。例如，源域和目标域中相似度高的样本会被赋予更大的影响力，从而帮助模型更好地

---

[1]　PAN S J，YANG Q. A survey on transfer learning［J］. IEEE Transactions on knowledge and data engineering，2010，22（10）：1345-1359.

在目标域中进行预测。

（2）基于特征的迁移学习则侧重于特征层面的调整，通过将源域和目标域的特征映射到同一特征空间，或将一方的特征空间映射到另一方，实现两个域之间距离的最小化。这种方法通过找到共同的特征表示，帮助模型克服源域和目标域之间的分布差异，从而更有效地利用源域数据对目标域进行预测。

（3）基于模型的迁移学习涉及模型参数的调整。在这种方法中，通过结合源域和目标域的数据来调整现有模型的参数，使其能够同时适应源域和目标域的特性。这通常需要对模型进行细致的调整，包括但不限于修改网络结构、优化算法或损失函数，以适应新的学习任务。

（4）基于关系的迁移学习关注于概念间的关系学习。它通过在源域中识别和学习概念之间的关系，然后将这些关系类比应用到目标域，以实现知识的迁移。这种方式特别适用于那些源域和目标域在高层次结构上具有相似性的情况，可以通过类比关系来帮助模型理解和适应新的领域。

通过这些不同的迁移学习方法，研究人员和工程师能够根据具体任务的需求选择最适合的策略，从而在保持模型性能的同时，有效地减少训练数据的需求和提高学习效率。

第三节 机器学习的常用算法

一、支持向量机算法

1. 支持向量机算法概述

支持向量机（Support Vector Machine，SVM）是统计学习领域的重要学者弗拉基米尔·瓦普尼克在 1963 年提出的机器学习模型，是一种基于统计学原理发展诞生的新型机器学习方法。支持向量机在刚提出时并未受到广泛关注，直到1990 年，瓦普尼克移居美国后，对支持向量机的相关理论进行了更深入的发展和完善，这一机器学习方法逐渐引起西方学术界的关注。随着研究的深入，这种新的机器学习模型在解决分类和回归问题上展现出强大的能力，尤其是在处理高维数据和小样本数据集时，相比其他机器学习算法显示出更好的性能和更高的效率，支持向量机也因其卓越的性能和理论的创新性开始变得流行。

在早期，建立在 VC 维（Vapnik-Chervonenkis Dimension）理论和结构风险最小化原则之上的支持向量机也被称作支持向量网络，因为在某种程度上，支持向量机的概念可以类比神经网络，可以在有限的样本信息基础上寻求模型复杂性（即对特定训练样本的拟合程度）和学习能力（即无错误地识别任意样本的能力）之间最优的平衡点，从而实现良好的泛化能力，实现对未知数据的预测。支持向量机的优势还体现在其对数据的内在结构和特征的深入挖掘能力，通过使用不同的核函数，SVM 可以有效处理在原始特征空间中线性不可分的数据，将数据映射到更高维的空间中进行分析和分类。这种核心技术的引入，使得 SVM 在多种实际应用场景中，尤其是在图像识别、生物信息学和文本分类等领域表现出卓越的分类和预测能力。随着计算技术的发展，特别是最小优化算法、核技术的选择和优化以及交叉验证方法的应用，SVM 的算法效率和处理大规模数据集的能力不断提高，推动了支持向量机在理论和实际应用中的进步。

SVM 算法作为一种强大的机器学习方法，广泛应用于多源数据分类问题，包括线性分类和非线性分类，特别适合处理那些非线性、小样本以及高维度的复杂数据集。如果将集成学习算法排除在外，不考虑特定训练数据集的影响，支持向量机在各种分类算法中的表现可谓是首屈一指，它不仅在二分类问题中表现出色，也可以通过一些策略扩展到多分类问题，极大地增强了其应用的广度和深度。在处理二元分类问题时，支持向量机算法通过构建一个最优的分割超平面，最大化正负样本间的边界距离，从而达到高效分类的目的。而在多元分类问题中，SVM 通过构建多个这样的超平面，每个超平面对应一对类别的分割，或者将多类问题转化为多个二元分类问题来处理，这种方法被称为一对一或一对多策略。支持向量机的应用非常广泛，在垃圾邮件识别中，SVM 能够有效地从成千上万的电子邮件中学习并识别出垃圾邮件的特征；在图像处理领域，SVM 能够准确地提取图像特征并进行有效分类；在空气质量预测中，SVM 通过分析历史数据来预测未来的空气质量指数。

支持向量机主要分为三类：线性可分支持向量机、线性不可分支持向量机和非线性支持向量机。线性可分支持向量机适用于那些在二维平面上可以用一条直线清楚地划分的数据集。当数据集在二维平面上不能用一条直线完全正确地划分时，就属于线性不可分支持向量机的应用场景，这时会有一些误判点出现。而对于非线性支持向量机，当用一条直线尝试划分数据集导致大量误判点出现时，就需要采用非线性映射，将数据从原始的二维空间映射到更高维的空间，如三维空间，以找到一个合适的超平面来正确划分数据集。通过这些技术，支持向量机不仅在理论上具有坚实的基础，而且在实际应用中也显示出其灵活性和高效性。这使得 SVM 成为机器学习领域中一个不可或缺的组成部分，持续推动数据科学的进步和创新。

2. 支持向量机算法的原理

支持向量机算法是一种强大的分类技术，它主要通过寻找样本数据中的最大分类间隔来确定最优分类超平面，进而将分类问题转化为一个二次规划问题进行求解。在具体应用中，SVM 需要先分析数据集中的样本点，尝试找到一个可以明确区分不同类别的决策边界，这个决策边界就是所谓的最优分类超平面。为了保证分类效果最优，SVM 寻求的是最大化边界间隔，即确保最近的样本点（支持向量）到决策边界的距离尽可能大，这样能大幅提高模型的泛化能力，对未见过的新样本具有很好的分类表现。二次规划是优化问题的一种，其中目标函数是变量的二次函数，同时受到一系列线性约束的限制。在 SVM 中，这涉及最小化一个包含权重向量的二次函数，权重向量定义了超平面的方向和位置，而约束条件确保所有数据点正确分类，且具有最大的间隔。对于非线性可分的数据集，SVM 使用核技术方法来处理，通过选择适当的核函数，SVM 能够将原始输入空间映射到一个更高维的特征空间，在这个新空间中，原本线性不可分的数据可能变得可分，进而使得 SVM 在各种复杂的数据集上都能找到有效的分类超平面，实现对各种复杂分类问题的处理。

为了更好的解释支持向量机，我们可以用一个简单的二维分类图（图 5-4）来阐述。

根据图 5-4 可知，黑色圆圈与白色圆圈被红色、蓝色、黑色三条直线完全分离，左侧全部为黑球，右侧全部为白球。在二维空间内，当两种不同的事物被一条直线完全分开时，可以称之为线性可分。线性可分的概念是 SVM 算法中一个重要概念，用以描述在特定的特征空间中，两个类别的数据是否可以通过一个线性决策边界完全正确地区分开。当此空间为二维空间时，这个决策边界可以是一条直线。当空间为更高维的空间时，这个决策边界则可能是一个超平面。

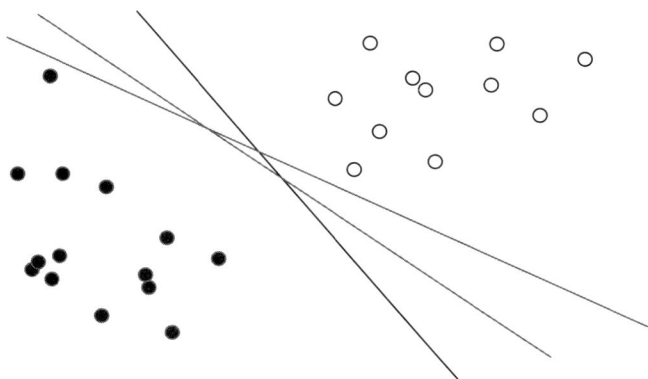

图 5-4　二维分类图

线性可分的数学定义：当存在一个线性方程（式 5-1）

$$\boldsymbol{w}^{\mathrm{T}} \cdot \boldsymbol{x}_i + b > 0 \qquad (5-1)$$

使得二分类数据集 $D = \{(\boldsymbol{x}_1, y_1), (\boldsymbol{x}_2, y_2), \cdots, (\boldsymbol{x}_m, y_m) \mid x_i \in \mathbb{R}^n, y_i = \pm 1\}$ 中的任意数据点（x_i, y_i）都满足以下条件时：

$$\boldsymbol{w}^{\mathrm{T}} \cdot \boldsymbol{x}_i + b > 0，（y_i = 1） \qquad (5-2)$$

$$\boldsymbol{w}^{\mathrm{T}} \cdot \boldsymbol{x}_i + b < 0，（y_i = -1） \qquad (5-3)$$

就称为这个二分类数据集 D 是线性可分的，这里的 $\boldsymbol{x}_i$ 代表特征向量，而 y_i 代表相应的标签，标签的值只有 1 或 -1 两种可能，代表两个不同的类别。线性可分的情况是一种理想状态，在这种情况下我们可以通过一个简单的线性模型来进行准确的分类，不需要任何复杂的非线性映射，这样的线性决策界不仅计算简便，而且理论上可以完全无误差地区分两类数据点，这一性质也使得算法的训练过程和后续的分类决策都相对高效。

从二维空间扩展到多维空间时，决策边界从简单的直线变成了超平面，这个超平面不仅可以正确地分类所有训练样本，而且能够最大化两类样本与超平面之间的间隔。这个最大间隔是 SVM 的核心概念，它确保了模型具有最佳的泛化能力。在这个更广泛的数学框架中，超平面是定义为满足等式（5-1）的 n 维空间中的一个（$n-1$）维子空间，这个用于区分数据集 D 两个类别的超平面同样应满足：式（5-2）和（5-3）。为了使得这个超平面具有更高的鲁棒性和分类的准确性，SVM 算法寻求确定一个最佳超平面，也就是所谓的最大间隔超平面，这个超平面的选择标准是最大化两类样本到超平面的最小距离，确保分类最为清晰的边界。这种最大化间隔的策略有助于增强模型的泛化能力，即在未见数据上的表现更加稳定和准确。最大间隔超平面计算实际上依赖于边界两侧距离超平面最近的样本点，即支持向量，它们直接决定了超平面的位置和方向。这也意味着其他较远的点虽然也重要，但对决定分割边界的位置没有直接影响。

寻找最大间隔超平面的任务可以用数学语言这样描述：我们需要找到参数 w（权重向量）和 b（偏置项）来最大化间隔，这个间隔定义为最近的数据点到决策边界（即超平面）的距离。在数学上，这个最大化问题可以转化为一个优化问题，其中目标函数是 $\|w\|$（权重向量的范数）的倒数，这是因为间隔的大小与 $\|w\|$ 成反比。同时，我们还需要添加约束条件：

$$y_i(w^{\mathrm{T}} \cdot x_i + b) \geqslant 1 \tag{5-4}$$

对于所有 i，应确保所有的数据点都在超平面的正确一侧，并且至少有间隔 1。

虽然理论上存在无数个可以将数据集完美分割的超平面，但是最大间隔超平面是唯一的，这种超平面仅考虑了将数据分开的能力，还确保了对噪声和异常值的最强抵抗力，提供了最强的预测性和鲁棒性。实际上的求解过程通常通过二次规划方法来完成，这涉及一些高级的数学和优化算法，如拉格朗日乘数法，这些方法帮助我们找到满足上述约束条件的最优 w 和 b。

在实际应用中，很多数据集并不是完全线性可分的，即使在高维空间中通过核技术映射也可能需要处理一定的误判和噪声。在这种情况下，支持向量机算法通过引入软间隔（Soft Margin）的概念来允许一定量的分类错误，从而提高模型对于实际数据的适应性和鲁棒性。支持向量机通过寻找最大间隔超平面来优化分类边界，即使在线性不可分的情况下也尽量保持较好的分类效果，这是通过调整分类错误的惩罚参数和选择合适的核函数来实现的，从而在训练数据中找到一个最佳的平衡点，确保模型具有良好的泛化能力。这种从理论到实践的逐步深入，使得支持向量机成为机器学习领域中一个非常重要和强大的工具。

二、回归算法

1. 回归算法概述

回归分析是一种统计学方法，用于研究一个或多个自变量（解释变量）与因变量（依赖变量）之间的关系。换言之，我们可以通过构建回归函数或回归模型将输入数据映射到某个预设值，进而预测连续型数据的未来值。具体来讲，我们可以基于历史数据集建立回归模型，并通过优化算法不断调整模型参数，使模型预测值尽可能接近真实输出值，确保模型的准确性和泛化能力。回归算法不仅在数学和统计学领域得到广泛应用，也是金融、经济学、生物统计、环境科学等多个领域的重要工具，它可以帮助研究者和分析师解析数据背后的趋势和规律，如市场营销中消费者行为的预测、股市趋势的分析，或是药物治疗效果的评估等。在实际应用中，根据数据特征和需求，可以选择不同类型的回归模型，如线性回归用于预测结果与解释变量之间存在线性关系的情况；而当数据显示更复杂的非线性关系时，可以使用多项式回归或逻辑回归。

回归算法属于有监督学习的一种方法，其目的是通过已有的训练数据（包括输入变量和相对应的输出结果）来训练一个模型，使其能够对新的输入数据进行有效的预测。而回归任务通常关注于预测数值型的连续输出，而不是分类任务中的离散输出。以下是回归算法的一般步骤。

（1）数据的分割。在机器学习项目开始时，我们需要先将收集到的数据分割成训练集和测试集，其中训练集用于构建和调整模型，而测试集则用来评估模型的性能和泛化能力。通常，数据分割可以采用随机分割的方式确保训练集和测试集能代表整体数据的分布，或者使用交叉验证的方法来进一步提高模型评估的准确性和稳定性。

（2）训练。在这一阶段，算法会根据训练集中的数据特征和对应的输出结果来寻找最佳的模型参数，这就意味着需要考虑误差最小化的优化问题，如通过最小化预测输出和实际输出之间的均方误差（MSE）来调整参数。常用的回归模型包括线性回归、多项式回归和决策树回归等。为了避免模型过拟合（即模型在训练集上表现很好但在新数据上表现不佳的情况），可能会采用正则化技术，如 L1 正则化和 L2 正则化。

（3）测试。模型训练完成后，下一步是在测试集上评估模型的性能。这一环节通常通过计算模型预测值与实际值之间的差异来进行，如计算测试集上的均方误差。测试阶段的表现是判断模型是否足够好的重要指标，如果模型在测试集上的表现符合预期，它就可以被认为是有效的；如果不符合，可能需要重新调整模型参数或选择不同的模型。

（4）应用。测试阶段完成后，如果模型表现良好，则可以将其用于实际的预测任务，对新收集的未知数据进行预测，以及可能的实时预测应用。例如，在金融领域，可以使用回归模型预测股票价格；在医疗领域，可以预测病人的康复进度等。

2. 线性回归

线性回归是处理回归任务中最基础且广泛使用的算法，其核心思想是使用一个超平面（在二维空间中则是一条直线）来拟合数据集，这种方法在数据变量间存在线性关系时效果最佳。线性回归模型假设响应变量是一个或多个预测变量加上一个随机误差项的线性组合，即输入变量 X 和输出变量 Y 之间存在线性关系，由此可得出一个线性方程：

$$\hat{Y} = \boldsymbol{w}^{\mathrm{T}} \boldsymbol{X} + b \tag{5-5}$$

式中：$\boldsymbol{X} = (X_1, X_2, \cdots, X_n)$ 为输入变量，$\boldsymbol{w} = (w_1, w_2, \cdots, w_n)$ 为模型的线性系数，而 b 为偏置项或截距项。

在实际操作中，线性回归的关键在于找到一组系数 $\boldsymbol{w}$ 和偏置 b，使得模型预测值 $\hat{y}$ 与真实观测值 Y 之间的差异最小。这种差异通常通过损失函数来度量，最常用的损失函数是均方误差，它计算所有预测值与真实值之间差的平方和。损失函数表达式为

$$\text{loss} = \sum_{i=1}^{n} \left(Y_i - \hat{Y}_i \right)^2 \tag{5-6}$$

代入式（5-5），可得：

$$\text{loss} = \sum_{i=1}^{n} \left(Y_i - (\boldsymbol{w}^{\mathrm{T}} \boldsymbol{X}_i + b) \right)^2 \tag{5-7}$$

式中：Y_i 为第 i 个观测值，$\boldsymbol{X}_i$ 为第 i 个输入变量向量。

　　线性系数 w 和偏置 b 基于损失函数最小化前提下通过最小二乘法来估计。最小二乘法是一种优化技术，它直接找出使得损失函数最小的系数值，这种方法因其数学上的直接性和计算上的高效性而被广泛采用。

　　线性回归模型由于结果容易理解和解释，可以提高模型决策的透明性和可靠性，在实际应用中具有非常大的优势，而且线性模型的计算效率高，尤其是在使用算法如随机梯度下降时，能够有效地处理大规模数据集，并且容易适应新数据的加入，这使得线性回归在动态环境中仍然保持适用性。但是，线性回归模型在理论和实践上非常成熟的情况下仍然面临一定的局限性，因为在现实世界的很多场景中存在的线性关系可能没有想象的那么简单，普通线性回归模型无法完整解决。当输入变量之间存在多重共线性时，即变量之间高度相关时，会使得模型估计不稳定，进而导致解释变量的影响被高估或低估。面对实际数据由于集中的复杂关系导致线性回归出现过拟合或欠拟合的问题时，可以引入正则化技术，如最小绝对收缩和选择算法（LASSO）、岭回归和弹性网络回归，这些方法通过在损失函数中添加一个惩罚项来限制模型的复杂度，从而减少过拟合的风险。LASSO 回归倾向于产生一些系数精确为零的解，这种特性可以用作自动特征选择；岭回归则是通过添加 L2 惩罚项来减少系数的大小；弹性网络回归结合了 LASSO 和岭回归的惩罚项，是一种更为灵活的方法。正则化方法增强了线性回归的稳定性和泛化能力，但线性回归本身主要依赖于线性关系的假设，对于非线性数据关系，线性回归本身依然无法提供准确的预测。而且，线性模型的灵活性有限，对于复杂数据结构或存在高度非线性关系的情形，线性回归可能不足以捕捉这些复杂的模式，即使可以通过添加交互项或多项式项来尝试解决这一问题，但这通常会导致模型变得复杂，难以解释，且计算成本较高。

　　一元线性回归是最基础的回归形式，涉及一个自变量和一个因变量，并假设它们之间存在线性关系，广泛应用于各种领域，从经济学到工程学，都可以用来预测和理解变量间的关系。一元线性回归问题的工作流程如图 5-5 所示。

　　（1）收集数据。数据收集是进行一元线性回归分析的第一步，包括确定研究问题，选择相关变量，并收集足够的数据点以构建有效的模型。例如，如果要研究广告支出与销售量之间的关系，就需要收集关于不同广告支出水平及对应的销售数据。

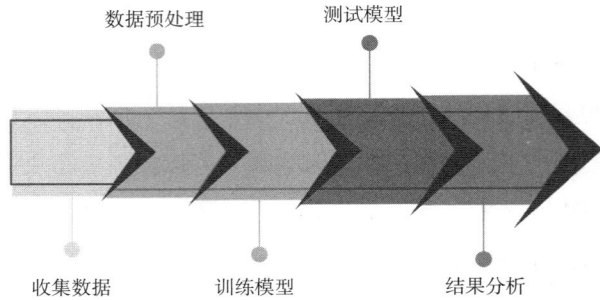

图 5-5　一元线性回归问题的工作流程

（2）数据预处理。数据预处理是确保分析有效性的关键步骤，包括处理缺失值、异常值检测和处理，以及数据的归一化或标准化，这些处理有助于提高模型的准确性和可靠性。例如，去除或填补缺失的销售数据，或剔除不符合常理的广告支出记录。

（3）训练模型。数据准备好之后，下一步是使用这些数据来训练模型。在一元线性回归中，需要找到最佳的直线 $Y = mX + b$ 使得所有数据点到直线的垂直距离之和（即误差）最小化，这需要选择一个统计方法来拟合数据，通常是最小二乘法。

（4）测试模型。模型训练完成后，接下来需要在独立的测试数据集上评估其表现，可以通过计算模型预测值与实际观测值之间的误差指标，如均方误差（MSE）或决定系数（R^2）来实现，进一步验证模型的预测能力和泛化能力。

（5）结果分析。对模型结果进行分析，包括解释模型参数（斜率和截距），评估模型假设的有效性，并探讨模型的限制。例如，斜率告诉我们销售量对每单位增加的广告支出的敏感度，而截距可能代表基本销售量（即没有广告支出时的销售水平）。

3. 逻辑回归

逻辑回归（Logistic Regression）是一种在数据挖掘、疾病诊断、经济预测等多个领域中常用的广义线性回归模型，特别适用于处理二分类（0 或 1）的问题。例如，它可以用来预测一个用户是否会购买某产品，一个病人是否患有特定疾病，或者一个在线广告是否会被点击。重要的是要注意，逻辑回归输出的是"可能性"，这与严格数学上的"概率"不同，因此它通常用于与其他变量进行加权和的计算，而不是直接作为概率处理。在数学模型的分类中，逻辑回归与线性回归都属于广义线性模型的范畴，这两种模型的主要区别在于对因变量分布的假设：线性回归假设因变量服从高斯分布，逻辑回归则假设它服从伯努利分布。如果去掉逻辑回归中的 Sigmoid 函数，模型就退化为线性回归。如果引入 Sigmoid 函数，模型升级为逻辑回归，实现了对非线性数据的处理，更加适合解决分类问题。因此可以说，在理论上，逻辑回归建立在线性回归的基础之上，但在实际应用中，它通过非线性的方式来有效地解决分类问题，这使得它在实际应用中极为重要和广泛。

逻辑回归模型虽然在形式上与线性回归相似，但它预测的是事件发生的对数几率，而不是直接预测响应变量的值，这个对数几率可以称为 logit 函数，逻辑回归模型的表达式为：

$$\mathrm{logit}(p) = \log\left(\frac{p}{1-p}\right) \tag{5-8}$$

式中：p 为事件发生的概率。

在逻辑回归中，通过引入 Sigmoid 函数，可以将线性回归模型 $\hat{Y} = \boldsymbol{w}^{\mathrm{T}}\boldsymbol{X} + b$ 扩展到了分类问题的处理上，即凭借 $\mathrm{logit}(p)$ 的反函数将线性方程的输出映射到 0 和 1 之间，这种转换是必要的，因为在分类任务中，我们希望输出可以解释为概率，这样的输出对于决策制定更为直接和有意义。

Sigmoid 函数的表达式是：

$$\sigma(h) = \frac{1}{1 + \mathrm{e}^{-h}} \tag{5-9}$$

式中：h 为输入，可以是任意实数。

Sigmoid 函数图像如图 5-6 所示。

根据图 5-6 可知，Sigmoid 函数的特点非常明显，当 h 的值非常大时，$\sigma(h)$ 趋近于 1；当 h 的值非常小（负值非常大）时，$\sigma(h)$ 趋近于 0；当 h=0 时，$\sigma(h) = 0.5$。这意味着 Sigmoid 函数能够将一个线性回归的输出转换成一个介于 0 和 1 之间的值，从而可以被解释为概率。因此，在逻辑回归模型中，将线性组合 $\boldsymbol{w}^{\mathrm{T}}\boldsymbol{X} + b$ 通过 Sigmoid 函数转换后的输出 $\sigma(\boldsymbol{w}^{\mathrm{T}}\boldsymbol{X} + b)$ 表示为事件发生的概率，表达式为：

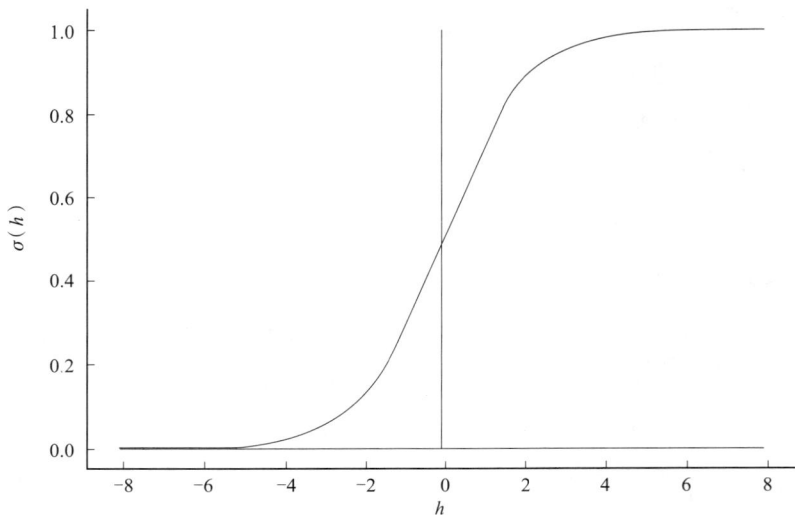

图 5-6　Sigmoid 函数图像

$$p = \sigma(\boldsymbol{w}^{\mathrm{T}}\boldsymbol{X} + b) = \frac{1}{1 + \mathrm{e}^{-(\boldsymbol{w}^{\mathrm{T}}\boldsymbol{X} + b)}} \qquad (5\text{-}10)$$

在逻辑回归中，目标是估计模型参数，即权重向量 $\boldsymbol{w} = (w_1, w_2, \cdots, w_n)$ 和偏置项 b，以便最好地预测目标变量，逻辑回归通常使用最大似然估计或优化算法（如随机梯度下降）来找到这些参数。最大似然估计是通过选择参数 $\boldsymbol{w}$ 和 b 来最大化似然函数，即最小化负对数似然（即交叉熵损失）；随机梯度下降是一种适用于数据集很大的优化方法，在每一步，随机选择数据集中的一个样本或一小批样本，然后计算损失函数的梯度，接着在梯度的方向上更新权重 $\boldsymbol{w}$ 和偏置 b，以减少损失

逻辑回归模型的损失函数通常采用交叉熵损失（也称为对数损失），即实际输出 y_i 与预测输出 $\widehat{y_i}$ 与真实观测值 Y 之间的差异，公式如下：

$$\mathrm{loss} = -\sum_{i=1}^{p}\left[y_i \log(\widehat{y_i}) + (1 - y_i) \log(1 - \widehat{y_i}) \right] \qquad (5\text{-}11)$$

式中：y_i 为样本 i 的实际标签，取值为 0 或 1；$\widehat{y_i}$ 为模型预测样本 i 取值标签为 0 或 1 的概率，即 $\widehat{y_i} = \sigma(\boldsymbol{w}^{\mathrm{T}}\boldsymbol{X}_i + b)$，$X_i$ 为样本 i 的特征向量。

下面我将通过一个具体的例子，说明逻辑回归算法的应用。

假设一个银行希望开发一个模型来预测客户是否有能力偿还贷款。换言之，模型需要根据客户的个人信息和历史信用数据来预测其贷款违约的可能性，帮助银行决定是否批准客户的贷款申请。具体步骤如下：

（1）数据收集。银行从其数据库中收集以下数据：年龄（数值）、年收入（数值）、贷款金额（数值）、贷款期限（数值）等。

（2）数据预处理。①编码处理：对非数值数据进行编码，如使用独热编码（One-Hot Encoding）处理教育程度和信用历史。②数据清洗：处理缺失值、异常值。③特征标准化：标准化年收入和贷款金额等数值特征，确保它们在同一量级，以提高模型的稳定性和性能。

（3）模型建立与训练。使用逻辑回归算法，建立一个预测模型，其中输出是客户违约的概率。

模型公式可能如下：

$$\text{Probability of Default} = \sigma(\beta_0 + \beta_1 \times Age + \beta_2 \times Annual\ Income + \cdots)$$

式中在 Probability of Default 代表模型输出的目标变量，表示贷款违约的概率，即客户未能如期偿还贷款的可能性。β_0 是模型的截距项，也称为偏置项，是一个常数，表示当所有自变量（即特征）都为 0 时，模型输出的基线值。β_1、β_2 等是模型的系数，每个系数对应一个特定的自变量（特征），这些系数表示相应特征在预测目标变量时的重要性和影响力。Age、Annual Income 等是模型中的特征或解释变量，用于预测目标变量。

使用交叉熵作为损失函数，应用梯度下降法来估计模型参数。

（4）模型评估。将数据分为训练集和测试集。在训练集上训练模型，在测试集上评估模型的性能，常用的评估指标包括准确率、召回率、ROC 曲线和 AUC 值。

（5）模型应用。银行可以使用该模型对贷款申请者进行评估，预测他们未来可能违约的概率。如果预测的违约概率低于某个阈值，银行可能批准贷款；如果高于这个阈值，贷款申请可能被拒绝。

第六章

深度神经网络

第一节　人工神经网络概述

一、人工神经网络基本概念

1. 人工神经网络含义

人工神经网络的设计灵感源自生物神经网络，甚至在结构上以神经元的互联和信号传递机制等生物神经系统本身的关键特性为参照进行模仿，从而实现分布式并行信息处理，如果单纯从生物学角度上讲，人工神经网络虽然没有完全复制生物神经网络的所有复杂性和细节，但仍然具备生物神经网络的一定功能，可以视作大脑某些功能的一种简化和抽象表示，模仿人类大脑的处理方式处理信息。从本质上讲，人工神经网络是一种模仿生物神经系统结构和功能的计算模型，所以也被简称为神经网络或类神经网络，其核心组成部分是大量的处理单元——节点或神经元，这些神经元通过权重（即神经连接的强度）的连接彼此互联，权重决定了某个信号通过网络时的影响力，是网络进行信息处理和学习的基础。每个神经元都有一个特定的输出函数，通常称为激活函数或激励函数，激励函数的作用是决定神经元在接收到输入（来自前一层神经元的加权信号）后是否激活，是否向网络的下一层发送信号，这种机制使得神经网络能够处理非线性问题，提高了模型处理复杂数据的能力。神经网络的这种特殊设计允许它逼近复杂的函数或模拟自然界中的算法，模拟人类大脑的处理方式处理视觉或语言任务，或者视作一种逻辑策略的表达，在游戏任务中担任决策角色，提出优化问题的解决方案。

在人工智能领域，人工神经网络的应用非常广泛，涵盖图像和语音识别、自然语言处理、机器翻译以及游戏理论等多种场景，这些场景中的神经网络通过在训练过程中调整神经元之间的连接权重，学习如何最佳地执行特定任务。人工神经网络的核心优势在于其能对复杂和非线性问题进行建模，这是通过多层结构实现的，其中每一层都能从前一层学到的表示中提取更高级的抽象特征。例如，在图像处理中，网络的较低层可能专注于识别边缘和纹理，而更高层则可以识别具体的对象，如人脸或汽车。随着计算技术的进步和数据可获取性的提高，人工神经网络的性能和准确性得到了显著提升，这使得神经网络在解决现实世界问题中的角色越来越重要，成为现代技术不可或缺的一部分。

2. 人工神经元模型

人工神经系统的设计灵感来源于生物神经系统的结构和功能，生物神经系统中主要依靠神经元传递信息，其通过树突接收信号，经轴突传送至其他神经元。人工神经网络模拟这一过程，以人工神经元为基本单位，通过数学函数模拟这种信号传递和处理机制。人工神经元有多种模型，但其中提出最早、影响最大的模型是由沃伦·麦卡洛克（Warren McCulloch）和沃尔特·皮茨（Walter Pitts）于1943年在分析总结神经元基本特性的基础上提出的MP模型 ❶，也因此开创了人工神经网络研究的时代。

但MP模型过于简单，权值无法进行学习，因此人们基于MP模型研发出更复杂、更灵活的神经元。基本人工神经元模型（简称神经元模型）是一种规范的模型，可以用数学形式来表示，如图6-1所示。该人工神经元模型主要分为三部分，分别是输入、内部结构及输出。

---

❶ MCCULLOCH W S, PITTS W. A logical calculus of the ideas immanent in nervous activity[J]. Bulletin of Mathematical Biology, 1943, 5(4): 115-133.

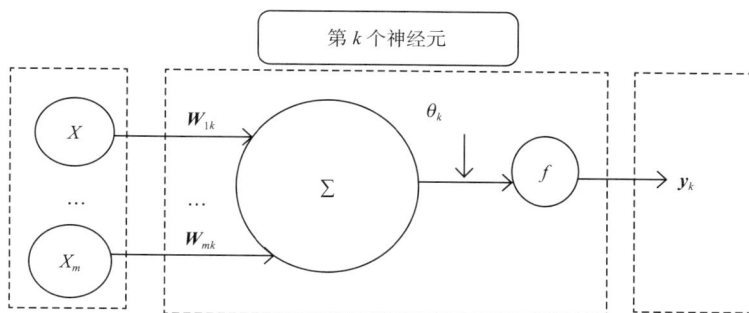

图 6-1 基本人工神经元模型

（1）输入。一个神经元可以接收来自多个不同来源的输入，这些输入通过连接线单向传输至神经元，每条连接线携带一个外部信号 X_i，如图 6-1 中的 $\{X_1, ..., X_m\}$，这些外部信号可以是其他神经元的输出，或者来自网络的初始输入层。每条连接线还包括一个权重 W_{ik}，其中 i 表示连接线中外部神经元输出的编号，而 k 表示连接线指向的目标神经元的编号，如图 6-1 中的 $\{W_{1k}, ..., W_{mk}\}$。权重 W_{ik} 起着调节信号强度的作用，决定了该信号在神经元处理中的重要性，权值可以是正值或负值，正值通常表示激励性连接，即增强目标神经元的活性；负值表示抑制性连接，即减弱目标神经元的活性。这些输入信号经过权重调整后，会聚集到神经元的输入端，神经元将所有接收到的加权输入求和，形成一个总输入值 S。这个总输入值 S 是后续处理的基础，它将被送入神经元的激活函数。

（2）内部结构。一个人工神经元的内部结构同样分为三部分，这些部分共同决定了神经元的输出和其在神经网络中的功能。

①加法器：根据图 6-1 可知，编号为 k 的神经元接收到的输入来自多个来源，数量记为 m，每个输入来源都有其独立的输入信号 X_i（$i = 1, 2, ..., m$）以及它们对应的权值 W_{ik}（$i = 1, 2, ..., m$）。这些输入信号与其对应权值的乘积被加法器累加，构成一个线性加法器，输出值符合式 6-1，即总输入值 S 为

$$S = \sum_{i=1}^{m} W_{ik} X_i \qquad (6-1)$$

S 反映了外部神经元对 k 号神经元所产生的综合作用。这个过程模拟了生物神经元的信号整合功能，形成一个单一的数值输出。

②偏差值（Bias）：加法器所产生的值可能会受到外部环境干扰与影响而产生偏差，因此需要引入一个偏差值 θ_k 以弥补这种不足。k 号神经元的偏差值是一个常数，通常直接加到加法器的输出上，以调整神经元的激活阈值。因此，神经元的数学模型可表示为

$$net_k = \sum_{i=1}^{m} W_{ik} X_i + \theta_k \qquad (6-2)$$

这个值 net_k 可以作为下一层神经元的输入，或者是激活函数的输入。

③激活函数：激活函数 f 起到非线性映射的作用，其目的是限制神经元输出值的幅度，确保输出值在某个特定的范围内，如 -1 到 +1 或 0 到 1。这样的设置使得网络的输出更加稳定，同时可以增加网络处理非线性问题的能力。常用的激活函数包括 Logistic 函数和 Sigmoid 函数，这些函数都是压缩型函数，可以将任意范围的输入值映射到一个固定的输出范围内。神经元的最终输出可表示为 $f(net_k)$，这个输出可以传递给下一层的神经元或作为网络的最终输出。

（3）输出。神经网络中编号为 k 的神经元的输出值 y_k 是由它的内部结构产生的，具体来说，是通过将加权输入和偏差值的和传递给激活函数 f 而得到的，这个过程可以数学化地表示

$$y_k = f(net_k) \qquad (6-3)$$

式中：net_k 为加法器和偏差值的组合，即式（6-2）所代表的输入。

根据式（6-2）和式（6-3）可得

$$y_k = f\left(\sum_{i=1}^{m} W_{ik} X_i + \theta_k\right) \qquad (6-4)$$

式（6-4）表明每一个神经元的输出都是其多个输入信号的加权和再加上偏差值，最后通过激活函数进行转换的结果，这种转换不仅为神经网络提供了非线性处理能力，还帮助网络解决实际中的各种复杂和非线性问题。

式（6-4）得出的输出 y_k 不仅是神经元 k 的最终输出，还可以作为网络中其他神经元的输入。例如，如果神经元 k 是某一隐藏层的一部分，那么 y_k 可能会被用作后续层中一个或多个神经元的输入，这种方式允许信号在神经网络中从输入层流向输出层，通过每层的处理逐步形成更为复杂的数据表示。通过这种方式，神经网络能够模拟复杂的函数映射关系，这是其在多种应用如图像

识别、自然语言处理和复杂决策系统中表现出色的关键。

3. 基本人工神经网络结构

人工神经网络是由许多人工神经元通过模拟人类大脑中的神经系统按照特定的拓扑结构连接而成，这些神经网络在设计时通常遵循一定的规则和结构，以达到预定的功能和性能目标。基本的人工神经网络，也称为感知器（Perceptron），是最早的神经网络模型之一，由美国学者 F. Rosenblatt 于 1958 年提出，❶ 主要用于简单的线性分类任务。感知器可以分为单层感知器、双层感知器和三层感知器等，单层感知器由一个输入层和一个输出层组成，输出层包含一个或多个神经元，适用于处理线性可分问题；双层和三层感知器引入了一个或两个隐藏层，这些隐藏层可以处理更复杂的非线性问题，使得网络能够学习和模拟更复杂的决策边界。

人类大脑的结构极其复杂且包含数以亿计的神经元，这些神经元通过复杂的连接网络相互作用，展示出强大的处理能力和适应性。与自然界中大脑的神经网络相比，人工神经网络具有更加规整和简化的结构，倾向于采用有规则的、层次分明的架构，这样设计可以更好地控制学习过程，提高学习效率，以及适应特定的应用需求。而且，人工神经网络的设计通常侧重于优化特定的性能指标，如准确率、响应速度和泛化能力等，这种目标导向的设计方法使得人工神经网络可以在特定任务，如图像识别、语音识别和机器翻译等领域，表现出优异的性能。

基本人工神经网络是按照层次结构组织的，每一层由多个具有相同内部结构的神经元组成，在同一层内的神经元不相互连接，不同层之间的神经元通过连接线相连。层的概念是构建基本人工神经网络结构的基础，根据网络的复杂度，可以分为单层和多层网络。单层网络是最简单的形式，只有一个输入层和一个输出层，没有隐藏层，通常用于实现简单的线性分类，例如原始的感知器。多层网络包括一个输入层、一个或多个隐藏层和一个输出层，常见的是二层和三层网络，隐藏层的加入显著增强了网络处理非线性问题的能力，同时允许网络学习更复杂的特征表示，能处理更复杂的问题。基本人工神经网络层次

❶ ROSENBLATT F. The Perceptron：A probabilistic model for information storage and organization in the brain[J]. Psychological Review，1958，65（6）：386-408.

结构的方式有两种：第一种是前向型，在这种结构中，神经元按层排列，信息仅在一个方向上流动，从输入层到输出层，不包含任何回路。这种结构的优点是计算简单明了，适用于多种标准的学习算法，如反向传播。另一种是反馈型，它与前向型最显著的区别是包含有闭环或回路，允许信息在网络中循环，变相保持信息的"记忆"，而且反馈网络中包括延迟单元作为时间同步组件，使得网络能够在处理顺序任务时考虑历史信息，常用于语音识别、自然语言处理等领域。

4. 典型人工神经网络结构分析

为了更好的理解，我们可以结合一个典型的人工神经网络结构图进行分析，如图 6-2 所示。

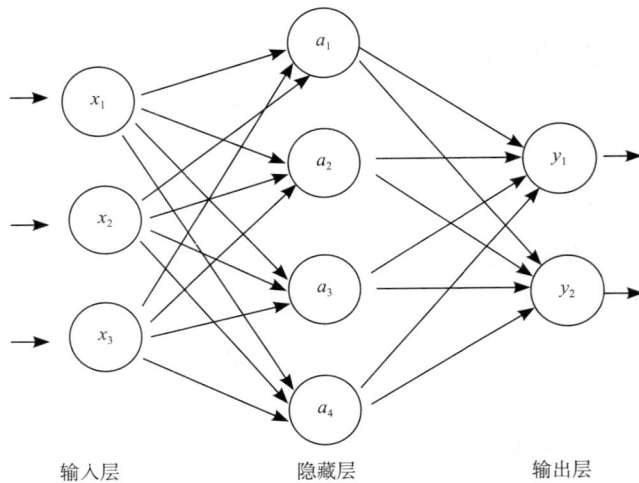

图 6-2　人工神经网络结构图

图 6-2 展示的三层神经网络结构是人工神经网络的一个基本例子，包括输入层、隐藏层和输出层。输入层由三个输入节点组成，标记为 x_1、x_2 和 x_3，这些节点代表模型接收的原始数据。隐藏层，也称为中间层，是位于输入层和输出层之间的层，在这个例子中包括四个节点，标记为 a_1、a_2、a_3 和 a_4。隐藏层的神经元对从输入层传入的数据进行变换和组合，每个隐藏节点会根据激活函数（如 ReLU、Sigmoid 或 Tanh）计算其输出。输出层包含两个节点，分别为 y_1 和 y_2，它们代表网络的最终预测结果。输出层的设计依赖于特定的任务

需求。例如，在分类任务中，输出层的每个节点通常代表一个类别的概率，并通过如 Softmax 这样的激活函数来处理；在回归任务中，输出层的激活函数可能是线性的，直接输出预测值。以上各层的节点之间的连接称为权重，用 w_1，$w_2, \cdots, w_n$ 表示。

设计神经网络时，输入层和输出层的节点数直接反映了特定任务的需求，如在图像分类任务中，输入层的节点数通常与图像的像素数量相匹配，而输出层的节点数则与类别数相对应。隐藏层的设计较为复杂，其层数和每层的节点数会影响网络的容量，即其学习和表达数据关系的能力。层数和节点数的选择依赖于问题的复杂性和可用的数据量，较多的层数和节点可以帮助网络学习更复杂的模式，但同时也增加了计算负担和过拟合的风险。神经网络中的拓扑结构和箭头描绘了信息在网络中的传递路径，从输入层开始，经过一系列的隐藏层处理，最后到达输出层，每一层都通过激活函数对输入数据进行变换，这些变换通过连接权重进行加权。常用的激活函数包括 Sigmoid、ReLU（线性整流单元），Sigmoid 函数输出范围在 0 ～ 1，适合输出概率。ReLU 函数在处理非线性问题时效果较好，能够加速网络的收敛，并减少梯度消失问题。权重（或称权值）是神经网络中最关键的参数，需要通过训练数据来学习，训练过程通常使用反向传播算法，通过计算损失函数（如均方误差或交叉熵损失）来评估网络的预测性能，然后调整权重以最小化这些损失，最终找到一组最优的权重，使得网络能够准确地映射输入到输出，即学习输入数据的内在规律和结构。具体做法是，在训练开始前，权重被初始化为小的随机数，然后通过迭代过程逐渐调整，每次迭代中，神经网络会计算其预测的误差，并将误差信息反向传递通过网络，优化这些权重。

二、人工神经网络的学习

1. 人工神经网络的学习机理

学习是人类发展和适应环境的基本机制，是一种根据环境反馈而逐渐调整和优化行为的过程，这种改变不是暂时的，而是相对持久的，反映了个体与环境相互作用的结果。而在具体的学习过程中，个体通过观察、模仿、实践和重复来获取新的知识和技能。随着训练量的增加，学习的深度和广度通常会增加，这是因为重复和实践可以加深记忆，使知识和技能更加牢固。人工神经网络作为模拟人类神经系统衍生出的计算结构，其学习过程即网络的训练，是基于修改网络的结构和调整连接权重展开的，由学习规则自动执行，以确保网络输出尽可能接近期望的结果。人工神经网络之所以具有强大的潜力，主要归功于其能够通过继续学习来不断改进自身的性能，随着训练数据的增加，网络能够适应新的、未见过的情况，从而在多变的实际应用环境中保持其有效性和灵活性。

人工神经网络的功能和性能在很大程度上取决于其结构—即神经元的连接方式和这些连接的强度，连接的结构和权值定义了网络的拓扑结构，而权值矩阵 W 则是这一结构的数学表达，它不仅仅代表一组数字的集合，实质上也代表了网络在解决特定问题时所累积的知识和经验。在神经网络的训练过程中，权值的调整是核心活动，这一过程通过学习规则（或称为训练算法）来进行，如最著名的反向传播算法。这些算法会根据网络输出与期望输出之间的误差来调整权值，目的是最小化这一误差，从而提高网络对数据的适应能力和预测准确性。具体来讲，根据每次输入样本的反馈调整权值的大小，虽然每次权值变化都比较微小，但随着成千上万个样本的处理，这些微小变化累积起来，就能使网络逐渐适应并掌握复杂的数据模式。这种权值的调整算法在单个神经元层面可能看起来很简单，但当这种调整在网络的许多神经元中同时发生时，整个网络的行为就表现出高度的复杂和"智能"特性，但也正因为这种集体的、协调的行为才使得神经网络能够进行功能复杂的任务，如图像和语音识别、自然语言处理等。

人工神经网络的学习过程大致可以分为以下几个步骤。

（1）建立标记样本集：我们需要收集并标记大量样本数据，这些样本数据包括输入数据及其对应的正确输出。标记样本集是训练神经网络的基础，通过这些数据，网络能学习到输入与输出之间的关系。

（2）训练：通过神经网络算法（如反向传播算法）来训练样本集。在训练过程中，网络会尝试通过调整神经元之间连接的权重来匹配训练数据的输出，这个过程通常涉及大量的迭代，每次迭代网络会根据训练误差调整权值，误差是指网络预测输出和实际输出之间的差异。

（3）误差最小化：神经网络的目标是最小化训练误差，即减少预测结果和实际结果之间的差距，通过不断地调整权值，网络可以更好地学习数据中的特征和模式。

（4）完成网络训练：经过多次迭代后，当训练误差降至可接受的水平或达到预定的迭代次数时，训练过程结束。此时，网络已基本学会如何处理相似的数据，数学模型也就建立完成。

（5）应用数学模型：将训练好的模型应用到新的、未见过的测试样本上进行分类或预测测试，这一步是验证模型泛化能力的关键环节。

（6）评估模型性能：通过测试样本分类或预测结果来评估模型的性能，性能好的模型可以准确预测或分类未知数据，这表明模型具有良好的泛化能力。

（7）实际应用：一旦模型经过充分的测试并验证其有效性，就可以应用到实际的问题解决中去，如图像识别、语音识别、医学诊断等领域。

2. 人工神经网络的学习方式

人工神经网络的训练主要有两种方式：无导师学习和有导师学习。

（1）有导师学习（Supervised Learning）是人工智能和机器学习领域中最常用的学习方法之一，它基于明确的教师信号（或标签）来引导和纠正学习过程。在这种学习模式下，每个输入样本都有一个对应的预期输出，这些预期输出通常由人类专家预先定义并标注。通过这种方式，神经网络被训练来识别输入数据与预期输出之间的关系，目的是最小化输出误差并提高预测的准确性。具体来讲，在有导师学习中，学习的基本机制是通过不断的迭代过程进行的，神经网络在每次迭代中接收输入数据，并生成一个输出结果，这个输出随后会与教师信号（即标签）进行比较，差异或误差被用来评估网络性能的好坏。如果网络的输出与教师信号不一致，那么网络的权值将根据误差的大小和方向进行调整，这种调整是通过一种称为误差反向传播的机制来实现的。通过这种方式，网络在后续的迭代中能够逐渐减少误差，从而更精确地模拟或预测正确的输出。

（2）无导师学习（Unsupervised Learning）同样是人工神经网络中一种非常重要的学习范式，它与有导师学习最显著的不同是它不依赖于预先标记的输出，而是依靠网络自身发现输入数据中的模式和结构。具体来讲，在无导师学习的过程中，神经网络通过其内部结构和学习规则对输入数据进行分析，然后凭借网络的自组织能力自动调整权值，以适应和捕捉输入数据中的规律和关系。这种自组织过程是无导师学习的核心，它允许网络对数据进行有效的分类，即使在没有明确类别标签的情况下也能进行，常见的网络自组织过程包括聚类算法（例如 K-means 或层次聚类），主成分分析（PCA）和自组织映射（SOM），这些方法帮助网络识别并响应输入数据中的相似模式，将相似的输入归类到相同的类别中。因此，在无导师学习中，神经网络通常是在没有任何外部指导的背景下被训练，用于识别数据中的固有模式，如数据的聚类、分布、密度和其他统计属性。

第二节　深度学习概述

一、深度学习的基本概念

1. 深度学习初识

深度学习（Deep Learning, DL）是机器学习领域中的一个重要分支，是针对人工神经网络的深层研究，是使用多层人工神经网络学习数据的复杂表征。换言之，深度神经网络包含多层感知器（MLP），或由多个隐藏层构成，能够学习数据中的多层次特征和抽象概念。

深度学习概念首次被系统化地提出是在 2006 年，由多伦多大学的杰弗里·辛顿教授等人提出，但发展并非一帆风顺。直到 AlphaGo❶ 的诞生，并与当时的世界围棋冠军李世石进行围棋对战且取得成功后才产生爆炸性效果，引发多个领域将目光聚焦在深度学习上，广泛认可深度学习的实际应用价值。深度学习概念的提出标志着机器学习领域的一个重要进展，因为它使用多层次的非线性信息处理系统来模拟人类大脑处理数据的方式，有效地提升了数据分析和模式识别的能力，开始在多个领域展示出强大的应用能力。例如，在机器翻译领域，深度学习能够通过神经网络模型直接从大量双语数据中学习翻译规则，大幅提升翻译的自然性和准确度；在语音识别领域，深度学习方法已成为

---

❶ SILVER D, HUANG A, MADDISON C J, et al. Mastering the game of Go with deep neural networks and tree search[J]. Nature, 2016, 529(7587): 484.

主流，可以实现近乎实时的语音到文本转换；在医学图像分析、安全监控等领域，深度学习通过卷积神经网络极大地提高了图像识别的准确性；在自然语言处理方面，深度学习使计算机能够更好地理解人类语言的复杂性和语义丰富性，推动聊天机器人、情感分析等应用的发展。深度学习还广泛应用于工业自动化、医疗诊断、军事战术分析、商业数据分析、教育个性化学习、自然资源管理等多个领域，这些应用间接证明了其作为一种强大的工具改善和优化操作流程的能力。

从本质上讲，深度学习是一种基于多层神经网络运行的机器学习技术，通过多个隐藏层来学习复杂的非线性关系，每一层都在前一层基础上进一步提取和综合信息，形成更高级的数据表示，最终完成对人类大脑决策过程的模拟。每一层都由大量的神经元组成，可以处理和传递信号，实现从简单到复杂的信息转换。简易深度神经网络如图 6-3 所示。

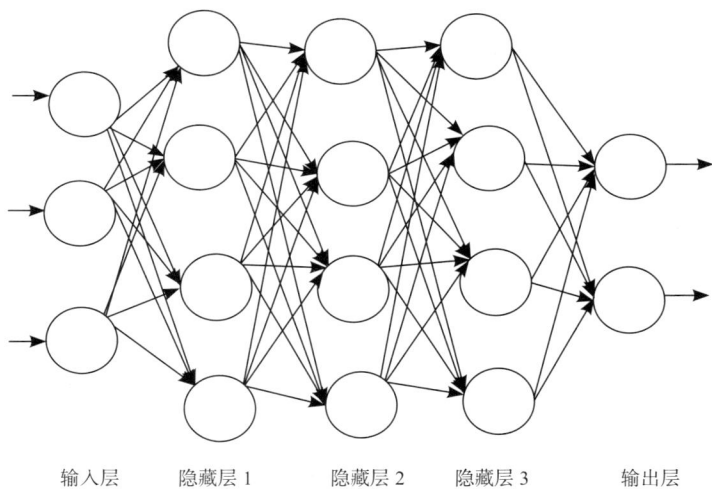

| 输入层 | 隐藏层 1 | 隐藏层 2 | 隐藏层 3 | 输出层 |

图 6-3　简易深度神经网络示意图

深度神经网络的深度，即隐藏层的数量，是衡量网络复杂性的一个重要指标，深度超过五层的神经网络通常被归类为深度学习模型，这些层的加深帮助模型解决了以往浅层网络难以处理的复杂问题。每层中的神经元数量也对模型的性能有显著影响，更多的神经元可以增加网络的学习能力，使其能够捕捉更为精细的特征。例如，在谷歌开发的 AlphaGo 程序中，其策略网络包含了 13

层，每层 192 个神经元，这种设计使得它能够学习和模拟围棋高级策略和决策过程。

2. 深度学习与传统机器学习的对比

从学习流程上看，传统机器学习与深度学习的对比主要体现在特征提取上。传统机器学习算法如图 6-4 所示，深度学习算法如图 6-5 所示。

图 6-4 传统机器学习算法

图 6-5 深度学习算法

对于传统机器学习算法来讲，特征提取常常是一项极具挑战性的任务，尤其是在处理复杂的问题时表现得更为明显，因为传统机器学习多为人工提取特征，此过程需要研究者投入大量时间和精力来识别和定义有效的特征集，而这通常是一个长期而繁琐的过程。假如我们要从众多照片中识别出汽车，我们可能需要关注车轮、车型、颜色等显著的特征，其中车轮的基本形状较为简单，一般是观察的首选，但要从复杂的真实场景中精确识别车轮并非易事。实际图片中的车轮可能受到多种因素的影响，如车身投下的阴影、金属车轴的反光以及周围物体的遮挡等，这些因素都可能扭曲或隐藏车轮的形态。同时，由于环境的多样性，同一特征在不同的图片中可能表现出极大的差异，增加了特征提取的难度。传统基于规则的特征提取方法往往难以适应这种高度变化的环境，导致需要持续的研究和试验来改进特征提取技术。在这种背景下，深度学习算法提供了一种有效的解决方案。

深度学习是机器学习领域的一个重要分支，其核心能力之一是能够自动地从简单特征中组合和提炼出更复杂的特征，进而利用这些复杂特征来解决各种问题。这种从简单到复杂的特征转化是通过多层神经网络结构实现的，每一层都在前一层的基础上进一步抽象和组合特征，形成更高层次的表示，这意味着深度学习模型可以从大量的原始数据中学习到有用的信息，而无须人工指定和设计特征。例如，在轮胎图像识别任务中，最初的网络层可能仅仅识别边缘和颜色变化，随着网络层次的加深，后续层次可以识别出更复杂的形状和对象部件，最终层次甚至可以识别整个对象的类别。这种层次化的学习方式极大地提升了模型处理复杂数据的能力，使得深度学习模型能够捕捉到数据中的复杂结构和隐含的关联，为传统机器学习方法难以处理的问题提供了新的解决方案。

深度学习和传统机器学习的对比不仅体现在特征提取上，还体现在以下三个方面：

（1）问题解决方式。在传统的机器学习算法中，问题解决的策略通常分为两步，第一步是将复杂问题分解为若干个可管理的子问题；第二步是在每个子问题被单独解决后将这些部分的解决方案合并以形成最终的输出。这种方法在很多情况下非常有效，但它需要详尽的领域知识来定义如何分解问题和如何合并子问题的解决方案。例如，在目标检测领域，传统方法可能会使用支持向量机（SVM）等经典 ML 算法，这些算法依赖于预先定义的特征（如 HOG），并需要辅以其他算法（如边界框检测）来定位图像中的潜在目标，然后对这些目标进行分类。相比之下，深度学习提供了一种端到端的解决方案，这种方法直接将原始数据（如图像）作为输入，通过一个统一的模型处理并直接输出最终结果，如对象的位置和类别。这种端到端的方法显著简化了处理流程，减少了中间步骤，从而降低了错误累积的可能性，并提高了处理效率。以YOLO（You Only Look Once）网络为例，这是一个流行的深度学习目标检测模型，它能够在单个网络前向传播中同时预测多个边界框和类别概率，极大地提高了目标检测的速度和准确性。

（2）模型训练。传统机器学习算法的训练过程因为学习模型性能在很大程度上依赖于输入数据的质量和适当的特征表示，所以训练通常侧重于选择和优化特定的算法，对输入数据进行精细的预处理和特征提取，并根据问题类型（如分类或回归）选择合适的机器学习模型，不断调整参数实现模型优化，增强模型的泛化能力，训练过程所需的数据和模型的复杂程度都较低，可以有效节约训练成本。而深度学习算法由于自身庞大的模型复杂度和对海量数据的需求，其训练过程通常非常耗时和资源密集，涉及数百万甚至数十亿的参数都需要在训练过程中调整和优化以学习数据中的复杂模式和关系，显著提升深度学习模型的训练成本。为了有效地训练这些复杂的模型，使用高性能的硬件成为必要条件，图形处理器（GPU）由于其并行处理能力强大，特别适合进行大规模的数学和矩阵运算，这正是训练深度学习模型所需的，它不仅能够显著加快模型训练过程，相比于传统的中央处理器（CPU），还能在处理任务时提升数十倍甚至上百倍的速度，提高模型训练的可扩展性，支持更大的数据集和更复杂的模型结构，从而推动更先进模型的研究和开发。

（3）局限性。传统的机器学习算法虽然能够处理与数据相关的问题，但适用范围较小，或者只能处理特定类型的数据问题，存在一定的局限性。而深度学习技术是一种强大的技术，它允许研究者将一个领域内的已有知识应用到新的、相关的领域，具备较高的适应性和可转移性。这就意味着深度学习算法能够适应各种不同的任务和环境，尤其在数据稀缺或数据获取成本高的场景中显得非常有效，大幅提升了其应用范畴。例如，在图像处理领域，可以使用在大规模数据集上预训练的图像分类网络作为特征提取器来应用于目标检测或图像分割任务，这些预训练的网络已经学习了如何识别各种图像中的复杂模式和特征，即使是在标注数据有限的情况下，它们也能通过微调（Fine-tuning）或作为特征提取模块直接应用于新任务，从而实现快速且效果显著的性能提升。在自然语言处理（NLP）、语音识别和推荐系统等领域，预训练模型也同样发挥着巨大的作用，只需经过预训练大量语言数据的结构和语义信息后，模型就可以轻松地运用到翻译、文本摘要、情感分析等多种 NLP 任务上，不仅节省了从头开始训练模型的时间和资源，也使得模型能够在数据较少的新领域中快速部署和优化。

二、典型深度学习框架

深度学习领域中有多种流行的框架，这些框架提供了构建和训练深度神经网络所需的工具和库。

1. TensorFlow

TensorFlow 是一个由 Google 开发的强大开源软件库，采用数据流图

（Data Flow Graphs）来表示计算过程，其中节点表示数学操作，边则表示在节点间传输的多维数据数组（即张量），主要用于数学计算和机器学习，特别是深度学习领域。TensorFlow 的设计初衷是为了支持复杂的科研计算，但如今它的应用已经远远超出了研究领域，由于其高度的灵活性和可扩展性，从游戏开发到医疗诊断等几乎所有需要进行大规模计算的领域都有它的身影。TensorFlow 的核心代码主要用 C++ 编写，确保了计算效率，同时提供了易于使用的 Python API，让研究人员和开发者能够轻松定义、训练和部署复杂的机器学习模型。

TensorFlow 的生态系统包括几个关键组件，这些组件使其成为一个全面的机器学习框架：

（1）TensorFlow Core API：提供完整的控制，适用于复杂的机器学习任务。用户可以直接使用底层 API 来创建和训练先进的模型。

（2）TensorBoard：一个非常强大的可视化工具，它允许用户可视化模型的各个方面，如计算图的结构和各种指标的动态变化。TensorBoard 对于理解、调试和优化复杂的机器学习模型尤其有用。

（3）TensorFlow Serving：专为生产环境设计，可以高效地部署机器学习模型。它支持 API 服务化，使得模型部署变得更加灵活和可扩展。Serving 支持热更新，允许无缝地迁移到新模型，确保服务的连续性和稳定性。

除此之外，TensorFlow 还支持一个名为 TFX（TensorFlow Extended）的端到端平台，该平台为部署生产级机器学习管道提供工具和组件，涵盖了从数据验证到模型训练、验证再到服务的全流程，使得从研究原型到生产部署的过程更加顺畅。

2. PyTorch

PyTorch 是由 Facebook 的 AI 研究团队开发的一个开源机器学习框架，因其灵活性、易用性和动态计算图而广受研究人员和开发者的喜爱。与使用静态图的其他框架不同，PyTorch 允许开发者通过命令式编程在运行时改变网络的行为，这种动态性在研究社区中特别受欢迎，因为实验设计经常需要快速变更。而且 PyTorch 对 Python 的原生支持进一步增强了其可用性和普及性，特别是 PyTorch 的直观语法与 Python 生态系统（如 NumPy 和 SciPy）的整合使其成为深度学习初学者的绝佳工具，在保证足够强大的同时也十分适用于前沿研究。

PyTorch 的另一个重要优势是其详细且清晰的调试能力，这意味着即使是即时执行的操作，调试 PyTorch 也可以像使用标准的 Python 调试工具（如 PDB 或 IPython）一样简单，这大大降低了学习曲线，提高了开发速度，对于需要频繁迭代的研究和开发项目至关重要。PyTorch 还提供了丰富的库和工具，如 TorchText、TorchVision 和 TorchAudio，这些工具专门用于自然语言处理和计算机视觉等特定应用，可以简化开发过程，并为标准的预处理和转换提供开箱即用的功能，使实现复杂的神经网络变得更加容易。

3. Keras

Keras 是一个开源的深度学习框架，因为其简单性和易用性广受开发者喜爱，最初为独立开发，现在已成为 TensorFlow 的一个高级接口。Keras 的设计目标是实现快速实验能力，使得用户能够轻松且迅速地从想法转到结果，这一点对于科研和开发尤其重要。Keras 提供了一系列高层次的构建模块，这些模块可以灵活地组装成深度学习模型，而且它的应用程序编程接口设计直观易懂，支持全连接、卷积、循环和组合网络等常见的神经网络结构，这使得 Keras 不仅适用于有经验的数据科学家，也非常适合刚入门的初学者。Keras 的另一个显著优势是其模块化和可配置性，这意味着几乎所有东西都是可插拔的，包括神经网络层、激活函数、损失函数等，这种设计使得在不同的研究项目和商业项目中都能快速地测试和实现不同的想法。最重要的一点，Keras 背后使用 TensorFlow 或 Theano 作为计算后端，通过简洁的代码实现高效的内部操作管理，不仅提供了易用性，还确保了运算在 CPU 和 GPU 多种硬件上都能高效执行。

4. MXNet

MXNet 是一个高性能的开源深度学习框架，得到了亚马逊 Web 服务（AWS）的大力支持，主要用于进行大规模和分布式机器学习计算，特别是那些需要处理巨大数据集的项目。MXNet 的核心优势在于其能够支持 Python、R、Scala 和 C++ 等多种编程语言，这使得它能够满足不同开发者的需求。而且 MXNet 还具有优异的扩展性和灵活性，能够无缝地在 CPUs、GPUs 以及 TPUs 等计算资源之间切换，这种灵活的资源管理能力使得 MXNet 在进行大规模并行计算时能保持高效的性能，极大地加快了模型训练和部署的速度。

MXNet 还可以提供一个独特的功能——动态和静态图的结合，这意味着开发者可以选择使用命令式编程（动态图）来增加灵活性和便利性，或者使用符号式编程（静态图）来提升性能和效率，这种双模式编程使 MXNet 在不同场景下都能发挥出最佳性能。MXNet 还注重优化用户的体验和提升开发效率，它的 Gluon 接口提供了一系列预构建的神经网络组件，使得构建和训练深度学习模型变得既直观又易于调试，为快速开发提供了简单而强大的工具，同时不牺牲底层的控制能力。

第三节　深度神经网络的核心问题

一、网络加深

1. 网络加深的背景

在当今人工智能领域，深度神经网络的应用已显示出其独特的优势，尤其是在处理复杂的模式识别问题上，尽管浅层神经网络可以包含数千个参数，在理论上可以像约翰·冯·诺伊曼所暗示的那样拟合一头大象，但实际应用中，更深层的网络结构对于理解更高层次的数据抽象显得尤为重要。事实上，深度网络通过其多层结构能够逐层抽取数据中的特征，从简单到复杂，这种层次化的特征学习过程是浅层网络难以企及的，而且更深的网络能够构建更为丰富的特征层次，使得模型在视觉识别、语言处理甚至游戏策略等方面有了质的飞跃。这一点在多个领域的实际应用中已得到充分验证，即使是 ILSVRC（ImageNet Large Scale Visual Recognition Challenge）这样大规模的图像识别竞赛同样有显著表现，凡是这类比赛获奖的算法几乎无一例外地采用了深度学习技术，凸显了深度学习在处理高维数据和进行复杂决策任务时的强大能力。虽然关于为何深层神经网络能够实现如此卓越性能的理论研究还在持续发展中，但从实际应用效果来看，深度学习的实用价值和未来潜力已经得到了广泛的认可和验证。因此，研究和开发更深层的神经网络结构不仅是技术进步的需要，也是解决更复杂、更具挑战性问题的必然趋势。

2. 网络加深的优势

（1）在深度学习中，增加网络层次的做法具有多重好处，其中之一是它可以在保持或提升性能的同时，减少所需的参数数量。这一点在卷积神经网络的设计中尤为显著，只需使用较小的滤波器并增加网络的深度，可以有效地降低模型的复杂度和提高其表现力。以卷积操作为例，传统上可能使用一个 5×5 的滤波器来直接从输入数据中提取特征，但如果改为使用两层 3×3 的滤波器的卷积层，虽然每层看似只覆盖较小的区域，但通过层叠，第二层的 3×3 滤波器实际上是在第一层的输出基础上操作，从而实现对原始输入同样大小区域的"观察"。这种方法不仅减少了总的参数数量（两个 3×3 滤波器合计 18 个权重，相比一个 5×5 滤波器的 25 个权重要少），还能捕捉更复杂的特征。多层较小滤波器的卷积操作还引入了更多的非线性变换，因为每经过一层卷积后都会应用 ReLU 等非线性激活函数，这样连续的非线性化过程使得网络能够学习更加抽象和复杂的特征表示，增强了网络的表达能力。基于此，即使每层的参数较少，通过组合这些层，网络依然能够实现对数据高度复杂模式的学习。这种通过加深网络层次而不是单纯增加单层滤波器大小的策略，不仅提高了参数的利用效率，也增强了模型的泛化能力，避免了过拟合的风险，在大规模图像处理任务中有杰出表现。

（2）加深网络层数的另一个显著好处是提高学习的效率，在处理需要从大量数据中提取复杂特征的任务时表现更为明显。这是因为深度网络通过逐步构建从简单到复杂的特征层级，从而更有效地理解和抽象数据的本质特性，减少对大量训练数据的依赖。以卷积神经网络为例，在网络的初级阶段，卷积层主要对图像中的边缘和角点等低级特征进行响应，因为这些特征是视觉信息处理的基础，相对简单且易于捕捉。但随着网络层次的加深，后续层开始对纹理、物体的具体部分甚至整个物体的场景等相对更加复杂的特征响应，这种分层次的特征提取使得深度学习模型不仅能够更有效地学习，还能在新的、未见过的数据上表现更好。当学习模型学会了识别从通用到具体的一系列特征，在面对新情况时自然能够利用已学习的特征进行有效推断，这种能力是只能识别非常具体的、在训练数据中直接出现模式的浅层网络难以比拟的。而且，深层网络在学习时的数据需求相对较低，可以通过较少的学习样本实现有效的训练，这对许多实际应用来讲都是一个巨大的优势。因此，增加网络的深度不仅提高了模型的表现力，还通过更高效的学习过程，降低了对大量数据的依赖，从而在多个层面上优化了学习过程。

3. 网络加深实例

为了更好地理解网络加深的优势，我们可以用一个简单的例子进行详细阐述。假设我们需要让机器自动识别"狗"，既可以使用传统的机器学习，也可以使用深度学习，其中，加深网络层次可以视为一种分而治之的策略，使得网络能够逐渐抽象出更复杂的特征，从而提升识别准确性和效率。具体步骤如下：

（1）基础层（如第一层或第二层）通常专注于捕捉"狗"这一事物最简单、最普遍的特征，如脸、耳朵、尾巴、四肢，这些特征具有普遍性和简单性，意味着网络可以用较少的样本来进行有效学习。

（2）中间层可以组合这些基础特征，形成更为复杂的模式，如"狗"的基本形状，然后捕捉与其相关的更具体的特征，更好地表征对象类别中的细微差异。例如，对于"狗"的识别，网络的中层可能会专注于识别不同种类的狗的毛发纹理、耳朵形状或尾巴类型，这些是介于基础特征与高级语义之间的过渡特征，它们为高层提供了必要的信息基础。

（3）网络的更高层则开始理解更为复杂的概念，如整个狗的姿态或动作。在这一层级，网络不仅仅是在识别静态的形状，更是在解读动态的场景和行为模式。这种高级的理解能力使得网络能够在各种复杂的视觉环境中准确识别目标。

（4）不断加深网络层次有助于提高模型的泛化能力，使得具备多层结构的网络学习到从通用到特殊的多级表示，这使得模型在面对未见过狗的种类或新的拍摄环境时，也能够表现出良好的识别能力。

二、神经网络计算

1. 神经网络计算方法

深度神经网络是一种包含多个隐藏层的神经网络，这些多层结构使得网络能够执行更为复杂的数据转换和特征提取，从而处理更复杂的问题。深度神经网络多层结构中的每一层神经元都对来自前一层的输出进行处理，并将结果传递到下一层，每层输出的计算通常包括加权求和和非线性激活函数的应用，这增加了网络处理非线性问题的能力。

深度神经网络计算方法与信息的传输方向有关，分为前向传播和反向传播。

（1）前向传播。前向传播是计算神经网络输出的基本过程，通常也被称为前馈过程。在神经网络的训练初期，需要先进行参数的初始化，包括网络中的权重和偏置的初始化，这些参数初始化的方式比较随机，目的是打破参数的对称性，从而使梯度下降等优化算法可以有效地工作。初始化后，需要计算深度神经网络各层的激活值。具体来说，从输入层开始，每一层的输入数据会与相应层的权重矩阵进行矩阵乘法，然后加上偏置项，得到线性的输出结果。每一层处理完毕的数据会作为下一层的输入继续传递，这一过程会一直持续到达输出层。在输出层，为了满足特定的输出需求，如多类别分类，可能会使用与隐藏层不同的激活函数。整个前向传播过程是一个层层递进的过程，通过不断的矩阵运算和非线性变换，将输入数据转化为输出结果，为之后的反向传播过程提供基础。

（2）反向传播。反向传播是神经网络中用于根据输出与实际值之间的误差优化网络参数的核心过程，这一多阶段的过程起始于计算输出层预测值与实际值之间的差异，通常是通过损失函数来进行评估，如均方误差或交叉熵损失。这一步骤完成后，网络需要通过链式法则计算损失函数相对于每个参数（包括权重和偏置）的梯度，这个梯度计算从输出层开始，逆向逐层扩展至输入层，因此被称为"反向"传播。这一传播过程揭示了损失如何随参数变化而变化，也告诉我们如何根据每一层参数的偏导数调整参数，以减少输出误差。当所有相关梯度被计算出来后，需要使用梯度下降或其他更复杂的优化算法（如 Adam 或 RMSprop）来更新参数，这个参数调整通常要按照梯度的方向调整，进而在未来的迭代中减少整体损失。

2. 正向传播

现假设有一 L 层神经网络，其中第 i 层（其中 $i = 1, 2, ..., L\text{-}1$）的神经元个数为 n_i，这个数字不包括每层可能包含的基神经元，因为基神经元通常用于引入偏置项到网络的计算中，而不直接参与前一层的输出数据处理。每一层的神经元被依次编号，第 i 层的第 j 个神经元表示为 $a_0^{[i]}$，其中（$j = 0, 1, ...,$

n_i)。每层的第 0 个神经元 $a_0^{[i]}$ 通常作为基神经元，其输出值设置为 1，用于传递偏置项，这样的设置有助于简化网络中权重和偏置的处理，使得每个神经元的输入都可以通过统一的线性组合来表示。在神经网络的连接模式中，第 i 层的第 j 个神经元与第 $i+1$ 层的第 k 个神经元之间的连接权重表示为 $w_{jk}^{[i]}$，表示从第 i 层的 j 号神经元到第 $i+1$ 层的 k 号神经元的信息传递强度。每一层的激活函数或传递函数记为 g_i，这些函数负责在每一层内部将线性加权的输入转化为非线性的输出，以实现复杂模式的识别。常用的激活函数包括 Sigmoid、Tanh 或 ReLU 等，Sigmoid 和 Tanh 适合输出值需要被压缩到特定范围的场景，而 ReLU 因其简单性和效率在隐藏层中广泛使用。

上述神经网络通过前向传播过程处理给定的训练向量 $(\boldsymbol{X}, \boldsymbol{Y})$，其中 $\boldsymbol{X} \in \mathbb{R}^{n_i}$ 是网络的输入向量，$\boldsymbol{Y}$ 是网络应输出的理想值，这一传播过程中输入层、隐藏层和输出层的计算如下：

（1）输入层。在输入层，神经网络的基神经元 $a_0^{[i]}$ 的信号设为 1，用于传递偏置项。对于每个输入 $x_j(j=1, 2, \cdots, n_i)$，输入层神经元的值 $a_j^{[1]}$ 通过激活函数 g 计算得到，即 $a_j^{[1]} = g(x_j)$，这里的激活函数可以是为了适应输入数据特性而选定的任意非线性函数，如 Sigmoid 或 ReLU。

（2）隐藏层。对于每个隐藏层 $i(i = 1, 2, ..., L-2)$，该层的基神经元信号 $a_0^{[i+1]}$ 也被设置为 1。隐含层中每个神经元的输出值 $a_j^{[i+1]}$ 由前一层的输出和该层的权重矩阵及偏置通过激活函数 g_{i+1} 计算而来，即：

$$a_j^{[i+1]} = g_{i+1}\left(\sum_{k=0}^{n_i} \boldsymbol{w}_{kj}^{[i]} a_k^{[i]} \right) \tag{6-5}$$

式中：$\boldsymbol{w}_{kj}^{[i]}$ 为第 i 层的权重，连接第 i 层的第 j 个神经元与第 $i+1$ 层的第 k 个神经元。

（3）输出层。最终的输出层，即神经网络的第 L 层，其神经元的计算与隐含层类似，但通常用于产生与任务目标直接相关的结果。输出层的每个神经元值 $a_j^{[L]}$ 通过如下方式得到：

$$a_j^{[L]} = g_L\left(\sum_{k=0}^{n_{L-1}} \boldsymbol{w}_{kj}^{[L-1]} a_k^{[L-1]} \right) \tag{6-6}$$

这里的激活函数 g_L 可能与隐含层的激活函数不同，取决于特定任务的需求，如使用 Softmax 函数处理多分类问题。

神经网络通过前向传播完成数据的处理后，还需利用反向传播原理来优化权重，以减小网络输出 Y 与理想输出的差异。

3. 反向传播

根据前向传播的过程和神经网络的结构，反向传播算法用于优化网络中的权重和偏置参数，以最小化网络输出与目标输出之间的误差。

（1）计算输出误差。在网络的输出层，我们需要计算预测输出与实际目标值之间的误差，这通常通过一个损失函数来进行量化，如均方误差或交叉熵损失。对于输出层 L 的每个输出神经元 j 的误差计算可以表示为：

$$E_j = y_j - a_j^{[L]} \tag{6-7}$$

式中：y_j 为目标输出，$a_j^{[L]}$ 为神经网络的实际输出。

但对于许多实际应用而言，特别是在使用均方误差作为损失函数时，单个输出神经元的误差 E_j 通常定义为一个损失值，表示为 E，公式为：

$$E = \frac{1}{2} \sum_j (y_j - a_j^{[L]})^2 \tag{6-8}$$

式（6-8）代表每个神经元的贡献被平方并求和，以形成总损失，其优点在于当我们对其求导时，1/2 的系数会与平方项中的 2 相消，简化了梯度计算。

在反向传播中，我们需要先计算输出层的误差，然后将这些误差传回输入层，途中通过每层修改参数以减少误差。第 L 层的第 j 个神经元的误差 $\delta_j^{[L]}$ 为对每个输出神经元的损失函数进行求导，可得：

$$\delta_j^{[L]} = \frac{\partial E}{\partial a_j^{[L]}} \tag{6-9}$$

式中：E 为损失函数，$a_j^{[L]}$ 为第 L 层的第 j 个神经元的实际输出。

根据式（6-8）和式（6-9）可得

$$\delta_j^{[L]} = \frac{\partial E}{\partial a_j^{[L]}} = \left(a_j^{[L]} - y_j \right) \tag{6-10}$$

在反向传播算法中，误差 δ 与激活函数的导数相关，是因为激活函数的导数描述了激活函数输出对输入的敏感度。换言之，它表示了在输入变化时输出会如何改变。这种关系是关键的，因为它决定了误差如何通过网络的各层向后传播，以及参数（权重和偏置）应如何调整以最小化总损失。还有一点需注意，当使用交叉熵损失时，这个导数将采用不同的形式。

（2）计算梯度。反向传播的核心是通过网络"反向"传递误差，并计算每个权重和偏置对损失的贡献，即其梯度。对于输出层，梯度的计算利用了损失函数的导数和激活函数的导数。

每个权重 $w_{kj}^{[L-1]}$ 的计算如下：

$$\frac{\partial E}{\partial w_{kj}^{[L-1]}} = \frac{\partial E}{\partial a_j^{[L]}} \frac{\partial a_j^{[L]}}{\partial w_{kj}^{[L-1]}} = \delta_j^{[L]} a_k^{[L-1]} \tag{6-11}$$

$$\delta_j^{[L]} = \frac{\partial E}{\partial a_j^{[L]}} g_L'\left(a_j^{[L]}\right) \tag{6-12}$$

式中：g'_L 为输出层激活函数的导数。

（3）传递误差到隐藏层。对于隐藏层，误差需要从输出层逐层反向传播到输入层。对于第 i 层的每个神经元的梯度计算如下：

$$\delta_j^{[i]} = \left(\sum_{k=1}^{n_{i+1}} w_{jk}^{[i]} \delta_k^{[i+1]}\right) g_i'\left(a_j^{[i]}\right) \tag{6-13}$$

这表明每个神经元的误差是其后一层所有神经元误差的加权和，乘以当前神经元激活函数的导数。

（4）更新权重和偏置。计算出所有层的梯度，就可以使用梯度下降或其他优化算法更新每个权重和偏置。更新规则通常是：

$$w_{kj}^{[i]} = w_{kj}^{[i]} - \eta \frac{\partial E}{\partial w_{kj}^{[i]}}$$
$$b_j^{[i]} = b_j^{[i]} - \eta \frac{\partial E}{\partial b_j^{[i]}} \tag{6-14}$$

式中：η 为学习率，一个小的正数，用于控制学习的步长。

这个过程在每个训练批次中重复进行，逐渐减少整体损失，从而优化神经网络的性能。

第四节 深度神经网络的典型模型

一、常见深度神经网络模型

在众多机器学习方法中，深度神经网络以其自动提取特征、描述能力强等特点，成为机器学习界的一匹黑马，在诸多研究领域取得了突破性的进展[1]。目前，卷积神经网络[2]与循环神经网络[3]是神经网络的主要研究热点，许多专家在此基础上进行了许多研究与改进。

1. 卷积神经网络

卷积神经网络（Convolutional Neural Network，CNN）是一种专为处理图像和视觉识别问题设计的多层神经网络，特别适合于解决大规模图像的机器学习问题。CNN 提供了一个端到端的学习模型，其中的参数可以通过传统的梯度下降法进行优化和训练，从而有效学习图像中的特征，完成从原始像素到高级语义特征的转化，并能进行有效的图像分类和识别。

CNN 的设计灵感来源于生物视觉皮层的结构，特别是视觉皮层的局部感受野机制，使得每个神经元只响应一小块区域的视觉刺激，这一概念在 CNN 中主要通过使用卷积层来实现，卷积层中的卷积核在输入图像上滑动，提取局部特征，并在多个位置共享权值，大大减少了模型的参数数量，增强了模型的泛化能力。这种权值共享的特点不仅提高了训练效率，还增强了网络对图像平移的不变性。除卷积层外，CNN 通常还包括激活层、池化层和全连接层。激

[1] 张军阳，王慧丽，郭阳，等.深度学习相关研究综述［J］.计算机应用研究，2018，35（7）：7-14，22.

[2] 周飞燕，金林鹏，董军.卷积神经网络研究综述［J］.计算机学报，2017，40（6）：1229-1251.

[3] WANG D，FAN J，FU H，et al. Research on Optimization of Big Data Construction Engineering Quality Management Based on RNN-LSTM［J］. Complexity，2018，2018：1-16.

活层，如 ReLU（修正线性单元）激活函数，用于增加网络的非线性，使得模型能够捕捉复杂的模式；池化层则用于下采样，减少数据的空间维度，同时保留重要的特征信息；全连接层则负责将学到的"分布式特征表示"映射到样本的标签空间。CNN 的问世不仅改变了图像处理的方法，还推动了计算机视觉技术的快速发展，成为深度学习研究中的一个重要分支，特别是随着技术的进步和新算法的开发，CNN 在处理视频、声音和文本数据方面也显示出了深厚的潜力，广泛应用于面部识别、自动驾驶、医疗图像分析等多个领域。

2. 循环神经网络

循环神经网络（Recurrent Neural Network，RNN）是一类专门设计来处理序列数据的神经网络。与传统的神经网络不同，RNN 在处理数据时能够考虑到输入数据的时间序列信息，这是因为 RNN 网络结构中存在循环，即网络的输出可以再次作为输入的一部分反馈到网络中，这种结构赋予了 RNN 处理序列数据的能力，这使得它在处理如语音识别、语言建模和文本生成等需要考虑时间序列依赖的任务中表现出色。对 RNN 来讲，其网络结构中的每一个节点（或称为循环单元）都执行相同的任务，它们的输出依赖于当前输入和前一步的输出，进而形成一种内部状态的记忆，这种内部记忆允许 RNN 网络捕捉到数据中时间上的动态变化。但在实践中，标净的 RNN 常常面临梯度消失或梯度爆炸的问题，这限制了它处理长序列数据的能力。

为了解决这一问题，研究者引入了更为复杂的 RNN 变体，如长短期记忆网络（Long Short-Term Memory，LSTM）[1] 和门控循环单元（Gated Recurrent Unit，GRU）[2]，这些高级版本的 RNN 通过引入门控机制来控制信息的流动，有效地解决了梯度问题，同时保持了网络对长期依赖信息的敏感性。LSTM 网络通过引入三种类型的门——遗忘门、输入门和输出门——来调节信息的保存与遗忘，这使得它特别适合于需要长期记忆的应用场景。GRU 则是 LSTM 的一个变体，它将 LSTM 中的三个门简化为两个门，计算上更为高效，同时在很多任务中能与 LSTM 持平。RNN 及其变体在自然语言处理领域得到了广泛应

[1] 苏智韬. 基于改进 RNN 的 LSTM 软件缺陷预测技术的研究［J］. 现代信息科技，2020，4（21）：17-19，23.

[2] 陈聪，候磊，李乐乐，等. 基于 GRU 改进 RNN 神经网络的飞机燃油流量预测［J］. 科学技术与工程，2021，21（27）：11663-11673.

用，如在机器翻译、情感分析和自动摘要生成中，都展示了出色的性能。

二、CNN 模型

1998 年，Yann LeCun 等人提出了基于梯度的卷积神经网络（CNN）算法 LeNet-5，这一算法的提出标志着现代 CNN 基本架构的确立。LeNet-5 模型使用基于梯度的反向传播算法对网络进行监督训练，通过这种方式，经过训练的网络能够将原始图像通过交替的卷积层和下采样层（也称池化层）转换成一系列的特征图，这些特征图后续将通过全连接的神经网络进行分类处理。CNN 的这种结构设计使其能够从大量数据中有效提取对特定任务有用的图像信息，从而广泛应用于图像识别、目标检测、视频分析、自然语言处理等多个领域。在安防领域，CNN 可以用于监控图像的实时分析，以识别和追踪目标；在医疗领域，CNN 被用来识别医学影像中的特征，辅助诊断疾病；在自动驾驶技术中，CNN 用于处理和解析车辆周围的环境信息，以实现安全导航。

CNN 的典型结构包括输入层、卷积层、激励层（通常用于非线性化处理，如 ReLU 激活函数，一般不显示）、下采样层、全连接层以及输出层，如图 6-6 所示。

图 6-6　CNN 的典型结构

（1）卷积层。卷积层是 CNN 的核心部分，主要负责从输入的图像中提取局部特征。在经过输入层处理后，卷积层通过设定大小的滤波器（或称卷积核）在整张图像上滑动，扫描图像中的每一个局部区域。每当滤波器覆盖图像的一个特定区域时，它会对该区域的像素值和滤波器的权重进行逐元素的乘法操作，然后将结果相加，得到一个单一的数值，这个数值经过激活函数处理后，形成了所谓的特征图上的一个特征点。此过程在图像的不同位置重复进行，生成多个特征图，每个特征图对应一个滤波器，而每个滤波器能够检测输入图像中的不同类型的特征（如边缘、角点、纹理等）。通过这样的机制，卷积层能够将图像的原始像素信息转化为更加抽象和复合的特征表示，为后续的图像处理任务（如分类、检测）提供了有用的信息基础。）

（2）下采样层。下采样层，也被称为池化层，位于一个或多个卷积层之后，主要功能是通过池化操作来简化得到的特征表示。池化操作可以看作是一种降维过程，它通过对特征图进行空间压缩，减少后续层的计算负担，同时保留重要的特征信息。池化层主要有两种类型：最大池化和平均池化。最大池化通过提取覆盖区域的最大值来代表该区域，这种方法特别有效于捕捉图像中的纹理和形状边缘等显著特征。相比之下，平均池化则计算区域内所有值的平均数，这有助于提取背景特征或进行平滑处理，从而减少模型对小的局部变化的敏感度。池化操作通常设定一个固定大小的窗口（如 2×2 或 3×3），并以一定的步长（Stride）在特征图上滑动。例如，如果步长设置为 2，那么池化窗口每次移动两个像素，这样就可以减少特征图的空间尺寸至原来的一半。这种操作有效降低了特征图的维度，从而减少了网络的参数数量和计算复杂度，有助于防止模型过拟合，提高泛化能力。池化层对输入图像的轻微平移还具备一定的不变性，即使图像中的对象发生小的平移，但由于池化的局部统计特性，最终的池化结果可能仍然保持不变，这增强了网络对于图像位置小变动的鲁棒性。

（3）全连接层。全连接层是 CNN 中的一个关键组成部分，它通常位于网络的末端，用以整合之前层次中提取到的特征，并进行最终的决策和分类。在全连接层中，输入层的每一个神经元都与输出层的每一个神经元相连接，这种设计使得网络能够考虑到所有特征之间的复杂关系。在 CNN 中，卷积层和池化层主要负责特征的提取和降维，而全连接层则承担着将这些分散的特征图整合成一个全局的、一维的特征向量，这个特征向量集成了图像的所有重要信息，并将其传递到输出层。全连接层通过权重矩阵将这些特征进行变换和组合，从而能够对不同类型的数据输入进行有效的分类。全连接层的每一个神经元都可以看作是对输入数据的一个特定方面或特征的响应，通过训练过程中的权重调整，全连接层能够学习如何最好地利用这些特征来执行分类任务。全连接层作为神经网络的最后一层，也具有将学习到的特征进行最后一步抽象的能力，使得模型能够在多种任务中表现出较好的泛化性。它们的输出通常会接一个激活函数，如 Softmax 函数，这样可以将输出转换为概率形式，便于进行多类别的分类。

图 6-6 中虽然没有标明激励层，但激励层在 CNN 中扮演的角色至关重要，因为卷积层本身的操作主要是线性的，没有非线性，深度神经网络只能表达线性关系，这大大限制了其性能和应用范围，而激励可以为网络引入必要的非线性，使得整个模型能够处理更复杂的数据模式和关系。这一点是实现主要基于激励层应用一个非线性函数来表述每个卷积层或全连接层的输出，增强了网络的表达能力。常见的激励函数包括 Sigmoid 函数、双曲正切函数（tanh）和线性修正单元（ReLU）。Sigmoid 函数的输出范围在 $0 \sim 1$，它通常用于二分类问题中的输出层，可以解释为概率，但在隐藏层中使用时，Sigmoid 函数可能导致梯度消失的问题。tanh 函数是 Sigmoid 函数的扩展，输出范围在 $-1 \sim 1$，比 Sigmoid 函数的输出范围更广，有助于模型的训练，但同样可能在深层网络中导致梯度消失的问题。ReLU 函数是目前最受欢迎的激励函数之一，在输入大于 0 时激活神经元，不仅能加速神经网络的收敛，还能在一定程度上缓解梯度消失问题，而且其简单的数学形式使得在反向传播时的计算更加高效。

三、RNN 模型

RNN 是一种专为处理序列数据而设计的神经网络模型，它通过具有反馈结构的隐藏层来对时间序列进行建模，这种结构使得 RNN 在每个时间步骤都能够接收到前一时间步的输出，从而实现对信息的连续传递和记忆。RNN 模型如图 6-7 所示。

在循环神经网络（RNN）模型中，符号 h 通常代表"隐藏状态"或"隐藏层的状态"，这个隐藏状态是 RNN 的核心组成部分，它能够捕捉到输入数据中的时间序列信息或序列依赖关系。隐藏状态 h_t 是在时间步 t 的网络状态，它的计算不仅依赖于当前时间步的输入 x_t，还依赖于前一个时间步的隐藏状态 h_{t-1}，这种设计使得 RNN 能够将之前时间步的信息传递到当前步骤，实现对序列数据的记忆功能，这一特性使得 RNN 特别适合处理如语言文本、时间序列数据等顺序相关的数据。

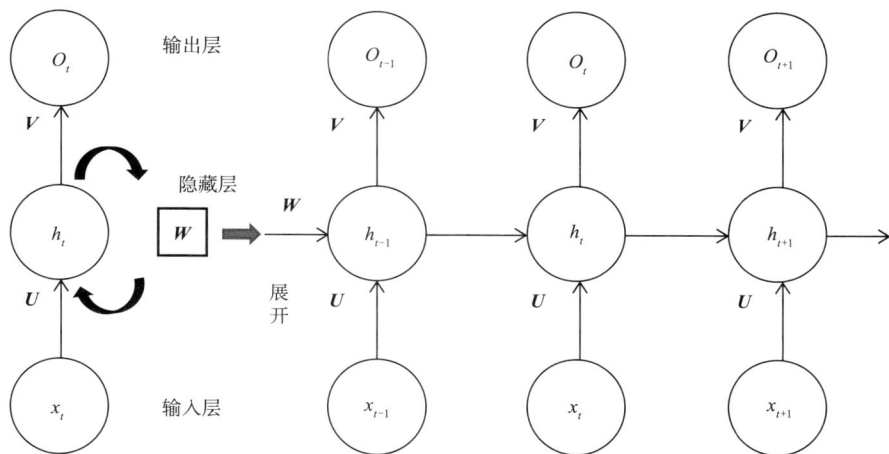

图 6-7　RNN 模型

隐藏状态 h_t 的更新通常可以表示为：

$$h_t = f(\boldsymbol{W} \cdot h_{t-1} + \boldsymbol{U} \cdot x_t + b) \qquad (6\text{-}15)$$

式中：f 为一个非线性激活函数，如 tanh 或 ReLU；$\boldsymbol{W}$ 和 $\boldsymbol{U}$ 分别为隐藏状态和输入的权重矩阵；b 为偏置项。

通过这样的递归计算，RNN 能够在每个时间步更新其隐藏状态，持续地处理整个输入序列。

在 RNN 中，隐藏层不仅仅将信息传递给输出层，还将信息传回到自身，为下一个时间点的计算提供历史上下文。由于 RNN 在时间维度上展开，它可以被视为一个极深的网络，每一个时间步都相当于网络中的一层，这种时间上的深度是 RNN 区别于其他网络结构的显著特征。图 6-7 中的 RNN 展开结构清楚地展示了每个时间步操作的连续性，每个时间点的隐藏状态不仅取决于当前的输入，还取决于前一时间点的隐藏状态，这种设计极大地增强了网络对时间序列数据的处理能力。在实际应用中，RNN 每次输入序列的一个元素时，不仅处理当前元素，还维护一个包含过去所有重要信息的状态向量，这个状态向量是 RNN 网络记忆过去信息的关键，允许模型在做出当前决策时，利用到之前的所有相关信息。这种记忆功能也使其特别适合处理需要对过去信息进行长期记忆的任务，如语音识别、自然语言处理和时间序列预测等。

在训练过程中，RNN 通过反向传播算法（BPTT，即时刻反向传播）来更新网络权重，这种方法虽然考虑了时间步之间的依赖关系，但也带来了梯度消失或梯度爆炸的挑战，尤其是在处理长序列时表现的更为明显。为了应对这一挑战，已经发展出了一些变体如长短时记忆网络（LSTM）和门控循环单元（GRU），这些变体通过引入门控机制来更有效地管理信息的流动，从而解决传统 RNN 在长序列学习中面临的问题。

第七章

自然语言处理

第一节　自然语言处理概述

一、自然语言处理的基本概念

1. 自然语言处理的含义

语言是日常沟通和交流的主要工具，是人类沟通思考的重要媒介，不仅包括音义结合的词汇和语法体系，还具备丰富的表达和情感交流功能。据统计，在人类历史的长河中，以语言或文字形式记录和流传的知识占据了绝大多数，这充分显示了语言在记录历史、传播科学、维系文化和社会结构中的核心作用，因此可以说语言是构建人类思维和文化传承的基石。而自然语言是语言的一个子集，指的是在长期社会实践中自然形成的，不是人为设计的语言体系。这种语言包括口头和书面形式，如英语、汉语和西班牙语等，其中语音和文字构成了语言传达的基础。自然语言最显著的特点就是它的发展和变化不受特定规则的约束，而是随社会、文化和历史的演变而演变。随着科技的不断发展，计算机应用已经深入到信息处理的各个领域，其中有 10% 为数学计算，5% 为过程控制，剩余 85% 几乎都是语言文字处理，包括数据输入、信息检索、语言翻译、内容摘要、情感分析等多种形式，反映出语言处理技术的广泛需求和深远影响。基于此，语言的数字化处理已经成为技术发展的重要方向。

自然语言处理（Natural Language Processing，NLP）是计算机科学和人工智能领域中的一个重要分支，专注于计算机和人类（自然）语言之间的相互作用，旨在通过计算机技术（智能机器或系统）来处理和理解自然语言的各种形态，使人与机器之间的交流更加自然和无障碍，同时也促进机器之间的有效沟通。1999年，美国计算机科学家 Bill Manaris 给出了自然语言处理的定义，指的是研究人与人以及人与计算机交流中的语言问题的科学，这意味着它涉及开发和完善模拟人类语言能力和应用的计算模型，并基于这些模型设计实用系统及其评估技术，以便于计算机能够理解、解释、操纵和生成人类语言。由于自然语言处理带有一定的"智能"属性，所以其也被称为自然语言理解，即让计算机系统理解和处理人类语言。不同学科对"理解"这一概念的定义各不相同，这反映了自然语言处理的多学科交叉特性。心理学家将理解视为思维活动的结果，强调了理解过程中的认知负荷和心理努力，这在自然语言处理中可以对应模型在解析和生成回应时所需进行的复杂推理过程；哲学家的定义则更侧重于深层次的意义和本质，这在自然语言处理中体现为提取和处理文本中的深层语义信息；逻辑学家的观点则强调了知识整合的重要性，这在自然语言理解中意味着将新信息融入已有的数据结构或知识体系中，从而实现对新场景或数据的适应和应用。

判断计算机是否"理解"自然语言的一种方法是观察它回应人类提问的能力，如果机器能够生成相关、合理且准确的回答，那么我们就可以认为它在某种程度上理解了提问的语言和内容。但想要实现这一点，必须将语言的多样性、复杂性和模糊性转化为计算机能够处理的清晰、结构化形式，使计算机不仅能理解字面意义，还能根据字面意思理解问题的语境、目的和深层次的意图。这种能力的实现是自然语言处理技术中最为复杂和挑战性的部分之一，它要求系统不仅仅是编码和解码信息，而是能够进行深入的语义处理和逻辑推理。这种转换过程，实际上是一种映射，即从一种语言表达映射到计算模型能够处理的数据结构，这就需要构建有效的自然语言理解系统，开发能够实现这种映射的高效算法。

自然语言处理的核心任务包括语言理解和语言生成，语言理解涉及从语言输入（如文本或语音）中提取意义，而语言生成则是关于如何使计算机能够产生流畅的自然语言输出，这些技术对语音识别、自动翻译、聊天机器人、情感分析以及信息检索系统等应用都极为重要，只有完美掌握语言理解和语言生产，才能保证实现人与机器的自然交流。自然语言处理的技术基础涉及多个层次的语言分析，包括词法分析（将文本分解为词汇单元）、句法分析（分析词汇单元如何组合成句子）、语义分析（解释句子的意义），以及篇章分析（理解多句文本之间的逻辑关系），还包括对话系统的设计，这些是机器理解用户输入并做出相应响应的关键，广泛应用于客服、教育和娱乐等领域。随着机器学习技术的发展，自然语言处理领域也在不断进步，尤其是深度学习模型，可以从大量的语言数据中学习复杂的模式，并提高系统处理自然语言的能力。如今，这种基于数据驱动的方法已经在文本分类、情感分析、机器翻译和语音识别等任务上取得了显著的成效。例如，基于自然语言处理的智能助手能够理解和回应自然语言指令，也可以用于自动翻译服务，帮助人们跨越语言障碍进行交流，甚至在先进技术的支撑下可以提供客户服务、健康咨询以及教育辅导，这不仅提升了机器的交互质量，还扩展了机器应用的场景，为提供更加个性化和精准的服务，增强用户体验，并在更广泛的社会背景下发挥其价值奠定坚实基础。虽然自然语言处理取得了巨大的进步，但由于语言的多样性和复杂性使得理解不同语境下的含义成为一项挑战，不同文化和语言背景下的细微差异也增加了处理的难度，讽刺、幽默和双关语等语言的复杂用法也常常使得计算机系统难以准确理解，这些问题同样是横亘在自然语言处理发展道路中的巨大难题。

2. 自然语言处理的框架

在当今信息化时代，计算机已成为我们生活和工作中不可或缺的一部分，为了让计算机更加智能和用户友好，人们迫切希望计算机能够直接使用自然语言进行交流，这也是计算机科学家、语言学家和心理学家等多学科专家共同追求的目标。这就使得自然语言处理的研究历史虽然不长，但其迄今为止的成就已经充分显示它在人工智能领域的重要性和巨大的应用潜力。在全球范围内，特别是在美国、英国、日本、法国等发达国家，自然语言处理已成为人工智能研究的核心课题之一，它不仅是新一代计算机科学的核心研究领域，还是推动技术革新和产业升级的关键驱动力，涵盖了从基本的语言识别到复杂的语义理解和情感分析，其应用领域涉及智能助理、自动翻译、智能搜索和数据分析等多个方面。例如，专家系统、数据库和知识库等都依赖于强大的自然语言处理能力来提高信息检索的准确性和效率；计算机辅助设计（CAD）系统、计算机辅助教学（CAI）系统以及计算机辅助决策系统等，都需要有效的自然语言界面来简化人机交互；办公室自动化管理系统和智能机器人等领域也显示出对自然语言处理技术的依赖。这些高级应用不仅将推动自然语言处理技术的发展，还将极大地促进相关产业的创新和成长。

自然语言处理的发展历程证明它不仅是计算机科学和人工智能领域的一个重要分支，而且已经成为一个综合多学科技术的独立学科，更重要的是随着技术的发展，自然语言处理技术已经不再是一个孤立的领域，而是需要与物联网、大数据、机器学习、云计算以及知识图谱等多个技术领域相结合，以发挥其最大的效能。物联网技术为自然语言处理提供了实时数据的来源，使得自然语言处理系统可以处理来自各种设备和传感器的语言输入；大数据技术则提供了处理庞大数据集所需的工具和框架，这对于训练复杂的自然语言模型至关重要；机器学习技术是自然语言处理的核心，它使得计算机能够从数据中学习语言模式并不断优化处理算法；云计算提供了必要的计算资源和平台，支持大规模的数据处理和存储，使得自然语言处理应用能够高效地扩展并服务于更广泛的用户群；知识图谱为自然语言处理提供了丰富的结构化知识，帮助系统理解和推理复杂的语言现象。目前最火爆的知识图谱有许多，有的是公有的，有的是私有的，如 Freebase[1]、DBpedial[2]、WordNet[3]、Wikidatal[4]。

自然语言处理框架如图 7-1 所示。

---

[1] BOLLACKER K, EVANS C, PARITOSH P, et al. Freebase: a collaboratively created graph database for structuring human knowledge[C]//Proceedings of the 2008 ACM SIGMOD international conference on Management of data, 2008: 1247-1250.

[2] AUER S, BIZER C, KOBILAROV G, et al. Dbpedia: A nucleus for a web of open data[M]//The semantic web. Springer, Berlin, Heidelberg, 2007: 722-735.

[3] MILLER G A. WordNet: a lexical database for English[J]. Communications of the ACM, 1995, 38(11): 39-41.

[4] VRANDECIC D, KROTZSCH M. Wikidata: a free collaborative knowledgebase[J]. Communications of the ACM, 2014, 57(10): 78-85.

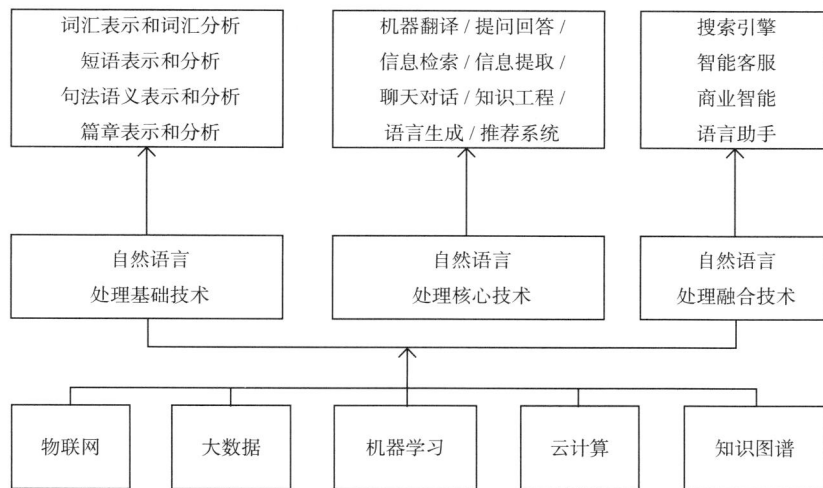

图 7-1 自然语言处理框架

二、自然语言处理的发展

对自然语言处理的研究最早可追溯到 20 世纪 40 年代，已有超过 80 年的发展历程，随着信息网络时代的推动，自然语言处理已成为现代语言学领域中一个显著的学科。在自然语言处理发展期间，20 世纪 60 年代，研究主要集中在关键词匹配技术，这一阶段的工作基本上是实验性的，注重理解和处理文本数据的基础结构。进入 20 世纪 70 年代，研究焦点转向了句法和语义分析，这一时期的技术试图更深入地理解语言的结构和含义。到了 20 世纪 80 年代，随着计算机技术的进步和市场需求的增加，自然语言处理开始转向实用化和工程化，这一时期的研究更加关注将理论应用于实际的问题解决中。从 90 年代开始，随着互联网的兴起和大数据时代的来临，自然语言处理领域迎来了快速的发展和广泛的应用，尤其是机器学习的方法被广泛采用，大幅提高了处理效率和准确性。进入 21 世纪后，深度学习技术快速兴起，自然语言处理技术实现了质的飞跃，并在语音识别、机器翻译、情感分析等方面取得了显著成果，这一时期，自然语言处理不仅仅是学术研究的热点，也成了商业应用的重要技术，广泛应用于搜索引擎、智能助手、客户服务和许多其他领域。

该自然语言处理领域的发展可概括为三个主要时期：萌芽期、发展期和繁荣期。

1. 萌芽期

在 1956 年之前，自然语言处理的研究主要处于基础探索阶段，这一时期，并没有形成明确的自然语言处理技术，但相关的理论基础和技术条件已经开始形成，所以这一阶段也被称为自然语言处理的萌芽期。自然语言处理的萌芽期主要归功于两个方面，一方面，人类文明几千年的积累，主要是在数学、语言学和物理学领域的知识积累，为计算机科学的诞生和发展提供了丰富的理论资源，尤其是数学逻辑和算法的发展为电子计算技术和程序设计奠定坚实的基础。另一方面，图灵在 1936 年提出的 "图灵机" 概念，这是一个抽象的机器，通过一系列简单的规则来模拟任何算法过程，为当时的科学发展提供理论支撑，同时也直接影响了第一台电子计算机的设计与制造。1939 年，图灵发表了自己的博士论文《基于序数的逻辑系统》(*Systems of Logic Based on Ordinals*)，引入 "序数逻辑" 和 "相对可计算性" 的概念，并在最后提出了一个算卦式样的机器（Oracle），用以完成图灵机无法完成的任务。1946 年，世界上第一台电子计算机 ENIAC 诞生，开启了现代计算机时代，这对自然语言处理的发展提供了切实的技术平台。这一时期，虽然自然语言处理还未形成一个独立的研究领域，但机器翻译因为在政治、经济和科学领域所占比重越来越大，再加上信息技术的需求日益增长，美国等国家开始投资研究如何使用计算机进行语言翻译，这标志着自然语言处理的想法正式萌芽。在这种背景下，研究人员开始对如何利用计算机处理和翻译语言进行一系列研究和探索，但受限于当时的技术，这些早期尝试往往是原始且效率低下的。

20 世纪 40 年代到 50 年代的时期见证了自然语言处理的一系列重要基础研究，这一时期的研究者们主要探索如何让机器理解和生成人类语言，并取得了一些关键性的进展。1948 年，美国数学家和信息论之父克劳德·香农（Claude Shannon）将离散马尔科夫过程的概率模型应用于描述语言的自动机模型。香农的这一理论实验为后来的语言模型提供了概率处理的方法论基础，强调了信息的统计特性在语言处理中的重要性，也为自然语言处理中的统计方法奠定了基础。1956 年，美国语言学家诺姆·乔姆斯基（Noam Chomsky）提出了上下文无关语法，指出语言的生成和理解可以通过一套固定的语法规则来描述，这些规则独立于具体的语境，这一理论极大地推动了语法分析的研究。

乔姆斯基的语法理论启发了基于规则的自然语言处理方法，强调了结构分析在理解语言中的核心地位。这两种思路的提出开启了研究者们长达数十年的学术讨论和技术探索，并逐渐成为自然语言处理领域两个主要的研究方向。当然，这一时期还涌现了其他一些重要的研究成果，如科恩尼格（Koenig）在1946年进行的关于声谱的研究，为后来的语音分析和语音识别技术奠定了基础；贝尔实验室在1952年开展的语音识别系统研究，已经获得初期成果，虽然成功有限，但这标志着计算机开始尝试理解和生成人类的语音。

1956年，人工智能的概念正式提出，为自然语言处理研究开启了新的篇章，人工智能的兴起不仅加速了自然语言处理的技术发展，也扩大了其应用领域，从简单的文本处理扩展到了复杂的交互式对话系统和智能助理，使得自然语言处理成为当代科技革命中不可或缺的一部分。

2. 发展期

1957年到1993年，自然语言处理的研究找到了新的研究方向，开始追求与人工智能的融合，这一时期的自然语言处理技术得到飞速发展，被称为自然语言处理的发展期。根据发展程度不同，这一时期可以分为以下三个阶段。

（1）在20世纪60年代，自然语言处理的早期实践主要依靠关键词匹配技术来理解和响应用户的输入。这种方法的基本原理是通过预设的语句模式来匹配输入，其中每个模式都包含一些关键词，并且与特定的响应或解释相连接。系统的工作流程是将用户的输入句子与这些预设模式逐一匹配，一旦找到匹配项，系统便采用相应的预设回答，而不会进一步分析句子中其他非关键词的部分及其对句子整体意义的影响。这种方法的优点是实现简单，响应迅速，但也存在显著的局限性。例如，它依赖于固定模式的匹配，如果用户的输入没有准确匹配到预设的关键词或者模式，系统就无法正确理解和响应，从而导致理解错误或无响应的情况发生，这就意味着系统很难处理语义上的复杂性和语言的多样性。而且，这种方法忽略了语言中的语境和非关键词的语义贡献，往往无法准确把握句子的真正意图和语义细节。在这一时期的著名系统中，1968年由美国麻省理工学院的拉法勒（Raphael B）完成的SIR系统是一个突破，它不仅可以匹配关键词，还能存储用户告知的事实，并通过逻辑演绎对这些事实进行处理，回答用户的问题。这表示了一种尝试，即在关键词匹配的基础上加入一定的逻辑推理能力，以提高系统的交互质量和信息处理能力。同样在麻省理工学院，韦森鲍姆（Joseph Weizenbaum）设计的 ELIZA 系统则是另一个标志性成果，它能模拟心理治疗师与患者之间的对话，通过捕捉和反射用户的关键词，模拟一种"洞察式"交流。尽管 ELIZA 在技术上仍主要依赖关键词匹配，它的对话能力和流畅度对当时的技术而言是一种创新。

（2）进入 20 世纪 70 年代，自然语言处理的研究焦点逐渐从简单的关键词匹配转向更复杂的句法和语义分析，研究者们开始更深入地探索语言的结构和含义，开发出了能够进行更精细语言处理的系统。这些系统不仅能识别句子的结构，还能理解其语义内容，从而在理解和生成自然语言方面取得了显著进步。这一时期的技术进步与几个创新的自然语言理解系统紧密相关。例如，美国伍兹（William A. Woods）设计的 LUNAR 系统，它允许用户通过英语与数据库进行交互，特别是用于查询和分析阿波罗 11 号飞船返回的月球样本数据。这个系统的诞生具有里程碑的意义，它的独特之处在于它可以理解复杂的查询并提供精确的答案，大大提高了地质学家处理和评估数据的效率。同时，斯坦福大学的特里·维诺格拉德（Terry Winograd）设计的 SHRDLU 系统则更进一步，它不仅分析句子的句法结构，还能理解指令的语义内容，并结合上下文和背景知识来执行任务，在模拟的"积木世界"中完美展示了机器的理解能力和执行能力。用户可以指挥一个虚拟的机器人手臂来移动积木块，系统会在屏幕上显示动作的执行情况和结果，这种交互方式极大地推动了人机对话技术的发展。这些系统的成功展示了规则技术在自然语言处理中的有效性，标志着自然语言处理技术开始从实验室向实际应用转变，尽管这些系统多半局限于特定领域，但它们在语言处理的精度和复杂度上都远超过了之前的系统，能够更准确地解析和回应自然语言，开启了自然语言处理技术的新纪元。

（3）在 20 世纪 80 年代，自然语言处理领域的研究与应用进入了一个全新的实用化和工程化阶段，尤其是词汇功能语法（LFG）、功能合一语法（FUG）和广义短语结构语法（GPSG）等新语法理论的出现，为机器提供了更加复杂和精细的语言分析工具，使得机器理解和生成自然语言的能力得到了显著提升，自然语言处理系统开始更广泛地应用于实际产品和服务中。在这种背景下，市场上出现了一系列商业化的自然语言人机接口系统和机器翻译系统，这些系统不仅能够提供更为流畅和准确的交互体验，还能在多种实际场景中发挥作用，如客户服务、信息检索和在线交流等，大大扩展了自然语言处理的应用领域。这一时期的研究者们也着手解决大规模真实文本的处理问题，传统基于规则的方法虽然在某些专业领域内表现出色，但在处理庞大且多样的自然语言数据时，常常面临知识表示的局限性和不确定性问题。英国莱斯特大学的利希（Geoffrey Leech）领导的 UCREL 研究小组采用了一种新的方法，他们利用带有词类标记的语料库，通过统计分析建立了一个反映任意两个相邻标记出现频率的"概率转移矩阵"。基于这些统计数据，他们开发的 CLAWS 系统能够自动对 LOB 语料库中的一百万个词进行词类标注，准确率高达 96%。CLAWS 系统的成功不仅展示了基于语料库的处理方法在处理大规模真实文本方面的有效性，也证明了这种方法可以作为传统基于规则的处理方法的有力补充。这种基于统计的方法通过分析大量的语料数据来识别语言模式，减少了对复杂规则系统的依赖，在一定程度上解决了自然语言的不确定性和模糊性问题。这一时期的发展标志着自然语言处理从理论走向实用的转变，同时也为之后深度学习和机器学习方法在自然语言处理中的应用奠定了基础。

3. 繁荣期

1994 年之后，中期计算机技术飞速发展，特别是计算能力和存储容量显著提升，自然语言处理领域经历了前所未有的变革，彻底走出了实验室，走向广泛的商业应用，自然语言处理发展前景一片光明，所以这一阶段也被称为自然语言处理的繁荣期。虽然互联网的商业化和网络技术的快速发展，为自然语言处理带来广泛应用场景，但也为自然语言处理带来了新的应用挑战，这种挑战主要体现在信息检索和信息抽取方面的需求急剧增长。随着计算机的大范围普及，全球信息量激增，从大量在线文本中快速有效地检索和抽取信息变得尤为重要，而自然语言处理技术恰好可以实现这一目的，成为搜索引擎、在线广告、内容推荐系统以及社交媒体分析等领域的核心，发挥了关键作用。这些应用不仅改进了用户的网络体验，还为企业提供了精准的市场洞察和数据驱动的决策支持。同时，自然语言处理的繁荣发展也促进了相关技术和方法论的创新，使得语言模型更加强大和精准，能够更好地理解和生成人类语言，更见证了多种语言技术的结合，如语音识别和语音合成技术的进步，使得交互式语音系统如虚拟助手和智能家居控制系统成为可能，推动了智能设备和物联网的发展。

第二节　自然语言处理的基本内容

一、自然语言处理的内容层次

自然语言处理的根本目标是使计算机能够理解和生成人类的自然语言，为了实现这一目标，需要应用多种技术和方法从单词的识别和分类开始，一直到复杂句子和篇章的结构和意义的理解。这一过程通常包括三个主要阶段：理解、转化和生成。在理解阶段，自然语言处理系统需要对输入的文本进行深入的分析，包括语音分析、词法分析、句法分析和语义分析以及语用分析。在转化阶段，自然语言处理系统需要将输入的自然语言转换为一种内部表示形式，这种形式保存了输入信息的关键特征，并可用于各种应用，如回答问题、执行命令或者进行翻译。在生成阶段，自然语言处理系统将内部表示转化回自然语言形式，输出易于人类理解的文本或语音。

语言的分析和理解是一个复杂的层次化过程，因此自然语言处理也可以将处理分层，这种分层方法不仅有助于更系统地解决自然语言处理中的问题，还可以深入理解语言本身的复杂结构。通常，语言学家将这一过程划分为五个主要层次，分别是语音层次、词法层次、句法层次和语义层次以及语用层次，每个层次专注于语言的不同方面，并对应相应的处理技术和理论。

1. 语音层次

语音层次是自然语言处理中的基础层次，主要涉及对语言的声音属性的分析和处理，这也意味着这一层次上最关键的就是语音分析、识别和解析语音信号中的音素。所谓音素指的是有声语言中最小的可独立的声音单元，它的功能主要在于区分词义，如拼音"pin"和"bin"中音素 /p/ 和 /b/ 分别标识了这两个词的不同含义。计算机系统在进行语音分析时，也会利用各种音位学和语音学的规则，分析人类的发音方式及其日常习惯，从连续的语音流中准确地分离出各个音素。这一过程的实现通常涉及复杂的信号处理技术和模式识别算法，旨在将模糊且重叠的声音信号转化为清晰的音素序列，一旦音素被正确识别，系统接下来会根据语言的发音规则将这些音素组合成词素和词。这种从音素到词，再从词到句的转化是语音到文本转换过程的关键一步，计算机系统也正是通过这种方式理解人类的语音输入并转录，将其转化为书面文本，不仅使得人机交互更加自然和流畅，也为进一步的语言处理任务如语义分析和语境理解提供了基础。因此，语音分析在自然语言处理中扮演着至关重要的角色，它是语音识别和语音合成技术的核心，同时也是构建高效语音交互系统的基石。

2. 词法层次

词法层次在自然语言处理中主要聚焦于单词和短语的识别、分类以及它们的形态变化，而词法分析作为词汇层次的一个核心组成部分，主要涉及对语言中单词的基本构成单元即词素的识别和分析。通过分析这些词素及其之间的关系，词法分析能够提供关于词汇结构和语言学属性的深入见解。在进行词法分析时，识别出文本中的每个单词是第一步，这一步在英语等使用拉丁字母的语言中相对简单，因为这些语言的单词间通常由空格分隔，但想要挖掘更深层次的词素结构则相对复杂。词素是构成词汇意义和形态的最小单位，如英语中的词根、前缀和后缀，这些词素的组合不仅形成了新的词汇，也影响了词汇的语法功能和意义。对于汉语等使用汉字的语言，词法分析的挑战则有所不同，因为大多汉字都可以视为一个独立的词素，承载基本的语义和语法信息，而且汉语中词与词之间缺乏明显的空格界定符，这使得正确切分词汇变得更加困难。例如，在句子"我们学习自然语言处理"中，正确地将"自然语言处理"切分为一个独立的多字词，而不是将其分割成单独的字，是词法分析中的一个挑战。

3. 句法层次

句法层次在自然语言处理中要聚焦于分析句子和短语的结构，所以句法分析的目的是通过理解单词和短语如何组合来形成语法正确的句子，从而揭示这些语言单位之间的相互关系以及它们在句子中的具体作用。这一过程通常通过构建层次化的结构来展示单词和短语的从属关系、直接成分关系以及它们在语法中的功能。解析树是句法分析中常用的工具，它以树状结构展示句子的句法构成，每个节点代表句中的一个成分（如名词短语或动词短语），而边则表示这些成分之间的关系。通过解析树，可以清晰地看到句子的深层结构，例如哪些词构成了主语，哪些构成了谓语，以及它们如何通过语法连接词（如连词）

组合在一起。

在句法分析的研究中，有多种自动分句方法被广泛应用，如短语结构法和格语法。短语结构法通过规则系统定义如何从单词逐步构建出完整的短语和句子结构，如通过一个简单的规则实现名词和形容词组合成名词短语；而格语法则侧重于描述词与其论元（如动词与它的宾语）之间的关系，强调词汇项与其句法和语义角色的匹配。句法分析的准确性对整个自然语言处理流程至关重要，因为它为后续的语义分析和语言生成提供了必要的结构信息。只有当句子的结构被正确理解后，计算机系统才能准确地解释句子的意义并进行合理的语言生成。因此，句法分析不仅是理解语言结构的基础，也是实现深层语言理解和智能语言交互的关键步骤。

4. 语义层次

语义层次在自然语言处理中主要涉及对句子和短语所传达的深层意义的分析和理解，所以语义分析的核心任务是解析语言单位（如词、短语和句子）的意义，并理解这些单元如何通过各种语义关系组合在一起，形成完整的语篇意义。在这个过程中，我们不仅要对词义进行解析，还要从结构上理解各个组成部分的组合意义，这就要求我们在进行语义分析时需要对每个实词的基本意义进行识别和解释，然后根据实词的意义进行叠加，得出整个句子的总体意义。在理解句子总体意义时，可以根据实词的词性来判断各个实词的位置，如名词、动词和形容词等词性的实词承载着称呼事物和表达概念的基本功能。对于那些句子总体意义不仅仅是单词意义简单叠加的句子，就需要通过复杂的语义构建过程来实现，如考虑词与词之间的因果关系、对比关系、时间顺序关系等，挖掘这些关系对整体句意的影响，进而推导出句子的衍生意义。语义分析还需考虑更高层次的语言结构，即从一个句子过渡到另一个句子，以及它们在段落或整个文本中如何相互关联，这个过程有助于更长文本中的意义流和结构的理解，实现语篇分析，揭示文本的主题、论点和论据，以及作者的意图和态度。

在自动语言理解中，语义分析被视为核心研究内容的程度逐步加深，因为人们认识到它直接关系到机器理解语言的深度和广度，各种基于先进技术的模型和算法的开发都以更准确地进行语义推理为根本出发点，如基于自然语言推理、语义角色标注和深层语义解析等技术开发自然语言处理模型，帮助使用者理解单个句子的意义，并把握整个对话或文本的语义连贯性和逻辑结构，实现真正意义上的语言理解和智能交互。

5. 语用层次

语用层次是自然语言处理中最高和最复杂的层次，它涉及语用学，即语言的使用以及语言在特定社会文化和情境中的功能，所以语用分析不仅关注语言的结构和字面意义，更重要的是理解语言在实际社会交际中的作用。在日常生活中，语言使用受到多种外界环境因素的影响，这就意味着系统需要根据上下文推断说话者的意图、解释语境的影响并识别和理解非字面意义的表达，如讽刺、比喻或暗示。例如，人在紧张或恐慌情况下的语言表达方式通常会与平静状态时有显著不同，最典型的表现为语速加快、语调变化或者使用紧迫感较强的词汇，系统需要根据使用者发出的语言剖析这些变化背后的语用规则和动机，从而揭示说话者的真实意图和情感状态。语用分析还涉及语言的适应性和灵活性，可能会根据交流的对象、目的以及所处的社会文化环境来调整语言表达，这就要求系统要深入理解语言的这种适应机制，从非直接信息中提取意义。目前，实现语用分析在技术上具有很大的挑战，因为它要求系统不仅能处理语言的结构和语义层面，还要能敏感地捕捉到复杂的社会文化背景和个体心理状态，而这通常涉及复杂的推理过程和对大量实际语言使用数据的分析。随着人工智能和机器学习技术的发展，尤其是上下文感知和情感计算的进步，自然语言处理系统在语用分析方面的能力正在逐渐增强，使得机器能够在更真实的交流情景中更好地理解和生成自然语言。

二、词法分析

1. 词法分析基本概念

词法分析是理解单词的基础，其主要目的是从句子中切分出单词，找出词汇的各个词素，从中获得单词的语言学信息并确定单词的词义。这里需要注意，不同的语言对词法分析有不同的要求，如英语和汉语对词法分析的要求就存在较大的差异，因为英语单词的分割会使用空格，词法分析相对容易，而汉语不同字词之间的界限并不明显，需要仔细判断。当然，英语单词的词性、数、时态、派生及变形等属性变化也较为复杂，需要通过对词尾或词头的分析来识别不同的词素。例如，单词"unchangeable"由"un-""change"和"-able"三个部分构成，那么可以类推其词义也是由这三个部分共同决定。又如，"importable" 这个词可能是由 "im-""port" 和 "-able" 构成，也可能是由 "import" 和 "-able" 构成，因为 "im""port" 和 "able" 均为有效的词素。透过这种词素，词法分析能够提取大量有用的语言学信息，这些信息对句法分析也非常有用。由于英语具备复杂的词性、数、时态、派生及变形等属性，如在英语单词的词尾加 "s" 通常表示名词复数或动词第三人称单数，加 "ly" 通常表示副词，而加 "ed" 则通常表示动词的过去分词形式，这就意味着一个普通的英文单词可以存在多种派生形式和变形。例如，英文单词 "work" 存在 "works""worked""working""worker""workable" 等派生形式，这些词都有其对应的意思，但这些词的词根仅有一个，就是 "work"。在自然语言理解系统中，电子词典通常只存放词根，并支持词素分析，这样做不仅能有效压缩电子词典的存储空间，还能增强系统处理不同词形的能力。通过存储词根并分析词素，可以处理各种派生词和变形词，而无须将这些所有形式都纳入词典中，从而实现存储空间的经济性和处理的高效性，为语言学研究和语言处理技术提供强有力的支持，使得复杂的语言现象可以通过简化的方式得到有效处理。

在汉语中，由于每个汉字基本上可以视为一个词素，多个汉字的构成和组合会提供丰富的语义信息，所以带来了词汇切分的难题，它需要依赖更深层次的语言知识和上下文理解进行词汇的识别和切分。例如，句子"下雨天留客天留我不留"的切分就需要对语境有充分的理解，由于这句话中的词汇边界不明显，导致可能的读法有多种，如"下雨天留客，天留我不留"将句子分为两部分，表达的是在下雨天留下客人，而我却不被留下的情景；另一种切分"下雨天，留客天，留我不留"则可能表示在下雨天和留客的日子，是否留下我。这种多重可能性的切分展示了汉语在进行自然语言处理时面临的复杂性。汉语的词法分析还需处理构词规则和潜在的切分歧义，如汉字组合的多义性和不同的构词能力，再加上词素的组合方式在汉语中极为灵活，导致同一组字在不同的上下文中可能表示完全不同的意义。例如，"留客"可以解释为动宾结构，表示"留下客人"，也可以解释为名词短语，指"那些被留下的客人"，这种复杂性要求词法分析系统不仅要具备分词能力，还需要具备深层的语义分析能力，以准确理解和处理语言信息。在汉语的自然语言处理系统中，构建字典比英语系统更为复杂。汉语中每个汉字可以是一个独立的词素，同时也可能与其他汉字组合成多字词汇。因此，汉语词典需要收录从单个字到复合词组的各种可能组合，并附带词性、语义等信息。这种处理方式需要词典有非常广泛的词条覆盖，从而应对语义理解和语境分析中的挑战。汉语词典在存储上通常采用数据压缩技术，只存储词根和常用的复合词，通过算法动态解析不常见的词汇或新词，以减少存储空间并提高处理速度，这种设计使得汉语自然语言处理在处理词汇的灵活性和准确性方面更为高效，能够适应汉语丰富和多变的语言特性。

2. 词法分析流程

词法分析流程如图 7-2 所示。

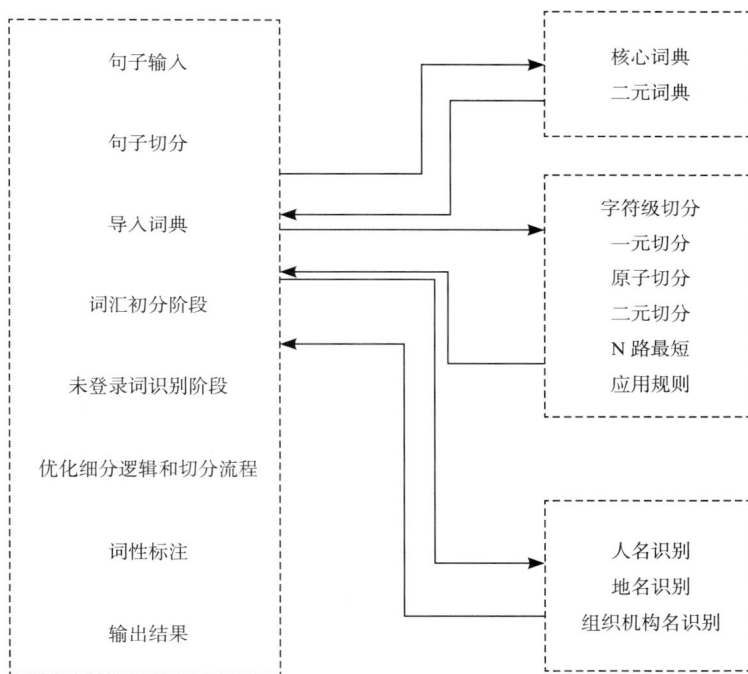

图 7-2 词法分析流程

（1）句子输入：在这一阶段，系统接收用户输入的文本，可以是单个句子或一篇完整的文章。

（2）句子切分：如果输入为文章，系统首先需要对文章进行句子切分，这一切分是通过识别句子的界限，如句号、问号等标点符号来实现的。完成句子切分后，系统将并行处理每一个句子，以提高分词的效率。

（3）导入词典：在开始词法分析之前，系统会根据配置信息导入相应的词典，包括核心词典、二元词典等，它们包含了大量的词汇信息，如词形、词性、词频等，是后续分词步骤的基础。

（4）词汇初分阶段：首先，字符级切分，即将输入的句子切分成单个字符数组。每个字符均按 UTF-8 编码处理。其次，系统执行一元切分，即查询核心词典，根据字典内容将字符级切分的结果进行最大匹配。匹配后形成的一元词网包括匹配到的每个词的词形、词性和词频等信息。再次，还会进行原子切分，这主要是对英文和数字等非汉字字符按照特定模式合并，形成所谓的原子词。又次，系统进行二元切分，这一步使用一元切分的结果（以二维数组形式存在）去查询二元词典并进行最大匹配，匹配结果将形成一个详尽的词图。最后，系统将在一元和二元切分的基础上利用 NShort 算法（N 最短路径算法）计算每个词的概率权值，这是通过应用平滑算法计算二元分词的词频数得到的。NShort 算法会计算词图中各个节点构成的所有可能路径的权值，选择总权值最小（即概率最高）的路径作为最终的词法分析结果。这一结果还会通过后处理规则进行优化，比如识别时间和其他专有名词。

（5）未登录词识别阶段：这一阶段主要处理系统词典中未包含的词，即未登录词。首先，利用专门的人名识别词典，通过 Viterbi 算法对初分结果进行匹配，识别外国人名。其次，使用地名识别词典，同样采用 Viterbi 算法来识别地名。最后，针对组织机构名称，系统会应用 Dijkstra 算法，利用组织机构名识别词典进行匹配和识别。这些步骤使得即使是在核心词典中不存在的词汇也能被有效识别，从而提高了整体的分词精确度。

（6）优化细分逻辑和切分流程：在完成命名实体的识别后，这些分词结果会被重新加入到词图中。此时系统将再次运用 Dijkstra 最短路径算法进行细致的分析。这一阶段是细分阶段，通过重新评估和调整词图，进一步优化分词的精度和完整性。

（7）词性标注：在得到细分后的分词结果之后，系统将使用一个词性标注模型，结合 Viterbi 算法，对每个词汇进行词性标注，以便于识别每个词的语法功能，如名词、动词、形容词等，这对于后续的句法分析和语义理解至关重要。

（8）输出结果：系统将所有处理过程中生成的数据转换成最终的分析结果，并输出。这些结果不仅包括每个词的具体文本，还包括其词性和在句子中的具体位置，为下一步的语言处理任务（如语义分析、情感分析等）提供基础数据。

3. 实例分析

假设现有句子："马克·扎克伯格访问北京天安门广场，并在中国科技大学发表演讲。"我们采用词法分析方法分析该句子。

对该句子分析的具体步骤如下：

（1）句子输入。系统接收完整的句子输入。

（2）导入词典。系统根据配置导入人名、地名、组织机构名等相关词典。

（3）词汇初分阶段。

①字符级切分：将句子分为字符数组，如"马""克""·""扎""克""伯""格""访""问""北""京""天""安""门""广""场""，""并""在""中""国""科""技""大""学""发""表""演""讲""。"

②一元切分：系统查询核心词典，尝试匹配最大长度的词，如"北京""天安门""广场"。

③二元切分：进一步使用二元词典优化词汇匹配。

（4）NShort 算法计算。使用 NShort 算法确定最可能的分词路径，如确定"北京天安门广场"作为整体而非分开的单个词。

（5）未登录词识别阶段。

①人名识别：使用 Viterbi 算法和人名识别词典，识别"马克·扎克伯格"作为外国人名。

②地名识别：同样使用 Viterbi 算法识别"北京天安门广场"。

③组织机构名识别：使用 Dijkstra 算法识别"中国科技大学"。

（6）优化细分逻辑和切分流程。将识别的命名实体加入词图，使用 Dijkstra 算法再次优化分词结果，确保实体名称不被错误切分。

（7）词性标注。对所有分词结果进行词性标注，标明动词、名词、地名等。

（8）输出结果。输出最终的分词和词性标注结果如下："马克·扎克伯格 /NR，访问 /V，北京天安门广场 /NS，并 /C，在 /P，中国科技大学 /NT，发

表 /V，演讲 /N。"

三、句法分析

1. 句法分析基本概念

句法分析是自然语言处理中的一项基础且核心技术，主要通过深入解读句子的结构解析句子的结构和成分之间的语法关系，帮助理解其表面文字意义，揭示句子的深层语义结构，从而使计算机能够更有效地处理和理解自然语言。一个完整的句子由多个句子成分组成，这些成分包括单词、词组或从句，这些成分根据其在句子中的功能可以被分为主语、谓语、宾语、补语、定语、状语和表语等。例如，句子"小明在学校快乐地读书"，"小明"作为主语，指明了行为的执行者；"在学校"作为状语，描述了行为发生的地点；"快乐地"作为另一状语，描述了行为的方式；而"读书"则是谓语，表达了主要的动作。句子的句法结构常用一棵树来表示，这种句法树展示了句子成分之间的层次关系和依存关系，树中的每个节点代表一个句子成分，而节点之间的连线则表示成分之间的语法关系，如从属关系、直接成分关系或语法功能关系。

句法分析的任务可以分为几个方面。

（1）合法性判断：句子分析的首要任务是判断输入的字符串是否构成一个合法的句子，即检查是否符合目标语言的语法规则，这一步骤是所有自然语言理解工作的前提，确保了后续处理的有效性和可靠性。

（2）消除歧义：自然语言的歧义性是处理的一大挑战，句法分析需要识别并解决句子中存在的各种歧义，如词义歧义、结构歧义等。通过精确的句法分析，可以确保句子的每个成分都被正确理解，从而避免误解和错误的信息提取。

（3）确定语法体系：这是句法分析的理论基础，涉及对语言的语法结构进行形式化的定义，明确哪些句子结构是合法的。这通常通过制定一套详尽的语法规则来实现，这些规则能够描述词和短语如何组合成合法的句子。

（4）句子结构解析：基于上述定义的语法体系，句法分析可以识别句子中的各个句法单位以及这些单位之间的关系，自动推导出给定句子的句法结构，这一步是句法分析的核心。结构解析不仅帮助确定句子的组成部分，包括成分的界限、功能以及它们如何组合成更大的语言单位，还揭示了这些部分如何相互作用，形成完整的语义，进而通过机器学习模型等自动化的工具和算法实现对任意输入句子快速且准确的句法解析。

2. 句法分析的方法

句法分析器是自然语言处理中的一个重要工具，它承担着从单词序列中提取出句子句法结构的重担。根据侧重目标和范围的不同，句法分析可分为完全句法分析和局部句法分析两种主要类型。完全句法分析的目标是解析整个句子的句法结构，构建一个全面的句法树，其中包括句子中的所有成分及其相互关系。这种分析通常采用成分句法分析方法，它可以展示如何从句子的单个词汇构建到复杂的短语和从句，每一个构建步骤都符合预设的语法规则，适用于需要深入理解句子构造的应用，如机器翻译和高级语义分析。与完全句法分析相对的局部句法分析专注于句子中特定的一些成分，而不是整体结构，这种分析方法通过直接揭示词与词之间的依存关系来识别语法结构，忽略了成分间的层次结构，专注于功能关系，如主谓宾关系等特别适用于需要快速处理和分析大量数据的场景，如信息提取和关键词识别等。

句法分析的方法大致可以分为两类：基于规则的方法和基于统计的方法。

（1）基于规则的方法。基于规则的句法分析方法是一种经典的语言处理技术，这种方法的核心在于构建一个包含大量语法规则的知识库，并通过这些规则来指导句法树的构造，实现句子结构的解析。从理论上看这种方法非常严谨，因为它能够提供非常明确的句法结构分析，但在实际应用中却面临一些显著的挑战和限制。基于规则的方法需要先构建一个全面的语法规则库，这些规则由语言学专家根据语言学理论人工编写，旨在涵盖语言的各种句法现象，每个规则都是对语言中可能出现结构的形式化描述，通常涉及大量的语法细节。但语言的复杂性和多变性也意味着即使是非常庞大的规则集也难以完全覆盖所有的语言用法，尤其是在处理多样化和不断变化的现代语言时。而且，规则的维护和更新需要持续的专业知识和劳动投入，这在动态变化的语言环境中是一项挑战。基于规则的句法分析器通常采用两种主要的分析策略：自顶向下和自底向上。自顶向下方法从句法树的根节点开始，依据规则逐步扩展到叶节点，这种方法试图将输入的句子与预设的语法规则进行匹配，从而构建出完整的句法树。而自底向上的方法则是从句子的各个单词（叶节点）开始，逐步归约至根节点。这两种方法各有优势，自顶向下方法直观且符合人类解析句子的习惯，而自底向上方法则在处理具体语法细节时更为精确。实现基于规则的句法分析还涉及复杂的解析算法，因为许多句子在语法上可能有多种合理的解析方式，这就要求分析器能够识别最合适的结构，或者提供所有可能的结构供后续处理，而想要实现这些，通常离不开复杂的算法设计和优化，以确保能够高效地处理大量的规则和潜在的输入句子，并处理和消除歧义。基于规则的句法分析方法在需要非常精确语法分析的法律和学术文本处理中表现出色，但受限于规则的覆盖范围和系统的可迁移性，尤其是新的语言现象、俚语，或者语言使用上的变化都可能导致现有规则库无法有效解析，因此，在大规模真实文本处理中的应用容易受到影响。

（2）基于统计的方法。基于统计的句法分析方法是在 20 世纪 70 年代随着计算机技术和语言学研究的快速发展逐渐崭露头角的一种语言处理技术，这种方法的兴起得益于大规模标注语料库的建立，使得基于统计学习模型的句法分析器得到了广泛的应用和不断的性能提升。其中，概率上下文无关文法（Probabilistic Context Free Grammar, PCFG）是最为典型的应用实例，它在句法分析领域内取得了显著的成就。PCFG 基本上是在传统的上下文无关文法（Context Free Grammar, CFG）的基础上进行扩展，CFG 由非终结符集合（N）、终结符集合（T）、初始非终结符（S）和产生规则集（R）四个元素组成，而 PCFG 则在此基础上增加了一个关键元素——每个产生规则的统计概率（P），这个概率表示在给定的语料库中，某条规则出现的频率。这种概率的引入，使得句法分析器不仅仅是按照固定规则进行句法结构的判定，而且是能够根据历史数据中的实际使用频率来评估各种可能句法结构的合理性。基于统计的句法分析方法的核心优势在于它的评价机制，通过对候选句法树的评分，这种方法能够区分出更加符合语言习惯的句法结构。在实际操作中，句法分析器会为每一种可能的句法树分配一个分值，正确且常见的句法结构会得到更高的分数，而不合理或罕见的句法结构则得分较低，这样通过比较不同句法树的得分，分析器能够选择最合理的句法结构，有效地减少或消除歧义。随着语料库的不断扩充和更新，句法分析器可以不断学习新的语言现象和结构，使得其分析结果更加精确和符合当前的语言使用习惯，这种持续学习和适应的能力，使得基于统计的句法分析方法在自然语言处理领域尤其是在机器翻译、语音识别和信息提取等应用中展现出巨大的潜力。

3. 实例分析

假设我们有以下句子需要进行句法分析："The quick brown fox jumps over the lazy dog."采用基于规则的句法分析方法来解析句子。

为了解析这个句子，我们的规则库可能包含如下规则：

（1）S → NP VP（句子由名词短语和动词短语组成）；

（2）NP → Det N（名词短语由冠词和名词组成）；

（3）NP → Det Adj N（名词短语可以包含一个形容词）；

（4）VP → V NP（动词短语由一个动词和名词短语组成）；

（5）Det → "the" | "a"（冠词可以是"the"或"a"）；

（6）N → "fox" | "dog" | "jumps"（名词可以是"fox""dog"或"jumps"，尽管"jumps"通常是动词，在某些上下文中也可能被误认为名词）；

（7）Adj → "quick" | "brown" | "lazy"（形容词可以是"quick""brown"或"lazy"）；

（8）V → "jumps" | "over"（动词可以是"jumps"或"over"）。

使用上述规则，句法分析器会尝试从句子的开头构建句法树，选择自顶向下分析方法。

（1）从 S 开始，尝试将句子分解为 NP 和 VP。

（2）NP 构建：首先识别"The quick brown"作为 NP，根据规则 3，"The"是 Det，"quick"和"brown"是连续的 Adj。

（3）VP 构建：剩下的部分"fox jumps over the lazy dog"需要被解析为 VP，其中"fox"作为 N，但这里遇到歧义，因为"jumps"通常作为 V，但根据规则 6 也可以是 N。

（4）进一步解析：若将"jumps"视为动词，则后面的"over the lazy dog"需要符合 NP 结构，但"over"在这里不符合任何名词短语的构建，应当重新分析为 V 的一部分，即"jumps over"应当被视为 V。

基于规则的方法可以较好地解析简单明确的句法结构，但在遇到词性歧义或复杂结构时，可能需要更复杂或动态的规则来适应，如例子中的"jumps"和"over"的组合需要特别的规则来正确解析。若句子结构或用词不常见，规则库可能无法覆盖，导致解析失败或错误。因此在实际应用中，这种方法常与基于统计的方法结合使用，以提高句法分析的覆盖范围和准确性。

四、语义分析

1. 语义分析基本概念

只有在完成句法分析并对语义进行了详细解释之后，计算机才能理解语句的真正含义，所以语义分析的核心任务是揭示语言所表达的含义和所表征的概念，通过把句子中的句法成分与应用领域中的目标概念相关联，进一步明确语言的具体内容。具体分析内容包括确定"谁是行动的执行者""进行了什么样的行为""这一行为的原因和结果是什么""行为发生的时间和地点"以及"使用了哪些工具或方法"。通过这样的分析，计算机能够精确理解并执行基于语言的指令，有效地应对复杂的语义挑战。语义分析还涉及识别句子中的隐含意义和语境相关的细节，如语气、假设和推理关系，这些高级语义特征的理解有助于计算机准确地把握对话的意图和情感色彩，从而在人机交互中提供更加人性化和精准的反应。

语义分析与句法分析相比存在显著不同，后者专注于语句的结构，而前者侧重于探索语句的含义。基于此可以得出语义分析的主要功能包括以下几方面。

（1）词义消歧：确定一个词在特定语境中的具体含义，这不仅仅是区分词性，更要在不同上下文中确保词语的意义得到正确解释。

（2）语义角色标注：此功能标注句子中的谓语与其他成分（如施事、受事等）之间的关系，从而揭示句子的深层结构。

（3）语义依存分析：分析句子中词语之间的语义关系，确定它们如何相互作用以表达完整的意思。

为了实现上述功能，传统方法通常是先进行句法分析，然后进行语义解释，从理论上看，这种顺序处理的方法是正确的，但有时也会导致句法与语义分析的分离，使得在缺乏语义信息的情况下无法正确确定句法结构。因此，在某些情况下，即使句法分析正确，如果没有合适的语义信息，也可能导致对句子意义的误解。为了提高语义分析的准确性和有效性，一种新的方法是在语义分析中融合句法分析，实现两者的紧密结合，这种集成方法可以更好地理解语言的复杂性和多样性。目前，最常用的语义分析方法有语义文法和格文法两种。

2. 语义分析方法

（1）语义文法。语义文法是一种强大的工具，它将传统的文法知识与语义知识结合，形成了一个统一的文法规则集，这种文法规则不仅描述了语言的结构，还融入了语义内容，使得每个文法构件都具有明确的语义标识。在语义文法中，传统的名词短语（NP）、动词短语（VP）、介词短语（PP）等句法成分被"山""水""动物"这样具有具体语义内容的类别、具有明确语义属性的标记所替代，而不是简单地标记为"名词短语"，直接反映了它们所代表的自然语言中的实际概念和对象。通过这种方式，语义文法能够直接在句子的解析过程中处理语义信息，这不仅增强了语言处理系统的语义理解能力，还能有效排除语法上可能正确但语义上不合理的句子。例如，在分析"论文收到教授"这样的句子时，尽管从语法结构上看它可能无误，但语义文法能识别出"收到"这一动作与"论文"和"教授"之间的语义关系不符合逻辑，因此判定该句子语义不成立。语义文法的应用不仅限于单句的语义解析，它还能在段落或全文分析等更大范围的文本中发挥作用，帮助系统理解各个句子之间的逻辑关系和语义连贯性，从而提高整体的文本理解能力。

（2）格文法。格文法是一种以句子的中心动词为核心，通过定义动词与其他句子成分之间的语义关系来构建句子结构的语言描述方法。"格"这一概念借鉴自传统语法的术语，但在这里它专指与动词相关的语义功能，而非传统语法中的语法形式，尤其强调名词短语和介词短语等句子成分的语义角色，如施事、受事、工具等，这些角色被统称为"深层格"。深层格的使用使得格文法在处理语义关系时具有独特优势。例如，句子"John gave Mary a book"在格文法中，John 是施事格，Mary 是受事格，book 是主题格。而且，即使句子的表达形式变化，如原句的被动语态"Mary was given a book by John"，在格文法中各个成分所承担的格角色仍保持不变，保证了语义分析的一致性和准确性。格文法能够适应不同的句式变化，无论是主动语态变被动语态，还是陈述句变疑问句，或是肯定句变否定句，句子中的深层语义关系保持不变，这一特点使得格文法在自然语言处理中，尤其是在语义解析、机器翻译和语言生成等领域，显得尤为重要和实用。在实际应用中，格文法可以与其他语言处理技术如句法分析和词义消歧等结合使用，进一步提升自然语言处理系统的语义理解能力。

3. 实例分析

假设有句子："警察逮捕了窃贼。"我们采用语义分析方法分析该句子。

采用语义文法分析该句子，我们不仅分析句子的句法结构，还要融入句子的语义内容。在这个例子中，语义文法可能会使用如下的规则：

句子（S）→ 主语（SBJ）+ 谓语（V）+ 宾语（OBJ）

主语（SBJ）→ 警察：执行者

谓语（V）→ 逮捕：行为

宾语（OBJ）→ 窃贼：对象

这里，"警察"被定义为执行者（Agent），"逮捕"是行为（Action），而"窃贼"是对象（Theme）。语义文法不仅揭示了谁做了什么，还明确了每个成分的角色，帮助理解整个句子的动态意图。

采用格文法分析该句子，专注于动词和与之相关的语义关系。在这个例子中，动词"逮捕"会定义相关的格，如下所示：

逮捕（V）→ 施事格（Agent）+ 受事格（Patient）

施事格（Agent）→ 警察

受事格（Patient）→ 窃贼

在格文法中，"警察"填充了施事格（Agent），表示行动的执行者；"窃贼"填充了受事格（Patient），表示行动的接受者或目标。这种分析方法关注如何通过动词的语义角色来揭示句子成分之间的关系，强调动词在构建语义结构中的中心地位。

第三节　自然语言处理的应用技术

一、机器翻译

机器翻译是一项涉及多个学科的复杂技术，它结合了语言学、计算机科学、信息学和数学等领域的理论和方法，但从英国工程师 Booth 和美国工程师 Weaver 在 20 世纪 40 年代提出利用计算机进行翻译的构想以来，这一领域经历了多次波折和发展。初期的机器翻译尝试侧重于简单的直译或词对词的翻译方法，这种方法很快就暴露出其局限性，因为语言不仅仅是词汇的堆砌，更重要的是句子中词语的语法和语义关系。到了 20 世纪 50 年代，随着计算机技术和理论语言学的发展，机器翻译得到了大力发展，但随后在 60 年代由于 ALPAC 报告的质疑，研究一度陷入低谷。20 世纪 80 年代，机器翻译得到复兴，研究重点转向了人机协作翻译，即在翻译过程中人类参与译前编辑、交互式问题解决和译后编辑等活动。进入 90 年代，机器翻译领域迎来了一个重大转折，基于语料库的方法开始崭露头角，基于大量双语语料库训练的计算机模型可以通过统计分析方法来预测词语的正确翻译和句子的构造，这标志着从规则驱动向数据驱动的重大转变，极大地提高了翻译的自动化水平和质量。随着技术的进步，现代机器翻译系统越来越多地采用深度学习技术，如神经机器翻译使用端到端的模型直接学习从源语言到目标语言的映射关系，这种方法能够更好地捕捉语言的深层次语义关系，并生成更自然流畅的翻译，这不仅提高了翻译的速度和质量，还在减少人工干预的同时，提升了翻译的自适应能力和灵活性。

机器翻译的基本流程包括源语言文本输入、文本的识别与分析、翻译生成与综合，以及目标语言的输出。在这个过程中，输入的源文本先被计算机逐字识别，通过分析标点符号和特征词（通常是功能词如介词、连词等）来解析句法和语义结构。然后，计算机会查询内部存储的词典、句法表和语义表，把加工后的语义信息传送到规则系统中，规则系统根据这些信息生成对应的目标语言句子。目前最常用的机器翻译方法有基于规则的、基于统计的以及基于实例的机器翻译方法。

1. 基于规则的机器翻译

基于规则的机器翻译系统（Rule-Based Machine Translation，RBMT）的设计建立在复杂且详尽的语法和语义规则之上，这些规则系统不仅要能够精确描述一种语言的结构特征，还需要能够处理和转换不同语言之间的复杂差异。RBMT 的主要优势在于其能够为翻译提供非常精确和逻辑上连贯的基础，使得翻译过程可解释性强，易于控制和调整。

在 RBMT 系统中，语言的每个层面都通过一系列的规则来描述，这包括词法、句法、语义乃至语用层面。词法规则负责单词的形态变化和词性标注；句法规则定义如何将词汇组合成句子；语义规则解释词和短语的意义以及它们如何组合传达完整的思想；语用规则则涉及语言的使用环境和语境的影响。这些规则共同工作，不仅能够分析源语言文本，还能够将其转换成目标语言，保持原意的同时适应目标语言的语言习惯。尽管 RBMT 在精确性和可控性方面有显著优势，但这种方法也存在一些局限。最根本的就是规则的制定非常依赖于专家知识，需要语言学家和专家深入研究语言的细节，并手动编写规则，这一过程不仅耗时耗力，而且难以涵盖所有的语言现象和变体，特别是在面对非标准用法或新兴用法时，规则系统可能无法准确处理。而且，RBMT 系统的扩展性和灵活性相对有限，对于语言多样性的适应能力不及基于统计或神经网络的方法。

基于规则的机器翻译流程如图 7-3 所示。

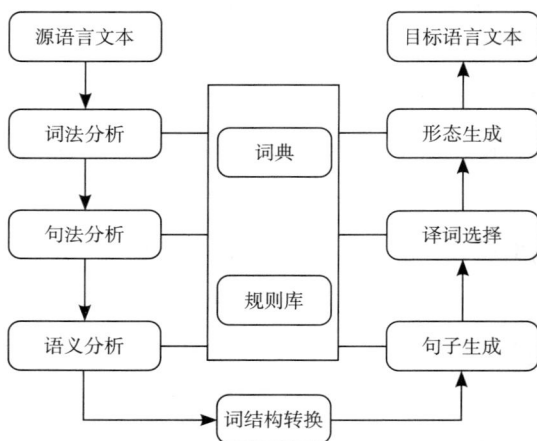

图 7-3　基于规则的机器翻译流程

2. 基于统计的机器翻译

基于统计的机器翻译（Statistical Machine Translation，SMT）代表了机器翻译研究中的一种重要转变，这种方法完全依赖于大规模的语料库提取语言的统计特征，以此来建立翻译模型。与基于规则的翻译系统相比，SMT 不需要人工编写详尽的语言规则，而是通过分析双语语料库中的语言对应关系来学习如何进行翻译，极大地减少了人力成本，并能自动适应语言的变化和新表达方式。

统计机器翻译的核心是建立概率模型，该模型可以预测源语言到目标语言的翻译概率。这一过程通常包括几个关键步骤。

（1）对齐训练。系统需要先从双语语料库中学习单词和短语之间的对应关系，通过 IBM 模型或基于 HMM 的方法等对齐算法识别出源语言和目标语言中的词汇和短语之间的对应关系。

（2）语言模型构建。系统还需要一个语言模型来确保生成的翻译在语法和语义上都是流畅和准确的，这个模型通常是通过分析大量单语语料库构建起来的，目的是捕捉目标语言的常见用法和结构。

（3）解码。翻译时，解码器利用上述训练得到的模型来生成可能的翻译选项，解码过程涉及搜索最佳的翻译候选，通常使用诸如束搜索（Beam Search）这样的技术来优化搜索过程。

（4）评分和选择。系统评估不同的翻译候选，并根据预先设定的标准（如翻译概率、流畅度等）选择最佳翻译。

统计机器翻译的一个主要优势在于其对新词汇和语言变体的适应能力，因为模型是从实际使用的语言数据中学习得到的，它能够较好地反映语言的自然使用和发展。而且，随着语料库的增大，SMT 系统的翻译质量通常会得到改善。但 SMT 也面临着一些挑战，特别是在数据稀疏性和翻译质量方面表现尤为明显。对于那些数据量较小的语言或专业领域，缺乏足够的双语语料可能导致翻译质量不佳。

3. 基于实例的机器翻译

基于实例的机器翻译（Example-Based Machine Translation，EBMT）方法是由日本学者长尾真（Makoto Nagao）在 1980 年提出的，它与传统的基于规则或统计的翻译方法最明显区别是从具体的翻译实例中学习并推广到新的翻译任务上的技术。因此，EBMT 特别适合处理那些句法结构相似或语义内容接近的句子，如技术文档和法律文件翻译。基于实例的机器翻译核心是一个庞大的翻译记忆库，这个库存储了大量历史翻译的句对，其在翻译新句子时，会先在翻译记忆库中搜索与待翻译句子最相似的实例，一旦找到相似的实例，系统将参考这些实例中的翻译方法，对原句进行必要的修改和调整，以适应新的翻译环境，这种方法变相地利用了已有的翻译结果，减少了从头开始分析和构建翻译的需求。

EBMT 方法是利用已有的双语语料库进行翻译，其主要步骤涵盖了从句子对齐到最终翻译输出的整个过程。这种方法的优势在于其能够利用历史翻译实例直接生成翻译，减少了从零开始构建翻译的需要。具体包含以下步骤。

（1）对双语语料库进行句子级对齐，这一步是基于实例翻译方法的基础。通过对双语语料库中的句子进行精确对齐，可以建立源语言句子与目标语言句子之间的直接关系，确保翻译的准确性和相关性，为后续的翻译过程提供必要的输入。对齐过程通常涉及复杂的算法，如基于统计的对齐技术，这些技术能够处理不同长度和结构的句子对齐问题。

（2）在语料库的源语言侧进行句子分块，即将源语言文本分解成较小的、可管理的片段（组块），这些组块通常是基于句法或语义的单元，如短语或子句。这一步简化了匹配过程，使其更为精确和高效。通过将大的文本分解成较小的单元，可以更容易地找到与之对应的目标语言片段。

（3）一旦源语言组块被确定，系统将在翻译记忆库中寻找与之最相似的源语言组块的历史翻译实例，这一步称为双语匹配，这一过程中可能会使用多种匹配算法，包括基于关键词、语义相似性或上下文信息的匹配。

（4）最后一步是将所有匹配的目标语言组块组合起来，形成完整的翻译文本。这一步需要考虑语言的流畅性和连贯性，可能需要进行额外的调整和编辑以确保翻译文本的自然和准确，而且组合过程中，翻译系统可能会使用语言模型来评估和优化句子的流畅性。

尽管 EBMT 对于常见的或结构类似的句子能直接复用之前的翻译实例实现快速翻译，但其性能在很大程度上依赖于双语语料的质量和对齐的准确性，一旦出现不准确的对齐就可能导致错误的翻译，甚至那些结构复杂或语料库中未出现过的句子都无法提供准确的翻译。而且构建和维护一个大型、高质量的翻译记忆库需要大量资源和持续的更新，这些都限制了 EBMT 的广泛应用。

二、问答系统

1. 问答系统简介

问答系统（Question Answering System，QA）❶是一种高级的信息检索系

---

❶ 蒲伟，王恒.基于自然语言处理的问答系统综述［J］.科技创新与应用，2021，11（22）：3.

统，可以通过自然语言或语音与用户进行互动，直接用简洁明了的语言回答用户提出的问题。问答系统是基于自然语言处理技术诞生的特殊系统，不仅仅是一个简单的信息查询工具，它还能通过分析和理解用户的问题，在庞大的数据源中寻找或生成恰当的回答，为用户提供精确的答案。它的应用场景非常广泛，包括在线客服、智能助手、医疗咨询、法律咨询等，极大地提高了信息获取的效率和质量。随着技术的进步，问答系统正在向多模态交互方向发展，不仅限于文本回答，还包括图形、表格、语音甚至视频，这种多模态的交互方式使得问答系统更加贴近人类的自然沟通方式，提升了用户体验。例如，一个先进的问答系统可以通过语音交流，理解用户的口语问题，并通过语音或视频形式提供回答。

QA 系统是目前人工智能和自然语言处理领域中极具前景的研究方向之一，其核心功能在于通过理解和生成自然语言来与用户进行有效的交流。一个典型的问答系统通常由以下四个主要部分组成。

（1）自然语言理解。这是问答系统的第一步，关键在于将用户的自然语言输入转化为计算机可以理解的内部表示，如语义槽，这一过程包括词法分析、句法分析和语义分析等，目的是准确把握用户意图和相关的信息点。

（2）问答状态跟踪，也称为对话管理。这一过程主要负责维护和更新对话的状态，而这一状态是基于用户当前的输入和之前的对话历史，系统会通过这一模块来决定下一步的行动是提问、回答还是进行澄清。

（3）自然语言生成。这一阶段的任务是将系统的决策和信息转换回自然语言，包括选择适当的词汇、构造语句以及调整语言风格，以符合对话的上下文和用户的期待，方便用户理解。

（4）语音处理。在有些问答系统中，用户的输入和系统的输出不仅仅是文本，也可能是语音，这种情况下，系统需要包含语音识别和语音合成技术，即将语音转换为文本（在自然语言理解前），以及将生成的文本转换为语音（在自然语言生成后）。

2. 问答系统结构

不同类型的问答系统由于任务不同有着各自独特的架构体系，但通常都包括用户层、中间层、数据层 3 层结构，如图 7-4 所示。

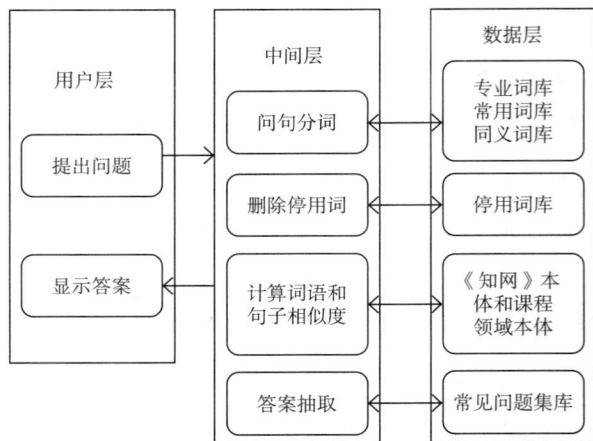

图 7-4　问答系统结构简图

（1）用户层（UI）：这一层是用户与系统直接交互的界面，用户通过这个界面提出问题，系统则在同一界面上展示答案，因此用户层需要具备良好的用户体验设计，确保信息的清晰展示和易于操作，包括文本输入、语音输入功能以及回答的多种呈现方式（如文本、语音或图像）。

（2）中间层（MI）：也称为处理层，是问答系统的核心。这一层的主要任务包括：

①问句分词：对用户输入的自然语言进行词汇的切割，以便进一步处理。

②删除停用词：去除句子中的常用词（如"的""是"等），这些词在处理语言时通常不承载实际意义。

③计算词语和句子相似度：这一步骤对于理解用户的查询并匹配最相关的信息至关重要。

④答案抽取：从知识库中抽取或生成最符合用户查询的答案。

（3）数据层（DI）：这一层是系统的知识基础，包含所有供系统检索和生成答案所需的数据资源，具体包括：

①专业词库和常用词库：存储特定领域的术语以及日常使用的语言表达。

②同义词库：帮助系统理解不同词汇间的语义关联。

③停用词库：列出在处理自然语言时可以忽略的词汇。

④《知网》本体和课程领域本体：这些本体结构提供了丰富的语义知识，

帮助系统理解词汇和概念之间的关系。

⑤常见问题集（FAQ）库：包含常见问题及其答案，常用于快速回答用户常见的查询。

通过这三个层次的协同工作，问答系统能够提供快速、准确的回答，同时保持与用户的流畅交互。随着技术的进步，数据层可能会整合更多类型的数据源，如视频和图像数据，以支持更广泛的应用场景。

第八章

智能机器人

第一节 智能机器人简介

一、智能机器人含义

1. 机器人

1920 年，捷克作家卡佩克（Karel Capek）在其科幻剧本《罗萨姆的万能机器人》中首次使用了"机器人"这一词汇，是卡佩克从捷克语单词"奴隶"的英文"Robota"演变而来，意指剧中由人类制造出的自动化劳工。该剧本不仅引入了机器人一词，也深刻地探讨了科技发展可能带来的社会影响，特别是机器人可能对人类社会造成的悲剧性后果，引起了广泛关注，被视为机器人概念的文学起源。卡佩克通过剧情展示了科技进步可能引发的一系列问题，尤其是当机器人拥有超出人类预期的能力时，可能对人类社会造成风险，其中有几个关键性的问题至今仍是人工智能和机器人研究中的核心议题，如机器人的安全性、感知能力和自我繁殖的可能性。为了解决这些潜在的风险，另一位科幻作家艾萨克·阿西莫夫在 1940 年提出了著名的"机器人三原则"，旨在为机器人的行为设定道德和伦理的界限，确保它们在服务人类的同时，不会对人类构成威胁。这三条原则分别是：机器人不应伤害人类；机器人应服从人类的命令，除非这些命令与第一条原则相冲突；机器人应保护自身的存在，只要这种保护不与前两条原则相抵触。阿西莫夫的这些原则对后来的科技发展和机器人伦理学有着深远的影响，它们不仅在科幻文学中占据了重要地位，也被机器人学术界广泛接受和讨论，成为指导现实中机器人设计和制造的伦理准则。

机器人的构成和功能实现主要依赖于三个核心因素：首先，机器人本身具备与外界环境交互的基本条件。机器人能够通过自身携带的传感器与外部环境进行交互，从而感知周围环境的温度、光线、距离等信息。机器人内置的执行器可以驱使机器人做出移动、抓取或旋转等动作，实现机器的"活动"。当然这些执行器的动作由机器人的中央处理系统根据外部环境信息和预设的程序来控制。其次，机器人具备可编程性，这是其核心特征之一。开发者可以通过编程设定机器人在特定情况下的行为模式和响应方式，使其能够完成复杂的、高度定制的任务，也正是因为这种可编程性使得机器人可以广泛应用于工业、医疗、服务业等多个领域。最后，机器人具备自主性或半自主性，这是其区别于一般机器最显著的功能特征，意味着机器人在执行任务时可以根据预设程序独立操作，或在人类操作者的部分控制和监督下工作。这种自主或半自主的操作能力使机器人可以在执行复杂或危险任务时减少对人工直接干预的需要，从而提高安全性和效率。

根据联合国标准化组织采纳的美国机器人协会制定的定义可知，机器人是一种可编程和多功能的操作机器，是一种为了执行各种不同任务设计成的、具备通过电脑程序改变和控制其动作能力的专门系统。换言之，机器人是一种高度发展的技术产品，能够自主或半自主地执行一系列复杂的动作，极大地扩展了机械操作的范围和效率。在科技界，机器人的定义一直存在一定的争议，一些专家认为，机器人的核心特征应该包括能够执行任务的自主性，所以只有具备自主性的才能称之为机器人。但这个定义并不全面，因为许多机器人虽然是由人类控制，但仍然能够执行复杂的操作，如遥控机器人（Telerobots）、用于深海探测或核设施维护的遥控机器人，这些机器人同样属于机器人的一种，但它们主要通过操作人员的控制进行工作，与通常所说的自主机器人能够独立执行任务、无须人类直接控制有很大的不同。还有的专家认为机器人必须具备"思考"能力并作出决策，这进一步增加了对机器人定义的复杂性，因为这种

"机器人思维"通常指的是机器人具备一定程度的人工智能，能够处理输入数据，做出响应，并自行调整行为以适应环境变化。但人工智能的水平和种类差异很大，从简单的反应式算法到高度复杂的自学习系统，这使得界定机器人是否具备"思考"能力变得模糊。

2. 智能机器人

智能机器人，顾名思义，带有"智慧"属性的机器人，而这种"智慧"来源于它们拥有一个发达的"大脑"，即一个中央计算机系统，这个系统使得机器人能够与操作者保持直接联系，根据输入的指令进行复杂的计算和决策，这种决策并不仅仅停留在响应命令上，更能按照设定的目标安排行动，执行一系列复杂的任务。正是由于这种高度发达的计算能力和程序设计，我们才将这种类型的机器人视为真正的"智能机器人"。

从广义上理解，智能机器人给人留下的最深刻印象是其完全可以视为一个独特的、能够自我控制的"活物"，虽然这类机器人的主要器官没有像真正的人类那样微妙和复杂，但它们通过一系列内部和外部的信息传感器展示出了相似的感知能力。这些传感器包括视觉、听觉、触觉和嗅觉传感器，使得智能机器人能够感知周围环境，从而作出反应。除了传感器，智能机器人还装备有各种执行器，类似于生物体中的肌肉，如步进电动机，使其能够驱动手臂、腿部、象鼻或触角等部件进行相应的动作。更为重要的是，智能机器人能够理解人类的语言并能与操作者进行交流。这种交流与普通机器简单的执行命令不同，好像被赋予了一种独特的"意识"，它能通过这种"意识"形成对外部环境的详细模型，实现对当前情况的合理分析和应用，并根据环境的迅速变化自主调整其行为以满足操作者的要求，甚至在信息不充分或环境急剧变化的条件下也能展现出卓越的自适应能力，设计并执行所需的动作，达到预定的目标。因此，智能机器人不仅仅是工业和技术领域的产物，它们在处理复杂环境和任务中显示出近乎生物体的灵活性和适应性，标志着人类在模仿和扩展自然智能方面迈出了重要的一步。

虽然当前技术尚不能使机器人与人类思维完全一致，但科学家们正在通过各种尝试逐步逼近这一目标，麻省理工学院的人工智能实验室制作的机器人已经可以在玩积木的过程中展现出类似儿童的认知能力，可以实现对积木排列、移动和几何图案结构的理解和操作，这种初步的"理解"能力是机器智能发展中的一个重要里程碑。科技的发展使一些专家乐观预测，在不久的将来，计算机及机器人的智能可能会有显著的提升，但无论智能机器人的能力如何增强，它们的自主性、逻辑判断、控制执行以及学习能力如何逐渐接近人类的操作和思考模式，它们仍旧服务于人类，并在人类创造的框架和规则内活动。甚至未来的智能机器人可能被赋予某种形式的自我意识或情感意识，具备自我复制和自我修复的能力，它们依然在人类的技术和伦理限制之下运作。这种局限性不仅源于技术层面的限制，更因为人类社会、伦理和哲学的考虑。

二、智能机器人的分类

智能机器人按照智能程度可以分为工业机器人、初级智能机器人和高级智能机器人。

（1）工业机器人主要在工业制造领域中使用，其功能主要是执行预设的、重复的任务，如装配、焊接、搬运等，操作精确、效率高，但如果生产过程中需要改变机器人的操作，操作员必须手动重新编程，即无论外部环境如何变化，这些机器人都无法自主地调整其行为或程序。这种机器人的智能程度较低，缺乏自适应环境的能力，因此在多变的操作环境中表现不佳。

（2）初级智能机器人是相对于传统工业机器人的升级版，具有更高级的感知和处理能力，它们可以通过内置的传感器和处理单元，感知外部环境的变化，并根据这些变化在一定范围内自动调整自己的程序。尽管这些规则由人类预先设定，但机器人能在这些框架内自行做出适应性调整，显示出一定的"智能"。例如，一个装配线上的初级智能机器人可能能够识别不同类型的组件并选择正确的组装方法。这种机器人通常还被预设了特定的规则和逻辑，以指导其自动调整行为。

（3）高级智能机器人不仅能感知和反应，还能通过复杂的算法自行学习和优化其行为，代表了人工智能和机器人技术的前沿。高级智能机器人的关键特性是其能力不再仅限于执行预设规则，而是能通过实际经验来发展和调整这些规则，甚至可能会在执行任务过程中通过错误和成功来学习如何更有效地完成任务，实现自我规划、自动安排自己的工作流程，甚至在没有人类直接干预的情况下独立操作，在灾难响应和复杂工程项目中尤为有用。

第二节 智能机器人的智能技术

一、智能感知技术

感知技术在智能机器人领域扮演着至关重要的角色，它不仅仅是智能机器人从环境中收集信息的手段，更是智能机器人系统中的核心技术之一，使其能够像人类一样感知周围世界，更能通过处理和解析这些信息准确地执行任务并做出决策。智能机器的感知从收集环境中原始数据开始，包括视觉、声音、触觉或化学信号等各种形式的数据，其中视觉传感器捕捉图像和视频数据，声音传感器（如麦克风）捕捉声波，触觉传感器感知压力和纹理，而化学传感器可以检测空气中的化合物。收集到的数据会先经过预处理，这一步骤包括滤波、去噪、增强等技术，以改善数据质量，准备进行更深入的分析。接下来是特征提取阶段，这一步骤的目的是从预处理后的数据中提取有助于后续任务的关键信息，可能涉及转换数据格式，或从复杂数据中提取简化的数学表示，如图像中的边缘检测、声音的频谱特征等。最后一步是识别过程，这一步涉及对提取并选择好的特征进行分析，以辨识、分类和判断。在这个阶段，机器人利用算法来对信息进行解读，判断其类别或状态，这不仅仅使机器人能够识别其操作环境，还使其能够根据环境的变化做出反应，适应不同的工作条件，使机器人在执行复杂任务时更加精确和可靠，从而在工业、医疗、服务等领域中发挥越来越重要的作用。

1. 视觉感知

正如人类依赖视觉信息来解读周围世界一样，机器人的视觉系统使其能够感知和理解复杂的三维空间，进而实现机器人与其环境之间的交互，并在此基础上执行任务。为了模仿人类的视觉能力，智能研究者开发了各种类型的视觉系统，旨在赋予机器人足够的灵活性和适应能力，以应对不同的操作环境和任务要求。机器人的视觉系统主要依赖于视觉传感器，这些传感器可以是相机、激光扫描器或其他图像捕捉设备，它们能够捕捉周围环境的视觉数据，这些数据随后被送入计算机视觉算法中进行处理，通过算法，机器人能够识别物体、测量距离、解析场景结构和动态变化，甚至进行高级功能如导航和路径规划。

在机器人视觉系统的具体实现中，存在几种主流技术：

（1）单目视觉：这种系统使用一台相机来捕获图像。虽然单目视觉系统结构简单、成本低廉，但它在深度信息的获取上存在限制，通常需要通过其他算法或技术来推断深度。

（2）双目立体视觉：模仿人类的两眼，双目视觉系统使用两个相机从略微不同的角度捕捉图像，通过比较两个图像的差异来计算深度信息，从而提供更为准确的三维空间感知能力。

（3）多目视觉：这种系统配备多个相机，从多个角度捕捉场景，提供更全面的视觉数据。多目视觉系统能够极大地提高视觉感知的精度和复杂环境中的表现，尤其适用于需要高度空间感知的应用场景。

（4）全景视觉：通过围绕机器人360°布置相机来实现，全景视觉系统能够提供周围环境的完整视角，非常适合需要全方位监视或交互的场景。

通过这些高级的视觉系统，机器人不仅能"看到"世界，还能"理解"和"反应"于其环境，从而执行更复杂、更精确的任务，如在自动驾驶车辆、自动化仓储和高精度制造中的应用。

2. 听觉感知

对智能机器人来讲，听觉感知至关重要，尤其是在需要与人类进行交互的应用场景中，因为机器人需要通过其听觉系统接收声音信号，并将其传递至"大脑"，经过分析后使交流更加自然和高效。智能机器人先进的听觉感知系统使得其能够确定声源的方向和距离，这对于环境导航和定位具有重要意义，能够使服务机器人或救援机器人在实际应用过程中准确地识别呼救声或其他关键声音信号，并迅速作出反应，顺利完成任务。机器人还可以通过分析声音的音调和响度更好地理解人类的情感和意图，从而在服务、护理或陪伴等领域提供更加人性化的交互。自然语言处理和语音识别技术的整合进一步增强了机器人的听觉感知能力，这些技术允许机器人不仅能够接收和解析语音数据，还能理解其语义内容并作出相应的逻辑回应，极大地扩展了机器人在客户服务、家居自动化、教育辅导等领域的应用范围。随着技术的进步，听觉感知系统正在变得越来越复杂和精细，使得机器人在执行任务时能够更好地适应人类的交流方式和环境的声学特性。这不仅提高了机器人的功能性，也为未来机器人与人类的更深层次交互奠定了基础。

3. 触觉感知

对智能机器人来讲，触觉感知非常关键，尤其是在需要精细操作和与复杂环境互动的情况下，模拟人类和其他动物的触觉导向行为开发出更精细、更自然的触觉反应能力，不仅可以感知物体的硬度、温度和纹理，还可以通过触觉感知来理解物体的形状和位置，以及执行更复杂的任务如分类和操作。触觉模型的开发通常需要对触觉感知过程进行深入研究，了解如何利用传感器模仿生物的触觉受体，以及通过机器人的触觉传感器来积累和整合触觉信息，然后将这些数据传输到机器人的处理中心，通过先进的算法进行分析和解释。在触觉感知建模时，还有一点至关重要，就是理解并模拟人类触觉感知器官在感知过程中的移动和调整，从而优化信息的收集。例如，机器人在识别不同材质的物体时，可能需要调整触摸的压力和角度，以获得关于物体硬度和纹理的更多信息。

随着科技发展，机器学习技术的融入使得触觉感知模型可以从大量的触觉数据中学习和提炼出有效的感知策略，尤其是聚类、分类等算法可以使机器人识别和归纳出特定的触觉特征，改善其对环境的理解和互动能力，不断优化其触觉探索策略，提高在复杂环境中的适应性和操作效率。最近的触觉感知研究还涉及开发灵巧手触觉传感器，以便于机器人能够执行拾取脆弱或复杂形状物体这种更精细的操作，这些传感器的发展对提升机器人在手术、精密组装和个人护理等领域的应用具有重要意义。

二、智能控制技术

在机器人控制领域，传统的控制方法如比例—积分—微分控制（PID）、计算转矩控制（CTM）、鲁棒控制（RCM）和自适应控制（ACM）等虽然在许多应用中显示出其有效性，能够提高系统的精确性、响应速度和一定程度的鲁棒性，但在处理复杂、高度非线性系统的动态环境中维持系统稳定性和适应性方面显示出一定局限。为了克服这些限制，人工智能技术，特别是神经网络、模糊逻辑和进化计算，已被广泛应用于机器人控制系统中，提供了处理不确定性、学习和适应环境变化的有效手段，极大地拓宽了机器人控制的应用范围。

神经网络控制，作为自动控制领域的前沿学科，自 20 世纪 80 年代末期以来发展迅速，尤其擅长解决复杂的非线性、不确定和不确知系统的控制问题。它通过其出色的非线性映射能力，能够从大量的输入和输出数据中学习控制策略，提供多种控制结构选项，如监督控制、直接逆模控制、自适应控制、模型参考控制、内模控制、预测控制和最优决策控制等，这些控制策略不仅增强了机器人系统的自主性，还提高了其适应性和智能化水平，使得机器人能够更好地适应复杂多变的操作环境。在神经网络的基础上，模糊逻辑控制提供了另一种强大的工具，它允许机器人在决策过程中模仿人类的推理方式处理系统中的不确定和模糊信息，特别适用于规则不明确或复杂度高的系统。通过将模糊逻辑与传统控制方法相结合，机器人能够在缺乏精确信息的情况下做出有效的控制决策。此外，进化计算，尤其是遗传算法和进化策略，通过模拟自然选择和遗传机制，能够在复杂的搜索空间中找到最优或近似最优的解决方案，从而提高机器人系统的整体性能和效率，适合用于优化控制系统中的参数配置，特别是在参数空间庞大且潜在解决方案多样的情况下。这些先进的人工智能控制技术不仅显著提升了机器人系统的性能，还增强了其智能性和适应性。随着这些技术的进一步发展和应用，预计机器人在自主性、灵活性和智能决策方面将达到新的高度。

智能导航在智能控制系统中扮演着至关重要的角色，它涉及复杂的规划任务，从底层的轨迹规划到中层的路径规划，再到高层的任务规划，这些规划的共同作用使得机器人能够控制驾驶系统有效地完成预定任务，优化路径选择，并确保运动轨迹的安全性和效率。具体规划如下：

（1）轨迹规划主要涉及具体的动作执行和运动控制，包括速度、加速度以及机器人或车辆的具体操作，以确保机器人或自动驾驶汽车能够在已规划的路径上平稳、安全地移动，同时考虑动态环境因素，如突发的障碍物或紧急情况，需要实时调整轨迹。

（2）路径规划主要关注从当前位置到目标位置的最优路径选择，这不仅涉及地理路径的计算，还包括对路径上可能遇到的障碍和交通状况的预测和应对。智能控制系统中的路径规划利用各种传感器数据（如 GPS、雷达和摄像头信息）和预设的地图数据，通过算法（如 A^* 搜索或 Dijkstra 算法）计算出成本最低或时间最短的路径。

（3）任务规划是规划层次中最为抽象的部分，主要关注于目标的设定和任务的定义。在智能导航中，任务规划涉及对机器人的目标状态的识别，以及确定达到这些目标所需的一系列行动。例如，自动驾驶汽车的任务规划可能包括识别目的地，确定行驶任务的优先级，以及考虑如何在满足法规和安全要求的前提下最有效地完成任务。

综合这些规划层次，智能导航系统不仅提高了操作效率和安全性，还增强了系统的自适应能力和智能响应能力，为机器人技术和自动驾驶领域带来了革命性的进步。

三、智能交互技术

智能交互技术是实现人与机器人之间有效通信的关键，特别是在动态环境中，机器人的交互能力直接影响其理解并预测人类的行为和意图，从而完美完成协作任务。智能机器人的这种交互不依赖于简单的命令识别，而是涉及对人类行为模式的深入理解，这个过程被称为意图理解。人体是动态的，人体行为识别远比简单的图像识别复杂得多，需要处理由光照变化、背景杂乱等因素引起的各种干扰，所以一直是智能交互的一个重要部分。在传统方法中，识别过程通常依赖于手动设计的特征，这种方法在某些情况下可能有效，但常常受限于设计者的主观判断和特征选择的局限性。随着人工智能技术的进步，特别是深度学习的发展，人体行为识别领域已经实现了显著的技术突破。深度学习模型，尤其是卷积神经网络（CNN），通过对输入数据进行多层次的卷积操作自动提取特征，自动识别并分类复杂的人体动作，极大地提高了识别过程的准确性和效率，且已在图像和行为识别领域显示出卓越的性能。强化学习技术在机器人智能交互中也显示出巨大的潜力，它不仅优化了机器人的运动规划，还帮助机器人学习执行复杂的操作技能，使得机器人能够在与环境的实时互动中不断优化其行为策略，从而在未知或变化的环境中作出更加精确的决策。

1. 人机对话

人机对话指的是让机器理解和运用自然语言来实现人与机器之间的通信技术，这个过程涉及多个智能技术领域，包括自然语言理解、生成和交互等。人机对话根据应用类型不同可分为任务型对话系统、问答型对话系统和聊天型对话系统，这些系统设计用来在不同程度上模仿人类的交流模式，具体取决于它们的功能和它们被编程执行的任务复杂性。

（1）任务型对话系统。任务型对话系统是一种目标导向的人机对话系统，旨在通过自然语言交互帮助用户完成特定任务。这种系统可大致分为两种实现方法：管道方法和端到端方法。

①管道方法。这是一种传统的实现方式，包括三个基本模块：自然语言理解（LU）、对话管理（DM）和语言生成（LG）。LU 模块负责将用户输入的非结构化自然语言转换为结构化的语义表示，通常使用语义槽表示用户的需求，如出发地、目的地、出发时间等。这可以通过序列标注模型来实现，常用的技术包括循环神经网络、双向 LSTM 等，这些技术的应用避免了复杂的特征工程工作。DM 模块维护系统与用户交互的上下文信息，管理对话状态，通过对话状态跟踪和对话策略学习来实现。对话状态跟踪估计用户的目标并管理每个对话轮次的输入和历史，输出当前对话状态，这种结构通常称为槽填充或语义框架；对话策略学习则基于状态跟踪器的状态制定系统操作，可以使用强化学习或监督学习来优化策略。LG 模块负责在对话管理模块确定了应执行的操作之后将这些操作映射为自然语言回复，生成用户能理解的回答。

②端到端方法。与管道方法不同，端到端方法尝试直接从用户的自然语言输入到机器的自然语言输出建立一个整体的映射关系。这种方法通过使用如序列到序列模型、神经注意力机制等深度学习技术，增强了系统的灵活性和可扩展性。端到端系统可以更好地处理管道方法中的过程依赖问题和缺乏连贯性的问题。然而，这种模型对训练数据的质量和数量要求极高，并且其决策过程的不透明性使得模型难以解释。

（2）问答型对话系统。问答系统的主要功能是根据用户提出的问题找到相应的答案并生成回应，为了实现这一功能，问答系统需要解决三个基本问题：问题分析、信息检索和答案抽取。这些功能的实现方法会根据问题的性质、所依赖的数据类型以及所需答案的形式而有所不同，从而形成几种不同类型的问答系统：基于结构化数据的问答系统、基于自由文本的问答系统以及基于问答对的问答系统。

①基于结构化数据的问答系统。这类系统通常依赖于数据库或已有的结构化数据仓库。问题分析模块需要先解析用户的查询，并将其转化成可操作的数据库查询语言，如 SQL。然后，信息检索模块执行这些查询语句，从结构化

数据源中检索信息。答案抽取模块则从检索到的结果中抽取关键信息，生成最终的答案。

②基于自由文本的问答系统。这类系统依赖于大量非结构化文本数据，如互联网上的文章或文档。问题分析模块需要先理解和解析问题的意图和关键词。信息检索模块随后在大规模的文本库中搜索相关文本。最后，答案抽取模块利用自然语言处理技术，如命名实体识别或关系抽取，从相关文本中提取出准确的答案。

③基于问答对的问答系统。这种系统通常基于已经标注好的问答对数据集进行训练，通过机器学习模型学习如何直接从问题到答案的映射。问题分析在这里是通过模型自动完成，信息检索和答案抽取则通过预训练的模型直接生成答案，不需要传统意义上的检索过程。

（3）聊天型对话系统。聊天机器人，作为一种非目标导向的人机对话系统，以完全数据驱动的方式实现，其主要用途是娱乐和消费者互动。最早的聊天机器人之一是由麻省理工学院的 Joseph Weizenbaum 在 1966 年开发的 Eliza，这款机器人使用了简单的自然语言解析规则，模仿了罗杰斯学派的心理治疗过程，能够为用户提供情感化的回答，从而模拟了一种基础的心理治疗交互。随着时间的推移，聊天机器人技术经历了显著的发展，从最初的基于规则的系统，发展到利用大型语料库和数据驱动的方法，这种演变进一步加速了聊天机器人的智能化，尤其是随着深度学习和神经网络技术的广泛应用。基于这些先进技术的对话系统不仅能够处理更复杂的对话场景，还能提供更加流畅和自然的交互体验。目前，聊天机器人主要采用两种对话方法：检索式对话和生成式对话。

①检索式对话系统。这类系统通过搜索预先定义的响应库来找到与用户输入最匹配的回答，它们通常依赖于关键词匹配和相似度评分算法，以确定最合适的答案。检索式系统的优点是响应速度快，输出的一致性和准确性较高，但缺点是缺乏灵活性和创造性，因为它们只能从限定的回答集中选择答案。

②生成式对话系统。与检索式系统不同，生成式聊天机器人能够基于用户的输入动态生成回答，因为这种系统通常基于复杂的机器学习模型，如序列到序列模型（Seq2Seq），使用神经网络来生成语言。生成式系统的优势在于其能够创建更自然、更具个性化的对话，因为它不受限于预先定义的响应。然而，

这也可能导致生成的回答偶尔会出现不相关或不准确的情况。

2. 情感交互

随着机器人技术的快速发展，人与机器人之间的交互正从最初的物理性和功能性交互，逐渐转向更加复杂和深层的社会辅助性和服务性交互。特别是近年来兴起的各种服务机器人，如陪伴机器人、娱乐监护机器人、康复机器人和教学机器人，都旨在提供社会服务，帮助或部分替代人类执行这些任务，进而提高用户的生活质量。在实现这一目标的过程中，情感交互扮演着至关重要的角色，正如人类交流的情感成分可以建立信任和理解，服务机器人如果能够感知和识别用户的情绪状态，就能更有效地进行交互，甚至更高层次的情感交互可以实现对用户情绪的响应和适应，并在适当的时候表达出合适的情感反应，从而支持和增强人机之间的情感共鸣。

情感交互作为智能机器人智能交互技术中的一个重要分支，从20世纪90年代开始就受到全球科研界的全面关注，并相继提出了"情感计算""感性工学""人工情感"以及"人工心理"等理论，为发展具有情感识别和表达能力的机器人奠定了坚实的理论基础。所谓的情感交互是通过人工的方法和技术赋予机器人与人类相似的情感处理能力，使机器人能够表达、识别、理解和模拟人类的情绪，目前的情感交互技术进展主要包括以下几个方面：通过分析图像或视频中人脸的微表情变化来识别个体情感状态的人脸表情识别技术，能够基于场景解释人类肢体语言并推断其情感状态的情感手势、动作识别与理解技术，能够识别人类的情感并以自然的方式表达出类似情感反应的表情合成和情感表达技术，能够在与人交互时展示适当的肢体语言并增强交互自然度和有效性的情感手势和动作生成算法等。这些技术和算法使得机器人在感知、计算和表达情感时更为精准和高效，能够更好地适应人类社会的交互需求。

为了实现真正具有类人情感的机器人，必须整合三个基本系统：情感识别系统、情感计算系统和情感表达系统。情感识别系统使机器人能够通过视觉、听觉或其他传感方式捕捉并分析人类情感的表达；情感计算系统则处理这些数据，并结合机器人的经验和当前情境生成相应的情感响应；情感表达系统负责将计算得出的情感以适当的方式表达出来，无论是通过语言、表情还是动作，都能使机器人的反应更加人性化和自然。情感交互不仅提升了机器人的交互能力，也为机器人在护理、教育、客户服务等多个领域的应用提供了强大的支持，使得机器人能够更好地理解和适应人类的情感需求，从而在人机协作中发挥更大的作用。

第三节　智能机器人的应用与发展

一、智能机器人的应用

早期智能机器人主要用于工业和军事领域，大多集中在机械手和机器臂的应用，这些设备专为重复性高且精确度要求严格的任务设计。随着技术的发展和智能算法的进步，智能机器人的应用领域已经大幅扩展，如今的它们不仅在军事和制造业中扮演关键角色，还深入到服务业、康复医疗等多个行业领域当中。

1. 在军事领域中的应用

近年来，军用智能机器人的研发和应用得到了前所未有的重视，这些机器人采用自主控制方式，极大地提升了其在侦察、作战和后勤支援等多种军事任务中的能力和效率。目前，美国、英国等国家已经研制出新一代军用智能机器人，这些军用智能机器人具备多种高级功能，能够在战场上执行复杂任务。它们配备了先进的感知技术，如视觉和嗅觉传感器，使它们能够在复杂的战场环境中有效地"看"和"嗅"出敌方的存在；这些机器人还能够自动跟踪地形和选择最佳路线，以适应不同的地形条件，从而增强其机动性和灵活性，它们甚至具有自动搜索、识别并消灭敌方目标的功能，极大地提高了作战效率和成功率。美国的 Navplab 自主导航车和 SSV 自主地面战车等是这一代智能机器人的代表，通过集成多种传感器和先进的人工智能算法，可以在最小的人工干预下完成任务，显著提高作战单位的生存率和作战能力。随着科技的不断发展，军事智能机器人的应用领域将进一步扩展，预计将出现智能战斗机器人、智能侦察机器人、智能警戒机器人、智能工兵机器人和智能运输机器人等多种类型，这些机器人将在其各自的领域内执行更为专业的任务，如智能战斗机器人将执行直接战斗任务，智能侦察机器人将负责信息收集和监视，而智能工兵机器人则能在危险环境中进行爆破、修建工事等工程任务。

2. 在制造业领域中的应用

工业机器人作为现代制造业中的核心组件，其应用正在不断扩展并提高制造业的自动化和效率水平，因为这些机器人配置有复杂的驱动系统和高度灵活的控制系统，能够快速、完美的执行焊接、装配、喷涂、搬运和包装等多种操作，大大减轻工人负担。

工业机器人的构成主要包含三部分，分别是主体、驱动系统和控制系统。主体包括机座和执行机构（具体包括臂部、腕部和手部等），一些更高级的机器人还包括行走机构，使机器人可以移动到不同的工作站进行作业，这种灵活性是现代生产线设计中的一个重要考虑因素，尤其是在需要机器人进行复杂或精密操作的场景中更是考虑的核心。驱动系统是工业机器人的动力核心，通常包括电机、气动系统或液压系统，这些系统为机器人的移动和操作提供必要的动力，确保机器人执行任务时的高效率和高精度。控制系统则是机器人的"大脑"，负责解析输入的程序，控制驱动系统，并精确地指挥执行机构的动作。随着计算技术的发展，现代工业机器人的控制系统凭借视觉和触觉传感器等大量传感器的输入能更好地理解和适应其工作环境，执行更复杂的任务，分布式控制技术将允许多个机器人协同工作，共同完成生产任务，大幅提升生产效率，实现更加智能化和自主化的操作。

3. 在服务业领域中的应用

服务机器人，作为拥有广泛应用范围和功能的智能机器人，它们的主要职责范围不仅限于工业环境，还包括维护、保养、修理、运输、清洗、安保、救援和监护等多种非生产性服务工作，正逐渐成为人类社会不可或缺的一部分。服务机器人是一种可自由编程的移动装置，凭借自身具备的 3 个或多个运动轴，能够部分自动或全自动地完成各类服务任务，极具灵活性和自主性。2011年 5 月，欧盟评出的对未来影响最大的六项前沿技术之一便是"伴侣型机器人"开发，这项技术的开发目标是制造出能够感知环境、进行交流并具备情感表达能力的仿真机器人，这些机器人是为服务儿童和老年人特别设计的，能够提供细致入微的关怀与支持。此类项目的亮点在于两个主要方面：一方面，依靠先进的人工智能技术，机器人将具备与人类相似的感知和交流能力，甚至能在一定程度上模拟人类的情感表达；另一方面，项目还涉及开发新型材料，这些材料使得机器人在外观和触感上更接近真人，增强了机器人与人类互动时的自然感和接受度。随着技术的不断进步，未来的服务机器人将更加智能化和人性化，它们不仅能完成基础的服务任务，还能进行更复杂的社交互动，如通过面部和语音识别技术理解人类的情绪和需求，从而提供更加个性化的服务。

4. 在康复医疗领域中的应用

在全球人口老龄化日益严重的背景下，全球老年人口稳步上涨，有专家预测到 2050 年，全球老年人口将超过 20 亿，其中中国的老年人口将超过 5 亿大关，这将是一个巨大的社会挑战。面对如此庞大的老年人口，同时考虑到康复医疗专业人员的严重不足，智能机器人在提供必要的康复服务中扮演的角色变得尤为重要。智能康复机器人可以提供多种形式的康复训练，以支持老年人的身体和认知功能，帮助他们恢复或维持日常生活的能力。而且，这些机器人通常配备有传感器和软件，能够根据患者的具体康复需求调整训练程序。例如，关节康复训练机器人能够帮助患者进行关节活动训练，提高关节的灵活性和力量；自动化床椅机器人则是设计用来帮助行动不便的患者在床和椅子之间移动，减少了护理人员在转移过程中的体力负担，同时也增加了患者的安全性和舒适度；上下肢康复训练机器人专为恢复患者上下肢的功能而设计，通过模拟自然的动作模式帮助患者进行日常生活动作的训练，如走路、拿取物品等，提供精确的力量和运动控制，确保患者在安全的环境中进行有效的训练；外骨骼机器人则是一种穿戴式的机器人，它通过外部骨架来支持和增强患者的肌肉活动，不仅能够帮助患者进行基本的运动训练，还能够在更高强度的康复活动中提供支持，极大地提高康复效率。

将这些智能机器人技术广泛应用到康复医疗行业，不仅能够有效缓解由于康复专业人员不足而导致的服务短缺，还能提高康复服务的质量和可达性。

二、智能机器人的发展

1. 语言交流更完善

智能机器人的语言交流功能正逐步走向完善。随着技术的不断进步，智能机器人已经能够实现与人类的简单甚至复杂的交流。机器人的语言能力主要依赖于其内部存储器中预先储存的大量语音语句和文字词汇语句。这些语句的数量和多样性直接影响机器人的语言交流能力。目前，随着大数据和机器学习技术的发展，智能机器人的语言数据库不断扩大，其语言处理能力也在不断提升。

智能机器人的语言学习能力已经远超人类，它们能够迅速掌握多种语言，并能理解不同文化背景下的语言细节。例如，通过深度学习算法，机器人可以不断从日常交流中学习新的语句结构和词汇，从而更好地适应各种语言环境。此外，智能机器人还具备自我优化的功能，能够根据交流过程中的反馈调整自己的语言输出，以更准确地匹配对话内容和情境。

在语言创新方面，智能机器人还具备一定的自我语言词汇重组能力。当遇到语料库中不存在的词汇或表达时，机器人可以利用已有的词汇和句式结构，通过类比和推理生成新的语句，以适应对话的需要。这一点类似于人类的语言学习和使用过程，显示了机器人在语言理解和生成方面的高级能力。

未来，随着语义理解、情感计算等技术的进一步发展，智能机器人在理解人类的隐含意图、情感表达以及文化差异方面的能力将得到显著提升。它们不仅能够在字面上理解人类的语言，还能够捕捉到语言背后的情感色彩和文化含义，实现更为深入和自然的人机交流。这将极大地推动智能机器人在教育、客服、医疗等领域的应用，使其成为人类生活中不可或缺的伙伴。

2. 肢体动作更流畅

目前，智能机器人能够模仿人类的基本动作，如走路、握手等，但这些动作往往显得僵硬或缓慢，主要是由于机械结构和动力系统的局限性。为了解决这一问题，科学家们正在研究更先进的材料和机构设计，包括类似人类关节的灵活连接和仿生肌肉技术，这些技术可以大大增加机器人动作的流畅性和速度。未来的智能机器人将使用高度发达的传感器和控制系统，使得它们的动作不仅模仿人类，而且能在复杂环境中自如地进行各种高难度动作，如平地翻跟斗、倒立等，这些对普通人来说可能较难完成的技巧，对于机器人来说则可以轻松实现，这将极大地扩展机器人在体育、表演艺术以及救援行动中的应用范围。此外，智能机器人可以通过机器学习算法不断从实践中学习和优化动作，甚至自我创新出更适合特定情景的动作模式，这种自适应学习能力将使机器人更加智能化，能够在没有人类直接控制的情况下独立完成更复杂的任务。随着仿生技术和人工智能的进步，未来的机器人将在动作的无论是速度、准确性还是复杂性方面，都将更接近甚至超越人类。

3.逻辑分析能力更全面

人类在日常走路时，大脑需要快速处理来自环境的信息，如地面的平整性、周围的障碍物等，以保持身体的平衡和安全。相对地，智能机器人的走路、说话等行为能力同样依赖于逻辑分析程序，只是在表面上看似自然，但背后实际上涉及了相当复杂的逻辑处理过程。这些行为的发生先是通过传感器接收外界信息，然后运用复杂的算法来模拟这一逻辑分析过程，再发出行为指令，确保行走的稳定性和适应性。为了让智能机器人的行为更加自然和人性化，科学家们正致力于增强其逻辑分析能力，优化机器学习算法，使机器人能够从经验中学习，并在类似情境下作出更合适的反应。例如，机器人能通过分析语境和对话内容，自行重组词汇并生成合适的语句回应，这不仅展示了其语言处理的逻辑能力，也体现了一种高级的认知功能。智能机器人在能源管理方面的自我调节能力也是逻辑分析能力的一种体现，当感知到电量低时，机器人不需要外部指令，便能自主前往充电站进行充电，这种自我维护功能显著提升了其独立性和实用性。这种自动化的逻辑处理能力，使机器人能够在不依赖人类的情况下持续有效地运作。

4. 与人类越来越相似

科学家们在研制智能机器人时，经常以人类的形体为参照，力求创造出外观和行动都极为接近人类的机器人。日本在这方面发展的人形机器人颇有成就，中国也在这一领域表现出色，研发出多款具有较高仿真度的人形机器人，在模仿人类表情和动作的精确度上都达到了高水平。这种高度仿真的人形机器人，从外观细节到肤色、面部表情甚至动作的流畅性都非常接近真人，使得人们即便近距离观察也难以立即识别出其为机器人。而且，智能机器人的自我维护功能也正在逐渐向人类的生理机能靠拢，就像人类会感觉到身体不适并寻求治疗一样，未来的机器人将配备更为高级的自检系统，能够实时监控自身状态，自动检测并诊断各种故障，包括内部零件损耗、电路故障、机械性故障或软件上的干扰等问题。一旦发现问题，机器人不仅能进行基础的故障排除，还能执行复杂的自修复程序，这在很大程度上模仿了人类的自愈能力。在感知和情感表达方面，未来的机器人将更加精细化，他们不仅能理解和回应人类的基本需求，还能感知人类的情绪变化，并做出相应的反应，这种高级的情感互动能力使得机器人在提供陪伴、心理辅导等方面拥有巨大的潜力。机器人甚至能够通过声音的音调、面部表情和语言内容来判断人类的情绪状态，并使用适当的语言和行为来进行适当的互动，这种能力在日常生活中对人类的帮助尤其重要。随着科技的进步，智能机器人还能通过不断地学习和经验积累，更好地理解复杂的人际关系和社会规范，更自然地融入人类社会，甚至在特定领域内进行创新和自主决策。

参考文献

［1］杨忠，杨荣根．人工智能及其应用［M］．西安：西安电子科技大学出版社，2022.

［2］李公法，陶波，熊禾根．人工智能与计算智能及其应用［M］．武汉：华中科技大学出版社，2020.

［3］李媛媛，游晓明，罗晓．人工智能及其应用［M］．北京：中国铁道出版社，2020.

［4］张重生．深度学习与人工智能实战［M］．北京：机械工业出版社，2024.

［5］周越．人工智能基础与进阶［M］．2版．上海：上海交通大学出版社，2022.

［6］刘峡壁，马霄虹，高一轩．人工智能：机器学习与神经网络［M］．北京：北京理工大学出版社，2023.

［7］王秋月，覃雄派，赵素云，等．人工智能与机器学习［M］．北京：中国人民大学出版社，2020.

［8］李侃．人工智能：机器学习理论与方法［M］．北京：电子工业出版社，2020.

［9］宁可为．走进人工智能：机器学习原理解析与应用［M］．北京：清华大学出版社，2022.

［10］李杰，毕乃祥，李静．智能机器人多媒体信息融合平台研发及应用［J］．工业控制计算机，2024，37（6）：66-67，70.

［11］秦育华．基于多特征的深度神经网络混合推荐模型研究［J］．电脑

编程技巧与维护，2024（6）：124-127.

［12］罗良建.人工智能自然语言处理及文本生成原理对小学语文教学的启示［J］.语文教学通讯，2024（18）：19-22.

［13］朱玉亮，刘俊涛，饶子昀，等.融合HousE和注意力机制的知识推理模型［J］.计算机科学，2024，51（增刊1）：147-154.

［14］谢梦怡.基于机器视觉的医院档案信息智能搜索［J］.西安工程大学学报，2019，33（5）：575-580.

［15］应励.中国搜索"多模态机器狗"亮相［J］.计算机与网络，2021，47（22）：72.

［16］符精晶，庞乐乐，张杰礼.自然语言处理领域中的人工智能大模型应用探讨［J］.高科技与产业化，2024，30（5）：65-67.

［17］周天宝.自动机器学习搜索框架研究［J］.信息技术与标准化，2021（7）：33-37.

［18］霍丽，张林玉.人工智能驱动中国产业链现代化研究［J］.西北大学学报（哲学社会科学版），2024，54（4）：86-102.

［19］冯志伟，张灯柯.人工智能中的大语言模型［J］.外国语文，2024，40（3）：1-29.

［20］王翠林.智能机器人产业发展现状、问题及政策建议［J］.机器人产业，2024（3）：1-4.

［21］唐露源，谢士尧，徐源.知识演化视角下论文与专利的热点技术方法对比分析——以人工智能自然语言处理领域为例［J］.科技管理研究，2024，44（10）：153-160.

［22］廖逸玮，孙子剑，李莹玉，等.基于分布式知识推理的语义认知网络［J］.无线电通信技术，2024，50（3）：413-421.

［23］蔡彪，徐昕怡，谢婷，等.改进深度神经网络在爱恩斯坦棋中的应用研究［J］.重庆理工大学学报（自然科学），2024，38（5）：108-114.

［24］陈炫婷，叶俊杰，祖璨，等.GPT系列大语言模型在自然语言处理任务中的鲁棒性［J］.计算机研究与发展，2024，61（5）：1128-1142.

［25］崔丹，李舒淇.基于AI算法的自然语言信息提取—翻译—校对系统

设计［J］．现代电子技术，2024，47（10）：111-116.

［26］曾辉，王倩，赵普．大数据环境下的人工智能算法设计研究［J］．产业创新研究，2024（12）：16-18.

［27］邓抒江．深度神经网络在智能照明系统中的光照预测模型开发［J］．中国照明电器，2024（6）：34-37.

［28］张瀚文．人工智能在自然语言处理中的应用［J］．信息记录材料，2024，25（5）：139-141.

［29］宋允飞．基于模型剪枝的深度神经网络分级授权方法的实现［J］．现代信息科技，2024，8（8）：128-132，137.

［30］马宸睿，孟子琪，边新宇，等．基于中成药知识图谱的知识推理及智能推荐［J］．医学信息学杂志，2024，45（4）：14-20，51.

［31］张开乐．基于机器学习的代码搜索方法综述［J］．无线通信技术，2020，29（1）：48-53.

［32］相增辉，张国梁，庞渊源，等．基于深度卷积神经网络的智能机器人语音自动识别方法［J］．自动化技术与应用，2024，43（4）：43-46.

［33］张希权，党建武，王阳萍．一种基于对比策略强化知识推理的元学习框架［J］．兰州交通大学学报，2024，43（2）：51-57，67.

［34］陈达．工业制造视域下的智能机器人生产线调度优化分析［J］．装备制造技术，2024（4）：144-146.

［35］梁亚敏，李亚峰．基于集束搜索算法改进的机器翻译系统研究［J］．自动化与仪器仪表，2023（9）：183-187.

［36］胡航，王家壹．从人机融合走向深度学习：范式、方法与价值意蕴［J］．开放教育研究，2024，30（2）：69-79.

［37］陈雅．基于卷积神经网络的大数据图像智能识别方法研究［J］．信息与电脑（理论版），2024，36（6）：137-139.

［38］张振，庞海．机器博弈及其搜索算法的研究［J］．软件导刊，2008，7（7）：48-50.

［39］廖景亮，陈冬强．机器博弈中搜索算法的研究［J］．福建电脑，2012，39（10）：57-60.

［40］咸聪慧，王天一，李超，等．基于量化的深度神经网络优化研究综

述［J］. 山东师范大学学报（自然科学版），2024，39（1）：21-32.

［41］刘霞，王迪. 深度 ReLU 神经网络的万有一致性［J］. 中国科学：信息科学，2024，54（3）：638-652.

［42］陈婷，李兰. 基于问题提出的深度学习过程模型［J］. 中国电化教育，2024（3）：101-108.

［43］郝明晶. 以问题解决为导向的深度学习的价值意蕴及模型构建［J］. 教育评论，2024（2）：134-140.

［44］郭晓霞，韩燮，赵融. 基于知识库的象棋机器博弈搜索算法研究［J］. 中国科技论文，2018，13（20）：2394-2400.

［45］孟洪颜，胡玉坤，冯双，等. 基于改进的 K-means 聚类和深度神经网络的轴承故障诊断算法研究［J］. 黑龙江大学工程学报（中英俄文），2023，14（4）：55-63.

［46］孙崇，王海荣，荆博祥，等. 一种分层强化学习的知识推理方法［J］. 计算机应用研究，2024，41（3）：805-810.

［47］刘冬帅，安敬民，孟繁琛，等. 多关系下图自注意机制增强的知识表示学习［J］. 计算机工程与应用，2024，60（12）：136-143.

［48］侯嘉智，梁晶，刘高路. 基于机器学习的波束搜索算法设计［J］. 光通信研究，2020（4）：62-67.

［49］高新民，罗岩超. "图灵测试"与人工智能元问题探微［J］. 江汉论坛，2021（1）：56-64.

［50］孙会. 人类会被人工智能取代吗？——模仿、理解与智能［J］. 中国矿业大学学报（社会科学版），2021，23（3）：140-150.

［51］王华平. 图灵测试与人类水平机器人［J］. 上海师范大学学报（哲学社会科学版），2022，51（4）：88-97.

［52］冯志伟，张灯柯，饶高琦. 从图灵测试到 ChatGPT——人机对话的里程碑及启示［J］. 语言战略研究，2023，8（2）：20-24.

［53］王华平. 图灵测试与社会认知［J］. 学术月刊，2023，55（6）：5-15.

［54］惠欣恒，白雄文，王红艳，等. 基于知识表示增强的类案推荐模型［J］. 计算机工程与设计，2023，44（8）：2399-2407.

［55］仝晓春，周玲. 基于卷积神经网络的人脸识别研究［J］. 电脑知识

与技术，2023，19（23）：26-27，38.

［56］高新民，严国红．"图灵测试"新解及其在计算创造力建模中的应用［J］．科学技术哲学研究，2023，40（4）：1-8.

［57］徐鹤，郑群力，谢作玲，等．基于知识表示向量的可解释深度学习模型及其疾病预测应用［J］．数据采集与处理，2023，38（4）：777-791.

［58］刘赟．ReLU激活函数下卷积神经网络的不同类型噪声增益研究［D］．南京：南京邮电大学，2023.

［59］朱长峰．短语机器翻译系统中翻译搜索策略的研究［D］．南京：南京大学，2015.

［60］李欣颖．基于深度神经网络的鲁棒水印隐蔽攻击算法研究［D］．济南：齐鲁工业大学，2024.

［61］杜佳璘．基于机器学习和复杂网络的教育搜索时序数据应用研究［D］．成都：四川师范大学，2022.

［62］应通和．机器学习势辅助的金团簇结构搜索研究［D］．合肥：中国科学技术大学，2022.

［63］稿静轩．搜索引擎中基于机器学习的侧信道泄露程度量化方法研究［D］．秦皇岛：燕山大学，2022.

［64］程睿．基于机器学习的搜索排序算法的研究［D］．南京：南京邮电大学，2020.

［65］邱晨阳．基于知识表示学习的实体对齐算法研究与实现［D］．南京：南京邮电大学，2023.

［66］周文博．自动机器学习系统中神经架构搜索优化的研究［D］．沈阳：沈阳工业大学，2021.

［67］茆昊天．基于深度学习的知识图谱表示学习算法的研究［D］．南京：南京邮电大学，2023.

［68］孙崇．基于强化学习的知识推理方法研究与应用［D］．银川：北方民族大学，2024.

［69］夏朝辉．基于智能计算的机器学习模型自动搜索［D］．西安：西安电子科技大学，2019.

［70］谢帮敏．基于机器翻译模型的搜索推荐系统的设计与实现［D］．南京：南京大学，2019．

［71］李金保．基于图神经网络的知识图谱推理关键算法研究［D］．济南：齐鲁工业大学，2024．

［72］徐卫军．基于双流卷积神经网络的人脸视频表情识别研究［D］．保定：河北大学，2023．

［73］陈晓雨．基于图神经网络的知识表示学习方法研究［D］．济南：齐鲁工业大学，2024．